전쟁의 무기
무기의 전쟁

SBS 국방전문기자의 방위산업 추적기

- 이 책은 방일영문화재단의 지원을 받아 저술·출판되었습니다. -

전쟁의 무기
무기의 전쟁

SBS 국방전문기자의 방위산업 추적기

김태훈 지음

THE PURPLE MEDIA

책을 펴내며

『전쟁의 무기 무기의 전쟁』의 원전은 SBS 인터넷 취재 파일이다. 저자는 SBS 국방 전문기자로서, 또 국방과 방산의 적극적 감시자로서 그동안 1,000건 이상의 국방과 방산 관련 취재 파일을 썼다. 그 중 국산 무기 개발과 해외 무기 도입 관련 취재 파일 80건을 엄선해 30여 가지 무기와 장비의 도입 및 개발 과정을 관통하는 『전쟁의 무기 무기의 전쟁』을 엮었다. 책에 실린 각각의 취재 파일들이 보도 당시 국방부, 방위사업청, 방산업계에 적지 않은 파장을 일으켜 소기의 역할을 했다지만 K-방산의 발전을 위해 온고지신의 필요가 있어 구태여 책으로 펴내게 됐다.

『전쟁의 무기 무기의 전쟁』은 1장 조불려석(朝不慮夕)의 무기들, 2장 토적성산(土積成山)의 무기들, 3장 파사현정(破邪顯正)의 국방과학 등 세 개의 장으로 구성됐다. 1장 조불려석의 무기들은 아침에 저녁 일을 헤아리지 못할 정도로 앞날이 막막했던 한국 방위사업의 안타까운 사건들을 다룬다. 방산 비리가 아님에도 방산 비리로 몰렸던 국산 무기들, 비정상적인 줄 뻔히 알면서도 잘못된 방향으로 치달은 무기 선정, K-방산의 고질병인 기밀 유출 대형 사건의 전말이 펼쳐진다.

2장 토적성산의 무기들은 흙을 쌓아 산을 이루듯 피땀 흘려 결실을 맺은 사업들을 모았다. 천궁-II, K9 자주포, 정찰위성 등 국산 무기는 개발과 양산, 그리고 전력화 이후에도 가혹한 장애물을 헤쳐 나가야 했다. KF-21과 K2 전차용 파워팩, 한국형 항모 등은 이제 막 탄생하거나 잉태하며 각광받고 있지만 그에 앞서 간난신고를 겪었다. 오늘의 K-방산이 있게 한 출산통을 묶었다.

3장 파사현정의 국방과학은 무기와 기술을 개발하고 사업을 관리하는 방위사업청과 국방과학연구소의 허실을 꼬집는다. 개발이든 도입이든 사업의 기준은 국가 안보여야 하지만 종종 정치적이었고, 때로는 아예 부조리했다. 지금 나아졌다 한들 언제 또 정치와 부조리의 유혹에 빠져들지 않을 수 없다. 하여 방위사업청과 국방과학연구소는 삿됨을 깨쳐 바름을 드러내는 파사현정의 다짐을 수시로 새길 필요가 있다.

『전쟁의 무기 무기의 전쟁』은 2012년부터 2023년까지 한국의 군과 국방과학계, 방산업계에서 벌어진 무기 개발과 도입의 기록이다. 최종적인 '결과'의 발표를 수동적으로 받아 적은 것이 아니라, 숨겨진 '과정'을 현장에서 포착해 꾹꾹 눌러쓴 K-방산 소사(小史)이다. 다시 반복하면 안 될 K-방산의 치부를 건드린 반면교사의 반성문이다. 폴란드, 사우디아라비아, 아랍 에미리트 등과 수출 계약을 체결하면서 성과를 올리는 오늘의 밑돌이 된 고난의 어제를 증언하는 폭격담이다. 부디 이 책을 손에 든 독자들은 이러한 점들을 유념해 일독하기를 권한다.

2024년 5월
김태훈

차례

책을 펴내며

I. 조불려석(朝不慮夕)의 무기들 — 08

1. 방산 비리인가, 마녀사냥인가 — 10
- 통영함과 와일드캣, 그리고 희생양들 — 11
- T-50과 수리온의 칠전팔기 — 21
- 파편 맞은 국산 무기들 — 35

2. 부조리한 선택 — 44
- 뒤집힌 AESA 레이더 개발업체 — 45
- 해병대가 원치 않는 상륙공격헬기 — 51
- 육군 전술차량 선정의 전말 — 61

3. 국방과학 뒤흔든 3대 기밀 유출 — 72
- ADD 사상 최대 기밀 유출과 UAE — 73
- 반성 없는 KDDX 최악의 기밀 유출 — 83
- 총기류 기밀 유출의 막전막후 — 95

II. 토적성산(土積成山)의 무기들 — 106

4. 국산 무기 개발의 애환 — 108
- 죽다 살아난 천궁-II — 109
- 장약 폭발에 돌팔매, K9 — 119
- 정찰위성 발목 잡기 — 128

5. 그래도 국산 무기는 간다 ──★─★─ 138
    핵심 기술 허들 넘은 KF-21 ──★─★─ 139
    K2 파워팩 완전 국산화의 험로 ──★─★─ 150
    한국형 항모의 꿈 ──★─★─ 162

6. 해외 무기 도입의 드라마 ──★─★─ 172
    F-35A는 어차피 '답정너' ──★─★─ 173
    유럽제의 약진, '시그너스' 날다 ──★─★─ 184
    해외 무기 도입의 단골, '불공정' ──★─★─ 190

III. 파사현정(破邪顯正)의 국방과학 ──★─★─ 202

7. 방위사업청의 존재 이유는? ──★─★─ 204
    획득인가, 수출인가 ──★─★─ 205
    방위사업청의 오락가락 잣대 ──★─★─ 218
    비리와 정상 사이 ──★─★─ 228

8. 한국에서 국방과학은… ──★─★─ 238
    낙하산 근절을 위하여 ──★─★─ 239
    무기와 정치 ──★─★─ 249
    한국에서 국방과학자로 산다는 것은 ──★─★─ 263

Ⅰ. 조불려석(朝不慮夕)의 무기들
아침에 저녁 일을 헤아리지 못하다.

1. 방산 비리인가, 마녀사냥인가

통영함과 와일드캣, 그리고 희생양들

2014년 11월 정부는 합동수사단을 꾸려 방산 비리 색출에 사활을 걸었다. 하루가 멀다 하고 방산 비리 사건들이 보도됐고, 방산은 대한민국의 어떤 분야보다 부패한 비리의 온상으로 전락했다. 가장 공을 들인 통영함과 와일드캣 사건에서 합동수사단은 사건의 본질보다 예비역 4성 장군이라는 전리품 획득에 전념했다. 합동수사단의 수사 자체도 과한 면이 많았다. 4성 장군들은 고초를 겪은 끝에 무죄 판결을 받았지만 수사 과정에서 붕괴된 군의 신뢰는 회복되지 않았다.

"검찰, 7개월간 회유와 협박"…'해군총장 엮기' 강압수사?
-2015년 9월 26일 보도-

방산 비리의 상징이 된 통영함 건조 당시 방위사업청의 함정사업부장이던 황기철 전 해군참모총장. 방위사업청의 통영함 건조 실무 책임자였던 전 상륙함 사업팀장 A 대령과 방위사업청의 전 소해함 사업 담당 B 중령. 이들 3명은 현재 구속 상태로 재판을 받고 있습니다.

B 중령은 업자들로부터 돈을 받은 정황이 드러나 높은 형량을 피할 수 없습니다. 황기철 전 해군참모총장은 다릅니다. B 중령처럼 비리의 시작과 끝인 금품수수 사실이 나오지 않았습니다. 함정사업부장으로서 부하들의 비위를 간파하지 못한 지휘 책임만 확인될 뿐입니다.

지휘 책임도 죄라면 죄입니다. 그렇다고 형사 처벌까지 덧씌울 죄인지는 잘 모르겠습니다. 분명한 것은 방산 비리 정부 합동수사단이 황 전 총장이라는 4성 장군의 전리품을 노린다는 점입니다. 황 전 총장의 죄를 키우기 위한 비합리적인 수사의 정황들이 하나둘씩 나오고 있습니다.

"7개월간 황 전 총장을 엮으려고 회유하고 협박했다"

지난 8월 31일 통영함 사건 재판에서 방위사업청 전 소해함 사업 담당 B 중령은 이렇게 말한 것으로 알려졌습니다. "합동수사단 조사관들이 상당한 압박을 가하는 상태에서 진술했다.", "조사관들의 압박에 과한 진술을 한 것 같다." B 중령이 재판에서 증언한 조사관들의 요구는 다음과 같습니다. "윗사람(황기철 전 해군참모총장)을 엮게 해주면 당신에게 많은 배려를 해주겠다.", "협조 안 하면 최고형인 10년~15년을 구형할 수도 있다.", "가족까지 전부 조사하겠다."

정리하면 합동수사단은 그동안 아찔한 구형과 가족의 안위를 위협하며 황기철 전 총장을 옭아맬 진술을 요구했습니다. B 중령은 어쩔 수 없이 사실과 다른 진술을 한 적 있었고, 늦었지만 그 동안의 거짓 진술을 철회한다고 고백했습니다. B 중령의 말이 사실이라면 합동수사단 조사관의 질문은 협박과 다르지 않습니다.

B 중령의 8월 31일 진술은 칼자루를 쥐고 있는 검사에게 "나한테 맘껏 구형하시라.", "대신 나는 사실을 말하겠다."고 항변하는 투입니다. 자신에게 절대적으로 불리하게 작용하는 진술이어서 거짓말로 보기 어렵습니다. B 중령은 9월 21일 재판 최종 변론에서도 "지난 7개월 동안 검찰의 회유와 압박을 받았다."며 8월 진술을 재차 확인했습니다.

"오버해서 생각하고 진술했다"

방위사업청 전 상륙함 사업팀장 A 대령도 B 중령과 비슷한 진술을 했습니다. 8월 24일 재판에서 검찰은 A 대령에게 "무기 에이전트 김 모 씨가 방위사업청을 다녀간 뒤 황기철 전 해군참모총장이 '정옥근 총장의 해사 동기인 김 씨가 이 사업을 하고 있으니 잘해야 한다.', '진급에도 영향을 미친다.'라고 A 대령에게 말했다고 진술했는데 사실인가?"라고 물었습니다. A 대령은 부인했습니다. "그게 아니다.", "황기철 전 총장이 직접 이야기한 것이 아니고, 제반 정황을 고려해서 내가 추측해 진술한 것이다.", "내가 너무 오버해서 생각하고 진술한 것 같다."

통영함 비리 사건에서 황기철 전 총장의 역할이 없음을 뒷받침하는 진술입니다. "지금까지는 나 살자고 잘못된 진술을 했다."는 부연 설명까지 덧붙이면서 자해나 다름없는 고해 성사를 했습니다. 합동수사단은 곤혹스럽게 됐습니다.

제 아무리 해군참모총장이라도 죄를 지었다면 벌을 받아야 합니다. 반면 황기철 전 총장이 합동수사단의 성과를 위한 희생양이 된다면 황기철 전 총장 개인의 피해를 넘어 군 전체의 명예를 짓밟는 일이 됩니다. 군의 명예는 군의 사기이고, 이는 곧 군의 전투력과 연결됩니다. 엄정한 판결을 기대합니다.

와일드캣・최윤희 vs 합동수사단…정면승부 결과는?

-2015년 10월 10일 보도-

최윤희 전 합참의장이 지난 7일 이임식을 치르자마자 방산 비리 정부 합동수사단이 최 전 의장을 본격 공격할 것이라고 점치는 기사들이 쏟아져 나왔습니다. 방산 비리 합동수사단은 "최 전 의장 부인의 계좌를 추적하고 있다."는 이야기를 흘리며 뭇 기사들에 힘을 실어줬습니다.

최 전 의장은 해군의 차기 해상작전헬기 사업 당시 해군참모총장이었습니다. 와일드캣(Wildcat)이 선정되도록 영향력을 행사한 혐의를 받고 있습니다. 합동수사단은 와일드캣을 비리 헬기, 최 전 의장을 비리 군인으로 일찌감치 낙인찍고 최 전 의장이 군복 벗기만을 기다려 왔고, 이제 그날이 왔습니다.

합동수사단은 원하는 결과를 얻을 수 있을까요. 두 가지를 봐야 합니다. 와일드캣이 군 작전요구성능 ROC에 못 미치는 몹쓸 헬기인지, 또 최 전 의장은 금품을 받고 부당한 압력을 행사했는지, 적어도 지금까지 군 안팎을 취재한 바로는 합동수사단이 불리합니다.

이달 중순 와일드캣 수락 검사…"결과 낙관"

이달 중순 와일드캣의 수락 검사가 영국 현지에서 진행됩니다. 수락 검사는 도입할 무기가 ROC를 충족하는지 판단하는 절차입니다. 와일드캣이 ROC 항목 하나하나를 빠짐없이 입증해야 수락 검사를 통과합니다. 한 가지 항목에서라도 미달하면 방위사업청은 와일드캣을 인수하지 않습니다.

방위사업청, 해군, 그리고 와일드캣의 제조사인 아구스타웨스트랜드(AgustaWestland) 모두 와일드캣이 수락 검사를 무난히 통과할 것으로 낙관하고 있습니다. 한국 해군용 와일드캣을 제작하면서 ROC 충족 여부를 충분히 파악했고, 그 이전에도 와일드캣은 우리 군으로부터 전투적합판정을 받았습니다.

수락 검사를 통과하면 와일드캣은 비리 헬기라는 오명을 벗습니다. 그렇다면 와일드캣을 선정하는 과정에서 공문서를 위조하고, 위조된 공문서를 행사했다는 혐의로 구속된 해군 장교들, 그리고 최윤희 전 의장의 운명은 어찌 될까요.

와일드캣 외 길이 없었다

2013년 초 차기 해상작전헬기로 와일드캣을 결정할 때 정부의 가이드라인은 예산 5,890억 원으로 8대를 도입하라는 것이었습니다. 해군이 달라고 한 예산이 아니라, 혈세를 아껴 써야 하는 군 윗선에서 결정한 뒤 내려준 예산이 5,890억 원입니다. 해군과 방위사업청은 5,890억 원으로 쓸 만한 해상작전헬기 8대를 구입해야 하는 임무를 맡았습니다.

와일드캣의 경쟁 기종이었던 미국의 시호크(Seahawk)는 대당 가격이 1,400억~1,500억 원입니다. 시호크가 세계 최고의 해상작전헬기라는 데 이견이 없지만 정부가 책정한 예산으로는 4대 밖에 살 수 없습니다. 다행히 와일드캣은 5,890억 원으로 빠듯하게 8대를 살 수 있었고, ROC에도 부합했습니다. 빠듯한 예산이라는 제약에서 와일드캣의 가격 경쟁력은 시호크를 압도했습니다. 와일드캣이 해군 해상작전헬기로 선정된 약사입니다.

이런 와일드캣을 두고 "소나(SONAR) 대신 모래주머니 달고 내구 비행 시험을 했다.", "어뢰 2발을 달면 38분밖에 못 난다." 등 풍문이 돌아다녔습니다. 모두 낭설입니다. 그렇지만 방산 비리 합동수사단은 군인 여럿을 구속했습니다.

무리한 수사 아닌지

소나 대신 모래주머니를 달고 실시한 시험 평가는 정상입니다. 쌀가마니, 돌덩어리라도 무게만 같으면 소나의 대체재로 매달고 시험 평가할 수 있습니다. 국내외 기준에 부합합니다. 소나 성능을 보는 것이 아니라, 헬기의 내구성과 소나를 올리고 내릴 때 속도를 평가하는 시험이기 때문입니다. '38분 비행설'도 과거 국정 감사 때 근거 없이 제기됐던 허위 주장입니다. 와일드캣은 어뢰 2발을 달고 1시간 이상 비행할 수 있는 것으로 이미 확인됐습니다.

공문서를 조작했다는 군인들의 혐의도 잘 조사해야 합니다. 엉터리 헬기를 괜찮은 헬기로 둔갑시키기 위해 대가를 받고 조작한 것인지, 정부 예산에 맞춰 헬기 8대를 도입하기 위해 애쓴다는 것이 조작으로 비쳐진 것인지 따져 봐야 합니다.

와일드캣은 괜찮은 헬기로 드러나고 있고, 와일드캣으로 구속된 군인들이 돈을 받았다는 증거와 진술은 현재까지 나오지 않은 것으로 알려졌습니다. 합동수사단은 최윤희 전 의장을 둘러싸고 돈이 오고 간 정황을 못 찾고 있는 것으로 전해졌습니다. 대가 없는 비리는 없습니다.

곧 와일드캣 수락 검사 결과가 공개됩니다. 길어야 일주일입니다. 와일드캣이 이달 중순 영국에서 실시될 수락 검사에서 힘차게 날아오르면 많은 매듭이 올바르게 풀릴 것으로 보입니다.

황기철 총장의 통영함 투입 지시의 전말, 그리고…

-2017년 1월 22일 보도-

황기철 전 해군참모총장이 통영함 비리 사건 혐의를 완전히 벗고 보국 훈장을 받습니다. 이 소식과 맞물려 2014년 4월 16일 세월호 참사 때 발 묶였던 통영함을 둘러싼 이야기가 회자되고 있습니다. "황 총장이 통영함을 세월호 구조 현장으로 투입하라는 2차례의 명령을 상부가 막았다.", "황 총장은 통영함 투입 지시로 인해 상부에 밉보여 군복을 벗었고, 구속됐다."는 내용입니다.

사실과 다릅니다. 황 총장이 해군의 모든 가용 자산을 현장에 투입하라고 지시한 것은 맞지만 통영함은 해군의 가용 자산이 아니었습니다. 당시 통영함은 해군이 인수하지 않은 상태, 즉 해군 소유가 아니었습니다. 황 총장은 애초에 통영함 투입을 지시할 권한이 없었습니다.

조금만 성의를 기울여 확인해 보면 세월호 참사 당시 통영함을 둘러싸고 벌어진 해프닝을 확인할 수 있는데도 잠룡 반열에 오른 유력 정치인조차 무책임한 언급으로 혼란을 부추기고 있습니다. 황 총장을 비롯해 여러 선량한 군인들이 억울하게 누명 쓰고 감옥살이할 때도 많은 이들은 전후사정 살피지 않고 그들을 역적 취급했습니다. 씁쓸한 풍경입니다.

"해군 소유 아니고, 현장 투입 필요도 없었다"

세월호 참사가 벌어지자 황기철 총장은 "가용 자산을 모두 구조 현장에 투입해 해경을 지원하라."는 지시를 내렸습니다. 당시 통영함은 방위사업청의 시험 평가 단계로 해군 소속의 함정이 아니었습니다. 해군의 함정이 아니니 해군의 가용 자산에 포함되지 않습니다. 다만 해군의 기획관리참모부가 대우조선해양과 방위사업청에 "통영함을 구조 현장에 언제든 투입할 수 있도록 준비하라."는 공문을 보내기는 했습니다.

황기철 총장과 가까운 해군의 한 제독은 "기획관리참모부가 참모총장 명의로 전결 처리해 공문을 보냈다.", "형식상으로는 황 총장 명의의 공문이기 때문에 '황 총장이 통영함 투입을 명령했다.'는 말이 나오는 것."이라고 전했습니다.

통영함을 투입 준비시켰던 것은 감압 챔버 때문입니다. 통영함에는 잠수사 8명이 동시에 감압 치료를 받을 수 있는 챔버가 있습니다. 구조 현장에서 작전중인 청해진함과 평택함, 다도해함 등의 감압 챔버가 고장 나거나 감압 챔버가 모자랄 경우 통영함을 지원하라는 의미로 통영함 투입 준비를 시킨 것이라고 해군은 설명했습니다.

통영함을 투입하고 나중에 인수 인도 과정에서 잡음을 없애기 위해 해군과 방위사업청, 대우조선해양은 '인수 전 통영함 사용에 관한 합의 각서'도 체결했습니다. 통영함 투입을 위한 만반의 준비를 했다는 방증입니다. 해군 관계자는 "청해진함, 평택함, 다도해함의 감압 챔버는 문제없이 작동했고, 추가로 챔버가 필요하지 않았다."고 말했습니다. 그래서 통영함은 세월호 구조 작전 기간 대우조선해양의 도크에 묶여 있었습니다. 통영함 투입을 막은 시도는 없었습니다.

다른 듯 같은 마녀사냥과 영웅 만들기

황기철 전 해군참모총장은 '통영함 의인'이 아닙니다. 황기철 총장은 통영함과 엮시 않아도 충분히 훌륭한 군인입니다. 황기철 총장이 참군인이라는 사실은 황기철 총장의 참모들, 황기철 총장이 교장 시절 해군사관학교를 다닌 장교들, 공관병, 운전병 등이 두루 증언하고 있습니다.

황기철 총장이 작년 9월 대법원에서 무죄 판결을, 이번에 정부로부터 보국 훈장을 받음으로써 황기철 총장의 결백은 만천하에 드러났습니다. 부풀려진, 없는 이야기로 황기철 총장을 위로할 필요는 없습니다.

시비를 확인하지 않고 시류에 휩쓸려 목소리 키우는 행태는 방산 비리 수사 광풍이 불 때도 마찬가지였습니다. 근거 없는 소문들이 팩트를 밀어내고 공소장에 박혔고, 군인들은 무더기 구속됐습니다. 정치인과 언론, 그리고 군사 전문가들조차 황기철 총장 등 수사 선상에 오른 이들을 맹비난했습니다. 명백한 비리도 더러 있었지만 무죄로 판명된 사건들이 허다합니다.

방산 비리 고작 몇 건 색출하느라 군 전체의 신뢰는 붕괴됐습니다. 신뢰 잃은 군은 오합지졸입니다. 국군은 오합지졸이 됐습니다. 누구도 군인 말은 믿지 않습니다. 군인들은 군복 입고 부대 나서기가 불편해졌습니다. 합동수사단이 알량한 성과를 위해 국가 안보를 해친 것은 아닌지, 세상 인심은 그런 부조리를 부추긴 것은 아닌지 되돌아봐야 합니다.

해군 구조함 통영함과 해상작전헬기 와일드캣. 2014년부터 수년간 방산 비리 수사의 타깃이 돼 해군 장교들 여럿이 구속됐지만 상당수가 무죄 판결을 받았다. (해군 제공)

'와일드캣' 혐의자 모두 무죄…"와일드캣, 비리 아니었다!"
-2018년 2월 3일 보도-

지난 정부의 방위사업 합동수사단이 사활을 걸고 매달렸던 해상작전헬기 와일드캣 도입 사건의 결말이 나왔습니다. 비리가 아닌 것으로 입증됐습니다. 방산 비리 합동수사단의 마녀사냥으로 드러났습니다.

지난 1일 군사법원은 방위사업청 해상항공기사업팀장 K 대령과 해군 본부 시험 평가 담당 S 중령의 허위 공문서 작성 및 행사 혐의에 대해 무죄 판결했습니다. 와일드캣 도입과 관련해 마지막으로 누명이 씌워졌던 현역 군인들에 대한 무죄 판결입니다. 이에 앞서 작년 10월에는 민간 법원에서 같은 혐의를 받았던 예비역 해군 제독을 포함한 예비역 장교 4명이 무죄로 판정됐습니다.

대대적으로 현판식을 치르고 스스로 박수 치며 출범한 방산 비리 합동수사단이 상징적인 거물들을 엮어 성과로 치장하려고 했던 사건이 이렇게 끝나고 있습니다. 만사가 제자리로 돌아오는 사필귀정 같아 보여도 이면은 참담합니다. 해군 해상작전헬기 와일드캣은 여전히 비리 헬기라는 주홍글씨가 찍혀 있고, 감옥살이하랴 변호사 비용 대랴 고초 겪은 현역과 예비역 장교들의 명예와 인생, 그리고 군의 신뢰는 엉망이 됐습니다. 방산 비리, 분명히 있습니다. 하지만 와일드캣처럼 사정 기관에 의해 부풀려진 사건도 많습니다.

다시 보는 와일드캣 사건

애초에 예산이 깎이지 않았다면 와일드캣이 아니라, 세계 최고 해상작전헬기라는 MH-60R 시호크를 들였을 터. 4대강을 파느라 예산을 돌려쓰는 바람에 해상작전헬기 8대 사라고 군에 내려온 예산은 5,890억 원이었습니다. 시호크 4대도 못 사는 돈이었습니다. 작년과 올해 잇따라 무죄 판결을 받은 군인들은 "돈 없으니 사업 못 한다."고 복지부동하지 않고 8대 도입 계획을 반토막 예산에 맞춰 수행한 인물들입니다.

와일드캣을 떨어뜨리기 위한 갖은 모함과 음해가 있었습니다. 2013년과 2014년에는 와일드캣의 최대 체공 시간은 78분이고, 대잠 작전 시간은 38분에 불과하다는 괴자료가 장성 출신 국회 의원 측에서 나왔습니다. 한 유력 매체는 2015년 말 단독 보도라며 〈잠수함 잡는 '와일드캣', "작전 가능 시간 24분"〉이라는 대형 오보를 냈습니다. 24분은 다른 구형 헬기의 작전 가능 시간이었습니다.

2016년 봄에는 대잠 작전 시간이 와일드캣 38분, 수리온 2시간 19분, 시호크 3시간 20분이라는 자료가 나돌았습니다. 와일드캣은 수락 검사에서 해군의 작전요구성능 ROC인 최대 항속 시간 2시간 40분을 넉넉히 통과했다고 해군과 방위사업청이 발표해도 귀 기울이는 이 없었습니다. 괴자료의 출처는 역시 앞서 언급한 장성 출신 국회 의원 측이고, 그 뒤에는 와일드캣이 고꾸라져야 돈을 버는 모 기업이 똬리를 틀고 있었습니다.

모두 무죄…누가 책임지나

방산 비리 합동수사단은 이런 풍문들을 토대로 수사를 시작했습니다. 합동수사단은 특히 소나를 올리고 내리는 소나 중량 시험 평가를 모래주머니로 대체했다는 데 주목하고 방위사업청과 해군 장교들에게 올가미를 씌웠습니다. 군의 첨단 장비를 모래주머니로 테스트한다? 언뜻 들으면 딱 비리이지만 그렇지 않습니다.

개발 중인 헬기이기 때문에 실물이 없어서 같은 무게의 모래주머니로 소나 중량 시험을 했습니다. 세계적으로 통용되는, 전혀 문제없는 방식입니다. 같은 무게의 돌이나 나무토막으로 해도 됩니다. 그럼에도 합동수사단의 발표에 거의 모든 언론이 하이에나처럼 달려들어 모래주머니 매단 와일드캣을 물어뜯었습니다. 합당한 방식이라고 주장하는 측은 방산 비리 비호 세력으로 매도됐습니다.

와일드캣에 씌워진 마지막 혐의, 모래주머니 시험도 늦었지만 무죄 판결이 났습니다. 이로써 와일드캣은 완전한 무죄 헬기로 판명됐습니다. 누명 벗은 장교들은 기쁨과 억울함이 뒤섞인 눈물을 흘렸습니다. 잘못된 수사로 수많은 군인들의 인생과 군의 신뢰를 짓밟은 합동수사단, 그리고 그들의 주장을 일방적으로 받아 적은 언론들은 평온한 하루를 보냈습니다.

T-50과 수리온의 칠전팔기

 T-50 고등훈련기 계열 여러 항공기와 수리온 헬기를 거느린 한국항공우주산업 KAI는 박근혜, 문재인 정부에서 쉼 없이 고난을 겪었다. 사정 당국은 수리온의 개발 과정 중 회계와 몇 가지 성능, T-50의 경우 인도네시아에 비해 우리 공군에 비싸게 공급된 점 등을 각각 문제 삼았다. 당국은 감사, 수사를 비판하는 기사를 쓴 기자를 겁박하기도 했다. 수리온과 T-50은 끝내 무죄 판결을 받았지만 유능한 항공 전문가가 압박에 못 이겨 극단적 선택을 했고, 많은 이들이 수사와 감사, 재판을 거치며 죽음과 다름없는 고통을 겪었다.

수리온 비밀 무단 공개…"나 몰라라" 감사원
-2015년 10월 14일 보도-

감사원이 국산 헬기 수리온에 방산 비리 낙인을 찍었습니다. 수리온 개발 업체 한국항공우주산업 KAI가 수리온의 원가를 속여 547억 원을 빼돌렸고, 동력전달장치 국산화에 실패했는데도 정부 출연금 156억 원을 임의로 삼켰다는 것이 감사원 발표의 주요 내용입니다.

감사원의 감사 결과는 감사원의 일방적인 주장입니다. 방위사업청과 KAI는 관련 법을 준수해 수리온을 개발했습니다. 감사원의 기준과 맞지 않을지 몰라도 위법은 없었습니다. 게다가 감사원은 감사 결과를 발표하며 수리온 핵심 부품들의 원가와 가격 구성비 등 민감 정보를 감사원 홈페이지에 죄다 공개했습니다. KAI와 국내외 협력 업체들의 영업 비밀을 세상에 널리 알려 수리온의 판매와 협력 업체들의 영업을 방해한 행위입니다. 수리온의 비밀을 홈페이지에서 내려 달라는 요청도 감사원은 묵살했습니다.

수리온의 비밀, 감사원 홈페이지에 있다

감사원은 수리온 감사 결과 보고서를 그제 감사원 홈페이지에 게재했습니다. 86페이지 분량의 보고서 중간 2개 페이지에 눈을 닦고 봐야 할 내용들이 담겼습니다. 엔진, APU, 임무컴퓨터 H/W S/W, 생존관리 컴퓨터, 레이더 경보 수신기, 후방동체, 꼬리로터 블레이드, 꼬리로터 허브, 꼬리로터 조종, 조종간, 비행데이터 기록장치, 기관, 기어박스, 구동축 등 50여 개 핵심 장비의 제조 원가와 일반 관리비, 이윤 등이 1원 단위까지 상세히 나왔습니다.

수리온의 온전한 가격 정보 대공개입니다. KAI는 앞으로 속살을 다 보여 준 채 해외에서 수리온 수출 영업을 해야 합니다. 가격 구성이 어떻게 되어 있는지 뻔하니 바이어 측은 가격 협상 때 제멋대로 KAI를 주무를 수 있습니다. 협력 업체들도 마찬가지 처지입니다. 국산 무기가 방산 비리 광풍에 신인도 추락까지 더해 참 부당한 짐을 지게 생겼습니다.

감사 결과 보고서에서 부품명을 A, B, C 등으로 써도 상관없습니다. 부품명을 A, B, C 등으로 가려달라는 요청이 감사원에 들어갔습니다. 감사원은 요지부동입니다. "해당 업체의 이익이 침해된다고 보지 않는다."는 것이 감사원 입장입니다. 수리온을 고사시키기로 결심한 것 같습니다.

감사 결과도 의문

KAI가 나랏돈 수백억 원을 빼돌렸다는 감사원의 감사 결과도 액면 그대로 받아들이기 어렵습니다. KAI는 정부와 일괄 계약을 맺어 수리온을 개발했습니다. 예산 한도 내에서 KAI가 책임지고 수리온을 만들어 내는 방식입니다. 실제 비용이 예산을 초과해도 KAI 책임이고, KAI가 요령껏 아껴 남은 돈도 KAI 몫입니다.

개발 실패의 책임도 KAI가 집니다. 실패에 따른 협력 업체 보상도 KAI가 해야 합니다. 따라서 KAI는 협력 업체들의 부품 개발을 관리해야 했습니다. 개발된 부품을 수리온에 장착해 시험비행한 뒤 부품을 수정하는 일체의 과정도 떠맡았습니다. 부품 개발에 사업 관리비가 발생하는 것은 당연한 일이고, 관련 법도 그렇게 규정했습니다. 감사원은 이런 정상적인 절차를 문제 삼아 547억 원이 KAI에 부당하게 흘러갔다고 주장합니다.

국산화에 실패하고도 정부 돈 156억 원을 뱉어 내지 않는다는 동력전달장치는 현재도 개발중인 부품입니다. 개발이 지연됨에 따라 지체상금이라는 벌금도 물고 있습니다. 제때 개발하지 못한 실책이 있었지만 실패는 아닙니다.

감사원의 수리온 감사는 소송전으로 번질 전망입니다. 현재까지 드러나는 사실들을 보면 감사원이 유리하지만은 않은 것 같습니다. 진짜 비리를 잡아 처단해야 하는 감사원이 선량한 상대에게 무리한 싸움을 거는 것은 아닌지 우려됩니다.

수리온 사고, 아파치의 1/34…감사원 "어쨌든 몹쓸 헬기"

-2017년 8월 28일 보도-

국산 헬기 수리온에 대한 감사원의 최근 감사 결과에 따르면 수리온은 결함투성이 몹쓸 헬기입니다. 추운 날씨에는 얼음이 엔진 속으로 빨려 들고, 툭 하면 유리가 깨지고 빗물이 새는 헬기여서 하늘에 떠 있으면 당장 사고라도 날 듯 감사원은 묘사했습니다. 또 수리온 제작업체인 한국항공우주산업 KAI가 수리온과 고등훈련기 T-50 등을 개발 및 생산하면서 원가를 부풀렸다고도 했습니다. 검찰은 감사원의 고발과 주장을 이어받아 40여 일 동안 공개수사하며 KAI를 이 잡듯 뒤졌습니다.

수리온은 감사원 주장대로 남부끄러운 헬기일까요? 세계적인 헬기와 비교해 봤더니 사고율이 현저히 낮았습니다. KAI는 원가를 부풀리고, 부풀린 돈을 빼돌려 전 정권 핵심들에게 상납한 방산 비리 기업일까요? 검찰이 몇 년 동안 KAI를 탈탈 털었고, 최근 40여 일은 전 세계에 "KAI는 방산 비리 기업."이라고 공포하며 공개수사했지만 아무것도 나오지 않았습니다. 검찰은 민망한지 혹시 채용 비리라도 있지 않을까 채용 관련 서류들을 모조리 쓸어 갔다는 전언입니다.

수리온 사고율, 현저히 낮다

헬기 분야의 저명한 학자인 KAIST 항공우주공학과 이덕주 교수는 지난 24일 열린 2017년도 회전익 체계 워크숍에서 세계 주요 헬기의 사고 기록을 분석해 발표했습니다. 이덕주 교수가 참고한 자료는 미 연방교통안전위원회(NTSB)와 유럽의 헬기안전위원회(EHEST), 미 육군항공의료연구소(USAARL), 미 산림청 등의 공식 기록입니다.

이덕주 교수는 초기 전력화 단계에서 세계 주요 헬기의 치명적 사고 건수를 비교했습니다. 치명적 사고는 미군의 기준으로, 100만 달러 이상의 손실을 야기한 사고입니다. 미군 주력 기종인 UH-60과 MH-60의 초기 전력화 기간 치명적 사고는 비행시간 1만 시간까지는 5.15건, 1만~2만 시간은 5.24건, 2만~3만 시간은 3.67건으로 나타났습니다. 비행시간은 10대가 전력화돼 각각 100시간씩 비행했다면 1,000시간으로 계산됩니다.

AF-64A 아파치의 초기 전력화 기간 치명적 사고는 1만 시간까지 14건,

1만~2만 시간은 20건, 2만~3만 시간은 18건으로 나왔습니다. 감사원이 방산 비리 헬기로 낙인찍은 수리온은 어떨까요? 수리온은 현재 60여 대 전력화됐습니다. 총 비행시간은 약 2만 시간입니다. 그동안 치명적 사고는 단 1건입니다. 수리온의 치명적 사고율은 미국 초명품 헬기의 34분의1~10분의 1 수준입니다. UH-60과 MH-60의 치명적 사고 건수를 합치기는 했지만 각각 나누더라도 수리온보다 훨씬 많습니다.

수리온 결함은 치명적?

사고율이 낮다고 해서 수리온이 미국 헬기를 능가한다는 뜻은 아닙니다. 그렇다고 몹쓸 헬기도 아닙니다. 우리나라에서 처음 만들어 본 헬기입니다. 성능 결함이 아니 나올 수 없습니다. 결함은 수정되면 그만입니다.

감사원이 지적한 조종석 앞 유리 파손은 정부가 지시한 제품을 샀다가 빚어진 결함으로 일찍이 해결됐고, 와이어 커터 파손은 조종사의 조종 미숙에 따른 사고로 판명됐습니다. 빗물 새는 것은 고무 패킹을 교체했더니 고쳐졌습니다. 체계 결빙은 정부에 양해를 구한 뒤 극악한 환경에서 시험하기 위해 일정을 다시 잡았습니다.

체계 결빙 이슈는 애초부터 감사원의 시각에 문제가 있었습니다. 감사원은 헬기가 '뒤로 날 때' 엔진으로 빨려 드는 얼음의 양을 더 줄이기 위해 엔진 주위에 열선을 대폭 덧대라고도 했습니다. 역시 돈과 시간을 들이면 할 수 있지만 상식적으로 헬기는 어지간하면 뒤로 비행하지 않습니다. 드넓은 공중에서 유턴하는 편이 몇 배 합리적이고, 경제적이고, 안전하고, 결빙도 안 됩니다.

또 감사원은 턱없이 높은 기술 기준을 따르라고 요구하고 있습니다. 미 연방항공국(FAA)과 세계민간항공기구(ICAO) 규정에 따라 8.5톤인 수리온의 도심 운항 기준은 타입 B에 속합니다. 감사원은 막무가내로 9톤 이상 헬기의 기준인 타입 A를 요구하고 있습니다. 현재는 타입 B 기준이 적용돼야 마땅합니다. 수리온의 타입 A 적용도 2~3년의 시간과 100억 원 정도 들이면 할 수 있다고 합니다.

KAI는 뒷돈 만들어 전 정권에 상납했나?

　감사원 고발을 받아 대대적인 수사를 개시한 검찰은 닭 쫓던 개 지붕 쳐다보는 격입니다. KAI가 원가 부풀리고 비자금 조성해서 전 정권 핵심들에게 뒷돈을 댄 줄 알았는데 아무것도 안 나오고 있습니다. 칼을 뺐으니 무라도 베자는 심정인지 요즘은 항공기의 수출 단가와 국내 가격이 차이 나는 점, 채용 비리가 있는지를 집중 수사하고 있는 것으로 알려졌습니다.

　수출할 때 가격 경쟁력은 생명입니다. 어떤 기업이든 어지간하면 물건을 수출할 때 모두 가격을 낮춥니다. KAI는 전투기 후발 주자여서 가격이라도 낮춰야 해외에서 장사합니다. 국내용 가격보다 수출 가격이 낮은 것은 당연합니다. 수출은 죄가 아닙니다. 채용 비리가 나올지 모르겠지만 채용 비리가 적발된다 한들 채용 비리로 거둬들인 돈을 모두 합쳐도 전 정권 핵심들에게 바치기에는 민망한 액수입니다.

KAI 공개수사 한 달 '구속 0'…검찰, 아니면 말고?

-2017년 8월 14일 보도-

　검찰이 압수 수색을 대대적으로 언론에 알리며 한국항공우주산업 KAI를 의욕적으로 공개수사한 지 한 달이 됐습니다. KAI의 경영진들이 횡령하고 비자금을 만들어 정권 실세들한테 뒷돈 안겼다는 흐릿한 이야기들이 검찰에서 쉴 새 없이 흘러나왔고, 신문 방송들은 대서특필했습니다. KAI 임직원 수십 명을 출국금지 했다는 수사 기밀도 버젓이 나돌고 있습니다.

　그러나 한 달 동안 검찰은 단 1명도 구속하지 못했습니다. KAI가 절정의 방어 내공을 갖고 있어서 검찰의 칼날을 요리조리 피하고 있든지, 검찰이 비리랄 것도 없는 일에 부질없는 힘자랑을 하고 있든지 둘 중 하나 같습니다.

　후자라면 검찰은 나라에 중차대한 해를 끼치게 됩니다. 국내 최대 방산 기업의 신인도 붕괴는 둘째 치고, 연내에 있을 사상 최대 방산 수출의 기회가 사라지고 있습니다. 국산 무기는 비리 덩어리라는 오명을 구축해서 국산 무기와 한 몸인 군의 신뢰를 무너뜨리고 있습니다.

미확인 혐의만 난무

　검찰이 보는 KAI의 최대 혐의는 경영진이 회삿돈을 빼돌려 박근혜 정부의 핵심들에게 상납했을 가능성입니다. 검찰은 기자들에게 찔끔찔끔 혐의 내용을 흘리며 KAI가 개발한 모든 국산 항공기들을 비리·부실 무기로 격추시키고 있습니다. 수리온, T-50, FA-50은 이제 자주국방의 대명사가 아니라 새 정부가 청산하겠다는 적폐의 상징이 됐습니다.

　KAI가 제작한 모든 항공기가 비리와 연루됐다는데 어찌 된 일인지 지금까지 그럴듯한 비리를 저지른 자는 드러나지 않고 있습니다. 검찰이 비리의 중간 몸통이라며 공개 수배한 전 인사운영팀 차장 S 씨는 KAI가 먼저 2년 전에 횡령 혐의로 검·경에 고발한 인물입니다. 검찰은 2년 동안 뭉개다가 마치 새로운 비리 인물인 것처럼 치장해서 공개 수배했습니다.

　KAI의 전 임원 Y 씨는 구속 영장이 청구됐지만 기각됐습니다. 검찰이 2년여 내사를 통해 갈고닦은 뒤 휘두른 첫 칼이 허공을 갈랐습니다. Y 씨 사건은 KAI의 사장 H 씨 취임 전에 발생한 일이라 H 씨와 아무런 관계도 없습니다. Y 씨 관련 소문이 안 좋아서 H 씨는 취임 직후 그를 내쫓은 것으로 확인됐습니다.

　협력 업체 대표 K 씨는 검찰이 영장을 치고 보니 이미 잠적했습니다. 앞의 전 임원 Y 씨에게 돈을 건넨 혐의를 받는 사람입니다. 즉 사장인 H 씨와 무관합니다. 검찰은 악의 축으로 H 씨를 지목했는데 한 달의 수사 성과는 검찰도 별 흥미를 못 느껴 캐비닛에 처박아 뒀던 사건의 복기일 뿐입니다.

　그럼에도 검찰은 지난 한 달 동안 KAI 직원들의 먼지를 털고 또 털었습니다. 현재까지 성적은 '구속 0명'입니다. 검찰이 팩트라며 흘린 어떤 혐의도 사실로 확인되지 않고 있습니다. 확인되지 않는 혐의는 음해, 뜬소문에 불과합니다.

검찰의 수사 결과를 기다리며

　KAI 사장이 거액을 빼돌려 정권 실세들에게 로비를 한 것으로 검찰이 명명백백 밝혀내 사장 H 씨를 구속하고 돈 받은 자들을 솎아 내면 검찰은 이깁니다. 이런 정도의 수사 성과를 내지 못한다면 검찰의 완패입니다. 깃털 몇 개 뽑을 참이었다면 이렇게 대대적인 수사를 하지도 않았을 터.

검찰이 패하면 검찰은 역으로 큰 과오를 저지른 처지가 됩니다. 검찰이 이긴다고 해도 동네방네 떠벌리는 한국식 수사 관행이 옳은 방식인지는 깊이 성찰해 볼 필요가 있습니다. 검찰의 언론 플레이로 KAI는 세계적인 비리 기업이 됐습니다. 손에 잡힐 듯했던 17조 원 규모의 미국 고등훈련기(APT) 사업도 거의 물거품이 됐습니다. 록히드마틴과 손잡고 뛰어든 APT 사업을 따냈다면 이는 KAI만의 경사가 아니라 '동방의 작은 나라가 전투기 종주국에 전투기를 파는' 국가적 경사였습니다.

"사장 H 씨가 바뀐 정권에서도 눈치 없이 사장 자리에서 내려오지 않자 H 씨를 내쫓으려고 검찰과 감사원이 나섰다."는 말이 시중에 떠돌고 있습니다. 새 정부의 새 사람을 앉혀야 한다면 조용히 그리고 무겁게 H 씨를 압박해서 쫓아내면 그만입니다. 수사로 한국 대표 방산 기업을 흔들 필요까지는 없습니다.

목적이야 어떻든 간에 KAI 전체를, 수리온을, T-50을, FA-50을 이렇게 무리하게 흠집 내면 안 됩니다. 어느 나라 검찰이 음해나 다름없는 확인되지 않은 혐의 내용을 언론에 흘리면서 방산 업체 사냥을 할까요. '아니면 말고'식 검찰 수사는 황기철 전 해군참모총장, 최윤희 전 합참의장을 비롯한 무고한 군인들을 만신창이로 만든 전력이 있습니다. 해외 경쟁업체와 한반도 북쪽의 적만 이롭게 하고 있습니다.

국감에서 복권된 KAI 수리온…감사원·검찰이 답할 차례

-2017년 10월 15일 보도-

그제 방위사업청 국정 감사에서 국방위원회 소속 국회 의원 여럿이 국산 헬기 수리온의 결함 누명을 소명하는 데 많은 시간을 할애했습니다. 여전히 국정 감사를 국산 무기 깎아내리는 기회로 삼는 의원도 있었지만, 많은 의원들이 오랜만에 바른말을 했습니다.

한 의원은 "감사원의 부당한 감사 결과를 보고 말 한마디 못한 방위사업청은 비겁하다."고 질타했습니다. 어떤 의원은 "감사원의 감사 결과가 부당하다고 당당하게 항변하라."고 방위사업청에 주문했습니다. 한국항공우주산업 KAI의 수리온을 깡통 헬기, 결함 헬기라고 낙인찍고 전 세계에 수리온의 영업 비밀까지 공개한 감사원의 수리온 감사 결과에 대한 국회의 정면 반박입니다. 감사원의 입장이 궁금합니다.

감사원이 던진 미끼를 문 검찰은 KAI를 시쳇말로 탈탈 털었습니다. 취업 비리 혐의가 좀 나왔고, KAI의 전 사장 H 씨의 개인 비리 혐의 몇 개가 적발됐습니다. 검찰이 KAI의 초대형 방산 비리라며 대대적으로 발표한 원가 부풀리기와 분식 회계는 억지에 가까워 국정 감사에서도 웃음거리가 됐습니다. 검찰이 말하는 분식 회계는 일반 회계 기준에도 나오는 표준이었고, 원가 부풀리기는 우리나라의 첫 전투기 수출을 위한 가격 경쟁의 일환이었습니다. 검찰의 입장도 궁금합니다.

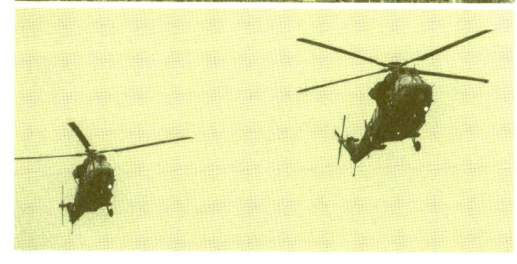

KAI의 고등훈련기 T-50과 다목적 헬기 수리온. 회계와 성능에 비리가 있다는 질타를 받았지만 회계는 합법이었고, 성능도 이상 없는 것으로 밝혀졌다. (KAI 제공)

의원들, 수리온을 말하다

그제 오전 11시 25분쯤 국회 국방위의 방위사업청 국정 감사가 비공개에서 공개로 전환되자 김종대 정의당 의원이 "수리온 체계 결빙은 그렇게 긴요한 성능도 아니고, 핵심 성능도 아니다."라며 포문을 열었습니다. 체계 결빙 결함은 수리온이 극지처럼 추운 곳에서는 제 성능을 발휘하지 못한다며 감사원이 제기한 것입니다. KAI는 국내에서 체계 결빙 테스트를 끝냈고, 작년 국회와 방위사업청의 양해를 얻어 해외 혹한지에서 추가 테스트를 추진하고 있었지만 감사원은 이를 결함이라고 단정했습니다.

김종대 의원이 발언을 이어갔습니다. "(방위사업청이) 이왕 업무 보고에서 진화적 방식으로 개발하겠다고 했으니 우리 획득의 패러다임을 이번 기회에 (진화적 방식으로) 다 바꿔야 한다.", "그렇지 않으면 앞으로 10년 또 방산 비리에 시달려서, 모든 게 다 완성되기 전에 배치하면 전부 방산 비리로 몰아가게 될 것이다.", "지난 10년을 그렇게 죽을 쒔고 자해적인 획득을 했는데 이렇게 하면 영원히 북한을 따라잡지 못한다."

일정 수준 이상 개발이 되면 우선 전력화하고 추후 발전된 기술 수준에 맞춰 성능 개량하는 진화적 개발 방식을 적극 적용하자는 주장입니다. 세계적 명품 헬기 아파치, 치누크도 철저히 진화적 개발 방식에 따라 차근차근 성능 개량을 해왔습니다. 양산 1호기부터 100% 완벽할 수 없습니다. 진화적 개발의 관점에서 보면 수리온은 아주 정상적인 헬기입니다.

자유한국당 백승주 의원은 방위사업청을 호통쳤습니다. "빗물 새고 유리 깨지는 문제 등 수리온의 7~8가지 결함을 완전히 수정했다.", "결함을 수정했는데 방위사업청의 사업본부장은 왜 감사원에 당당히 해명하지 못했나.", "감사원에 설명 못하는 당신들은 비겁하기 짝이 없다."

수리온의 결함들은 감사원 감사 발표 이전에 모두 해결됐습니다. 무기는 전력화 이후에도 예기치 않은 결함이 생기기 마련이고, 그때그때 개량하면서 성능을 높여 가면 됩니다. 진화적 개발 방식입니다. 감사원은 당연한 과정과 절차를 비리로 몰았고, 방위사업청 지휘부는 꿀 먹은 벙어리마냥 있으니 백승주 의원은 이를 나무랐습니다.

국민의당 김동철 의원, 자유한국당 이종명 의원, 더불어민주당 서영교 의원도 "수리온은 깡통 헬기가 아니고, 명품 헬기이다.", "방위사업청은 감사원의 감사 결과에 철저히 항변하라."며 수리온을 지지했습니다. 여야를 불문하고 국방위원들 대부분이 보기 드물게 한목소리를 냈습니다.

"검찰의 KAI 수사도 부당하다"

　방위사업청 국정 감사에서 국민의당 김동철 의원은 검찰의 KAI 수사를 혹평했습니다. "현재의 KAI는 1999년 통합 당시와 비교해 매출은 4배, 영업 이익은 15배 늘었고, 부채 비율은 583%에서 106%로 줄었다.", "그런데도 새 정부가 들어서자마자 KAI는 방산 비리 수사 대상 1순위가 됐다.", "경영진의 비리는 엄벌해야 하겠지만 개인 비리 때문에 KAI를 방산 비리 업체로 만들어서는 안 된다."

　검찰의 KAI 수사 초점은 원가 부풀리기와 분식 회계입니다. 원가 부풀리기는 인도네시아에 T-50을 수출하면서 벌어진 혐의입니다. 인도네시아에는 싸게 팔고 우리나라 공군에는 부품 가격을 부풀려 비싸게 팔았다는 것에 검찰은 주목했습니다.

　인도네시아 T-50 수출은 대한민국 방산 역사상 첫 전투기 수출이었습니다. 인도네시아 국방부와 공군 장교들의 서울 숙소에 국정원 요원들이 침투해 협상 자료까지 빼 오면서 공들였던 국가 비즈니스였습니다. KAI는 가격이라도 낮춰야 첫 수출을 기대할 수 있었고, 그래서 가격을 깎고 또 깎았습니다. 인도네시아 다음 수출부터는 T-50을 비싸게 팔았습니다.

　검찰은 우리 공군에 T-50을 비싸게 팔아서 KAI 임직원들이 큰돈을 챙긴 것처럼 언론에 흘렸습니다. 회사가 번 돈은 임직원이 아니라, 주인인 주주가 대부분을 챙깁니다. KAI의 최대 주주는 수출입은행이고, 3대 주주는 국민연금입니다. 국영 기업이나 다름없습니다. KAI가 원가를 부풀려 돈 벌었다면 그 돈은 주주인 정부와 국민연금, 소액 주주에게 돌아갑니다.

　검찰이 분식으로 보고 있는 KAI의 회계는 사업 진척의 기준을 어디에 두느냐에 따라 시비가 갈립니다. KAI는 하청업체에 대금을 내주면 이를 매출로 잡아 진척률을 계산했고, 검찰은 KAI로부터 대금을 받은 하청업체가 그 돈을 집행했을 때를 진척률 기준으로 봤습니다. KAI의 회계 방식도, 검찰의 셈법도 회계학에서는 각각 인정됩니다. KAI가 채택한 회계 방식은 대부분 방위산업체를 포함한 일반 기업체들도 두루 사용하고 있습니다. KAI에 대해서만 분식 회계라며 멍에를 씌웠습니다.

모레부터 서울공항에서는 서울 아덱스(ADEX)가 열립니다. 감사원과 검찰이 비리 기업, 비리 항공기로 낙인찍은 KAI의 항공기와 헬기들은 아덱스에서 어떤 대접을 받을까요? 현재까지 취재를 종합하면 최고의 주인공으로 전면에 나섭니다. 기막힌 반전입니다.

감사원, 수리온 '엉터리 감사'로 혈세 100억 날렸다

-2017년 10월 25일 보도-

최근 법원은 KAI가 수리온을 개발하는 과정에서 547억 원을 빼돌렸다는 감사원의 수리온 개발원가 감사가 잘못됐다고 판결했습니다. 판결에 따라 정부는 감사원 결정을 믿고 KAI로부터 빼앗은 돈에 이자까지 덧붙여서 KAI에게 돌려줘야 합니다. 이자만 최소 100억 원입니다.

감사원의 수리온 개발원가에 대한 엉터리 감사는 지난 2015년 실시됐습니다. 수리온의 영업 비밀까지 까발린 감사 결과가 훌륭하다고 해서 당시 감사원 감사관들은 줄줄이 승진했습니다. 그 중 한 명은 현재 감사원을 대표하는 자리에 올랐습니다. 잘못돼도 한참 잘못됐습니다.

규정 지켰는데 불법이라는 감사원

KAI는 수리온을 개발하면서 방위사업청과 개산(概算) 계약을 맺었습니다. 최종 개발 실적에 따라 개발비를 정산해 확정하는 방식입니다. 계약은 개발 실패의 책임도 KAI에게 상당 부분 묻기로 했습니다. 개발에 실패했을 경우 전체 개발 비용 중 20%와 기술 이전비 전체를 KAI가 떠맡도록 했습니다.

실패했을 때 KAI는 협력 업체들에 보상도 해야 합니다. 따라서 KAI는 협력 업체들의 부품 개발을 일일이 관리했고, 개발된 부품을 수리온에 장착해 시험비행한 뒤 부품을 수정하는 일체의 과정을 주관했습니다. 부품 개발에 사업 관리비가 발생하는 것은 당연지사이고, 방위사업청과 KAI는 '개발 투자금 보상에 관한 합의 및 기술 이전비 보상에 관한 합의'라는 명목으로 관련 규정도 만들어 뒀습니다.

감사원이 트집을 잡았습니다. KAI가 위 과정에서 규정에 따라 가져간 사업 관리비 547억 원을, 감사원은 KAI의 부당한 이득이라고 주장했습니다. 547억 원은 기지급분 373억 원과 기계약 미지급분 174억 원을 합한 액수입니다. 감사원의 처분에 따라 KAI는 373억 원은 정부에 돌려줬고, 174억 원은 못 받았습니다.

감사원은 수리온 개발원가 감사 결과를 발표하면서 엔진, APU, 임무컴퓨터의 H/W와 S/W, 생존관리 컴퓨터, 레이더 경보 수신기, 후방동체, 꼬리로터 블레이드, 꼬리로터 허브, 꼬리로터 조종간, 비행데이터 기록장치, 기관, 기어박스, 구동축 등 50여 개 핵심 부품의 제조 원가와 일반 관리비, 이윤 등을 1원 단위까지 상세하게 감사원 홈페이지에 올렸습니다. 경쟁사에 유출돼서는 안 될 수리온의 영업 비밀을 감사원은 활짝 공개했습니다.

당시 KAI 관계자들뿐 아니라, 옆에서 보다 못한 기자조차 "부품 원가는 공개할 이유도, 실익도 없다.", "홈페이지에서 내려달라."고 감사원에 통사정했습니다. 감사원 대변인은 "정당한 감사이고, KAI의 죄질이 나쁘다.", "부품 원가 공개 역시 법적 하자가 없다."며 요청을 묵살했습니다. 원가 자료를 못 내린다는 감사원의 국방 감사 담당 간부는 오히려 기자에게 전화를 걸어 김사 결과를 비판한 기사를 내리라고 압박했습니다.

늦었지만 법원이 감사원의 잘못된 감사를 바로잡았습니다. 지난 20일 서울중앙지법 민사20부는 KAI가 국가를 상대로 낸 물품 대금 소송에 대해 원고 승소 판결했습니다. 재판부는 "KAI는 합법적으로 사업 관리비를 받았다.", "국가는 KAI에게 547억 원을 돌려줘야 한다."고 밝혔습니다.

덧붙여 정부는 KAI에게 547억 원에 대한 이자도 줘야 합니다. 이미 지급됐던 373억 원에 대한 이자는 93억 원이고, 기계약 미지급분 174억 원에 대한 이자도 수십억 원에 달합니다. 감사원의 잘못된 감사는 나랏돈 100억 원 이상을 버렸습니다. 수리온의 수출길도 막았습니다.

엉터리 감사로 승승장구한 감사관들

감사원은 2015년 수리온 개발원가 감사의 성과를 높이 평가해 감사 실무였던 L 국방감사2과장을 서기관에서 부이사관으로 특진시켰습니다. 수리온 개발원가 감사위원회를 주관했던 주심 감사위원은 W 사무1차장이었습니다. 현재는 감사원을 대표하는 사무총장이 됐습니다. 파사현정의 감사관들이라면 피감사 기관을 거짓 논리로 짓밟고 얻은 자리는 내놓는 것이 최소한의 도리입니다.

여기서 떠오르는 사건 하나! 국방과학연구소 연구원들이 차기 군단급 무인기 개발 중에 무인기 시제기를 떨어뜨리자 방위사업감독관실이 완파된 시제기 값을 연구원들에게 물어내라고 해서 물의를 빚었습니다. 시제기 1대 값이 67억 원이니 연구원 5명에게 각각 13억 4,000만 원씩 청구했습니다. 방위사업감독관실에 파견 나온 감사원 감사관이 전결 처리한 조치입니다. 같은 논리라면 정부가 KAI에 물어 줘야 하는 이자 100억 원은 감사위원들이 십시일반 걷어서 내놓아야 합니다.

박근혜 정부가 사정 기관들에 방산 비리를 잡아내라고 윽박지르니 감사원이 한 일이 바로 수리온 개발원가 감사입니다. 감사원은 정권이 바뀌었는데도 수리온을 떨어뜨리지 못해 안달입니다. 올해는 수리온의 성능을 조준하고 있습니다. 여야 의원들이 국정 감사에서 "완전히 수정된 결함들을 마치 현재의 결함인 것처럼 보이게 포장해 수리온을 깡통 헬기라고 몰아붙이고 있다."며 감사원을 꾸짖어도 감사원은 꿋꿋합니다. 감사원 출신의 한 인사는 "감사원의 수리온 성능에 대한 이번 감사는 2년 전 개발원가 감사의 잘못을 덮기 위한 물타기 감사."라고 꼬집었습니다.

그동안 수리온과 KAI의 신뢰도는 고꾸라졌고 KAI 부사장은 스스로 목숨을 거뒀습니다. 손에 잡힐 듯했던 17조 원 규모의 미 공군 고등훈련기 TX 사업은 점점 멀어지고 있습니다. TX 사업을 따면 패키지처럼 따라왔을 세계 고등훈련기 시장 제패의 꿈은 이제 가물가물합니다. 이에 비하면 감사원이 날린 나랏돈 100억 원은 푼돈입니다.

파편 맞은 국산 무기들

언론은 십 수년 전부터 무기 개발의 병가지상사인 결함과 고장을 방산 비리인 것처럼 다루며 국산 무기를 비판했다. 최고에 도달하지 못한다는 이유로 기술적 한계도 용납하지 않았다. 그런 풍토는 요즘도 크게 달라지지 않았다. 언론이야 이윤을 추구하는 사기업으로 구독자와 시청자를 끌기 위해 침소봉대한다지만 공공의 이익을 추구하는 사정 당국은 왜 무고한 국산 무기를 못 잡아 안달이었을까. 정의를 세우기 위한 조사와 처벌로 보이지 않는다. 조리돌림 당한 국산 무기만 애처롭다.

마녀사냥에 억울한 국산 무기들

-2014년 11월 11일 보도-

방산 비리는 이적 행위, 즉 북한을 이롭게 할 뿐 아니라 장병을 해칠지도 모르는 중대 범죄라는 인식이 강합니다. 크게 틀리지 않은 것 같습니다. 법에 의한 처벌에 더해, 사회적 지탄을 받아 마땅합니다. 그런데 요즘 우리 사회의 방산 비리 담론이 이성을 잃은 듯 폭주하고 있습니다. 비리가 아닌데도 비리로 몰아가는 마녀사냥이 횡행합니다.

비리 고리에 엮인 무기들이야 방산 비리의 소산이 맞지만 좀 부실하거나 고장 난 무기들도 방산 비리의 범주로 묶이고 있습니다. 부실을 낳은 비리를 단죄하는 데 그치지 않고 국산화 과정의 시행착오들마저 무차별적으로 난타당하고 있습니다. 이런 식이면 국산 무기는 살아남지 못합니다.

억울한 국산 전차 K2

국산 전차 K2의 가속 성능이 여론의 뭇매를 맞고 있습니다. 모 매체는 군이 국산 K2 전차 가속 성능의 작전요구성능 ROC를 8초에서 9초로 낮췄다며 맹비난했습니다. 전차의 가속 성능이란 전차가 정지 상태에서 시속 32km에 도달하는 데 걸리는 시간입니다. 적이 대전차 로켓을 쏘았을 때 피할 수 있는 생존 시간이기도 합니다.

군은 당초 가속 성능 ROC를 8초로 잡았다가 9초 이내로 완화시켰습니다. 국산 파워팩을 장착한 K2 전차의 가속 성능 기록이 8초와 9초 사이를 맴돌았기 때문입니다. 현재 우리 기술로는 8초 벽을 깰 수 없어 군은 ROC를 낮췄습니다. 비리가 아닙니다. 우리 기술의 한계입니다.

그런데 이 매체는 30년 전 개발된 독일의 레오파드 전차의 가속 성능은 6초이고, 20년 전 개발된 프랑스의 르클레르는 5초, 25년 전 등장한 미국 전차도 7초 내외라고 주장했습니다. 맞습니다. 그 전차들 가속 성능이 그렇습니다.

하지만 기준이 틀렸습니다. 6초, 5초, 7초의 기록은 STALL START 방식의 기록입니다. 브레이크 페달을 밟은 상태에서 액셀러레이터 페달을 밟아 엔진을 최고 출력 상태인 3,000rpm으로 높인 뒤 브레이크 페달에서 발을 떼면서 출발하는 방식입니다. STALL START 방식으로 하면 국산 K2의 가속 성능도 평균 6.18초입니다.

8초대로 나오는 K2의 가속 성능 기록은 1,200rpm에서 출발하는 IDLE START 방식을 따랐습니다. 무지몽매한 언론이 가속 성능 측정 방식도 모르면서 K2를 매도했습니다. 해당 기사 중 군사 전문가를 자처하는 인물이 나와 "K2 같은 굼벵이 전차는 전투시 북한의 AT-3 대전차 미사일 한 방에 한순간에 궤멸할 수도 있다."고 인터뷰했습니다. 혹세무민입니다.

"자석 발사" 누명 쓴 K-11

국산 복합소총 K-11은 자석만 갖다 대도 발사되는 엉터리 누명을 썼습니다. K-11은 자석을 갖다 대도 발사되지 않습니다. 절대 그럴 일 없습니다. 특전사의 신형 헬멧에 있는 자석에도 K-11이 오작동한다는데 사실이 아닙니다. 오해이고, 해프닝입니다.

국방기술품질원이 어느 날 K-11 제작업체에 초대형 전자기 발생 장치를 가져오면서 사달은 시작됐습니다. 국방기술품질원은 뜬금없이 K-11에 그 전자기 발생 장치를 붙여 보자고 제안했습니다. 초강력 자기장이 발생하면 전자 회로는 오작동을 일으킬 수밖에 없습니다. 북한이 개발하고 있다는 전자기파(EMP)탄이 터지면 사방 수십 km 지역 안의 모든 전자 회로가 타버리듯 말입니다.

국방기술품질원의 황당한 실험에 K-11의 회로들은 오작동을 일으켰습니다. 자연스런 오작동입니다. 격발은 되지 않았습니다. 그럼에도 어떤 세력들은 마치 격발된 것처럼 이야기를 꾸며 세상에 알렸습니다. 방산 비리라는 레테르까지 달았습니다. 방산 비리가 아닙니다. 국방기술품질원이 왜 초대형 자석을 K-11에 갖다 대는 기행을 벌였을까요? 물어봐도 알려 주지 않습니다.

방산 비리 40여 건 가운데 진짜 비리는 3건

최근 또 다른 매체는 이번 국정 감사를 거치면서 방산 비리가 40여 건 적발됐다고 썼습니다. 비리라고 말한 40여 건 가운데 방산 비리는 딱 3건입니다. 한 건은 통영함 사건이고, 다른 한 건은 K계열 장갑차의 서류 위변조 사건, 또 다른 한 건은 공군 전투기 시동 장치 사건입니다. 비리를 저지른 자들은 일벌백계해야 합니다.

나머지는 무기 고장, 무기 불량입니다. 고장과 불량 뒤에 비리가 있을 수 있지만 아직 확인되지 않았습니다. 대다수는 비리라기보다는, 우리 국방과학의 미성숙에 따른 실수들입니다. 실수했다고 징계하고 사법 처리하면 누가 개발하겠습니까.

비리를 척결하자는 취지는 좋지만 국산 무기 개발 전체를 백안시해서는 안 됩니다. 자주국방, 수출 증진 차원에서 정부는 국산 무기 개발을 장려했습니다. 없는 기술 습득해가며 지금까지 버텨 온 방산입니다. 군피아들의 암약에 비리가 없는 것은 아니지만, 모든 국산 무기의 고장이 무조건 방산 비리와 연결되지는 않습니다. 이왕에 정부와 정치권, 국민들까지 방산에 관심을 갖게 됐으니 잘잘못은 따지되 교각살우(矯角殺牛)는 하지 말아야 하겠습니다.

감사원의 무차별 감사…"국산 무기 말살"

−2015년 7월 3일 보도−

감사원이 어제 국방과학연구소 ADD의 '국방 연구 개발 추진 실태'를 감사해 결과를 발표했습니다. 외국 무기 도입 과정은 빼고 오롯이 국산 무기 개발을 집중적으로 들여다본 뒤 대단한 방산 비리인 것마냥 언론에 공개했습니다.

해군 함정에 신형은 놔두고 구형 레이더를 장착했고, 전차의 내부 피해 계측 장비는 부품이 제대로 부착되지 않았으며, 전술교량은 붕괴됐다는 것이 골자입니다. 감사원 발표를 액면 그대로 읽으면 방산 비리이지만 내용을 찬찬히 뜯어보면 방산 비리가 아닙니다. 감사원도 방산 비리가 아니라는 것을 잘 압니다.

함정 레이더와 차기 전술교량

감사원은 해군이 개발 완료된 신형 레이더 대신, 구형의 대함 및 항해 레이더를 함정에 장착할 계획을 세웠다고 지적했습니다. 신형 레이더는 2013년 12월 개발이 완료됐고, 감사원이 2014년 이 사안을 살펴봤더니, 2016년에 진수되는 함정이 구형 레이더로 설계돼 있었습니다.

감사원의 지적은 '구형이면 방산 비리'라는 논리입니다. 구형도 작전요구성능 ROC에 부합합니다. 갑자기 신형을 장착하라고 하면 구형을 제작하는 업체는 강제로 내쫓겨야 합니다. 감사원의 주장은 기존 레이더의 성능에 이상이 없는데도 신형이 나왔다고 당장 계약을 파기하라는 억지입니다. 감사원과 신형 레이더 제작업체의 관계가 의심스럽습니다.

차기 전술교량은 시험 과정에서 6차례나 전복됐다고 감사원은 밝혔습니다. 전술교량을 개발하는 과정에서 발생한 시행착오입니다. 전 세계 모든 방산 기업은 무기를 개발할 때마다 숱한 시행착오를 겪습니다. 예외는 없습니다. 적당히 주의 환기시키는 선에서 마무리할 사안입니다.

전차 계측 장비와 조종모듈

감사원이 부실 장비라는 누명을 씌운 전차의 내부 피해 계측 장비는 반제품 상태로 납품된 정상 제품입니다. 관련 방산 기업은 내부 피해 계측 장비 2개 세트를 납품 받았습니다. 1개 세트는 즉시 사용할 제품이었고, 나머지 1개 세트는 예비용이었습니다. 예비용 세트는 나중에 쓸 장비라서 진동 센서와 제어판 등을 부착하지 않은 채 입고했습니다. 방산 기업도, 장비를 납품한 기업도 모두 양해한 것으로 방산 비리가 아닙니다.

같은 기업은 또 전차의 자동조종모듈이라는 계측 장비 7개 세트를 납품 받았으면서도 실제로는 11개 세트를 납품 받은 것처럼 관련 서류를 작성했다고 감사원은 문제 삼았습니다. 확인 결과 11개 세트를 납품 받았습니다. 다만 7개 세트는 안팎이 모두 정상이었고, 4개 세트는 소수의 중고 부품이 사용된 것으로 드러났습니다. 납품업체가 조금 비양심적이긴 해도 방산 비리도 아니고, 감사원이 나설 일은 더더욱 아닙니다.

방산 비리를 저지른 업체와 군인은 엄벌에 처해야 하겠지만, 이런 저런 국산 무기 사업을 억지로 방산 비리로 끼워 맞춰서는 안 됩니다. 정밀 타격해야 합니다. 요즘 사정 기관들이 방산 비리 별도 팀까지 꾸렸다고 무리하게 성과를 낼 필요는 없습니다. 방산 비리가 없으면 감사, 수사 접으면 그만입니다.

현대로템의 K2 전차와 SNT모티브의 K-11 복합소총. K2는 굳게 버텨 수출 효자 상품이 됐고, K-11은 양산이 중단됐다. (현대로템, SNT모티브 제공)

'36년 묵은 침낭', '뚫리는 방탄복'은 없다
-2016년 6월 6일 보도-

감사원의 최근 국방 분야 감사 초점은 침낭과 방탄복입니다. 지난 1일 침낭 감사 결과를 발표하자 신문 방송들은 〈36년 된 구닥다리 '군용 침낭' 또 방산비리〉, 〈군피아 탓…장병들 '30년 묵은 구형' 침낭 쓴다〉 등의 제목으로 기사를 내보냈습니다. 앞서 지난 3월 감사원이 방탄복 감사 결과를 내놨을 때 신문 방송들은 〈군, 로비 받고 북한 총탄에 뚫리는 방탄복 도입〉, 〈총알 못 막는 구형 방탄복…알고도 병사들 입힌 軍〉 등의 제목으로 보도했습니다.

우리 군에 '36년 묵은 침낭'과 '총알에 뚫리는 방탄복'은 없습니다. 정확히 말하면 장병들은 36년 전 개발된 뒤 14번 개량한 침낭에서 자고 있습니다. 방탄복은 장병들의 임무에 따라 레벨-2에서 최고 등급인 레벨-4까지 보급되고 있습니다.

종종 감사원의 국방 감사는 빈대 잡으려다 초가삼간 태우는 격입니다. 비리만 색출해야 하는데 애꿎게 군의 신뢰까지 송두리째 흔드는 경향이 있습니다. 감사원이 비리라고 규정한 행위도 검찰이 수사해 보면 무혐의로 드러나는 경우가 적지 않습니다. 군은 방산 비리 과거 전력 때문에 어디에 하소연도 못합니다.

억울한 방탄복과 침낭

우리 군의 방탄복 중 구형은 AK-47 소총탄 방어용 레벨-2이고, 신형은 AK-74 소총탄까지 막을 수 있는 레벨-3입니다. 강철 장갑도 뚫는다는 북한의 철갑탄 방어용 레벨-4도 특수부대에 지급되고 있습니다.

당연히 레벨-2와 레벨-3에 철갑탄을 쏘면 뚫립니다. 모든 장병이 철갑탄까지 완벽하게 막는 레벨-4를 입는다면 가장 이상적입니다. 그러나 모든 장병이 레벨-4를 입어야 하는지에 대해서는 의견이 갈립니다.

레벨-4는 가격도 비싸지만 무겁습니다. 방탄판을 앞뒤로 모두 대면 방탄복의 무게는 10kg 안팎에 달합니다. 덩치 크고 힘센 미군들이야 레벨-4를 입어도 뛰고 뒹굴며 총 쏠 수 있겠지만 우리 장병들은 다릅니다. 국방부 정보본부에 따르면 레벨-4로만 막을 수 있다는 철갑탄은 북한군에 널리 보급돼 있지도 않습니다. 그래서 군은 임무 위험도에 따라 레벨-4와 레벨-3, 레벨-2를 차별적으로 장병들에게 지급하고 있습니다.

다음은 침낭입니다. 군은 현재의 침낭을 36년 전에 개발했습니다. 그 동안 14번 개량했습니다. 감사원은 36년 전 개발 사실은 공개하면서 14번 개량 기록은 숨겼습니다. 그래서 장병들이 '아버지가 쓰던 침낭'을 덮고 잔다는 오해를 불러 일으켰습니다. 감사원은 "그런 의도가 아니었다."고 해명했습니다.

군 침낭이 아웃도어 제품처럼 얇고 가벼우면 금상첨화입니다. 군은 작년 상반기에 아웃도어 침낭 수십 세트를 사서 장병들이 야전에서 사용해 보도록 했습니다. 아무래도 아웃도어 제품은 군이 요구하는 내구성을 충족할 수 없었습니다. 군은 아웃도어 침낭처럼 가볍고 따뜻하면서도 군용으로서 내구성 있는 침낭 개발을 목표로 올 여름부터 본격 연구에 착수합니다.

방탄복 사건의 전모

감사원의 주장은 "레벨-4 액체 방탄복이 개발됐는데도 군이 레벨-3 신형 방탄복을 선택했다."입니다. 마치 군인들이 돈을 받고 레벨-4 액체 방탄복과 레벨-3 신형 방탄복 중에 성능이 떨어지는 레벨-3 신형 방탄복을 고른 것처럼 들립니다.

사실과 다릅니다. 액체 방탄복은 군의 소요 제기가 없는 상황에서 국방과학연구소가 민간 업체와 공동 개발했습니다. 방탄 성능은 레벨-4를 구현했습니다. 개발을 끝냈을 때의 가격은 방탄판을 앞뒤로 댄 경우 102만 원, 앞쪽 방탄판만 대면 82만 원이었습니다. 무게는 앞뒤 방탄판 장착 시 8.6kg, 앞쪽만 방탄판 장착 시 5.9kg이 나갔습니다.

군이 액체 방탄복과 함께 검토한 방탄복은 레벨-3이라는 감사원 발표와 달리, 기존의 구형 레벨-2였습니다. AK-47 소총의 공격을 감안했기 때문에 레벨-2가 대상이었습니다. 방탄판을 앞쪽만 대는 모델로 가격은 42만 원이었습니다. 무게는 4.5kg입니다.

액체 방탄복은 레벨-4이긴 해도 무겁고 비쌌습니다. 소총 견착 시 사격이 불편하다는 단점도 있었습니다. 양산하려면 군의 작전요구성능 ROC를 새로 정립한 뒤 액체 방탄복의 가격과 무게, 견착 시 편의성 등을 개선해야 했습니다. 당장 도입할 수 있는 방탄복이 아니었습니다.

그런 이유로 군은 지난 2012년 액체 방탄복을 선택하지 않았습니다. 여기까지는 어떤 비리도 없었고 "비리가 발생해 액체 방탄복을 버렸다."는 감사원의 주장도 맞지 않습니다. 이후 군은 곧바로 신형 레벨-3 방탄복 사업을 추진했습니다. 북한군이 신형 AK-74를 두루 보급함에 따른 조치입니다. 군 관계자는 "신형 방탄복에 레벨-4 방탄판을 넣으면 AK-74 소총탄은 물론 철갑탄에도 뚫리지 않는다."고 설명했습니다.

비리는 신형 방탄복 사업의 국방부 책임자가 몇 년 후에 업체로부터 금품을 받은 혐의입니다. 이 관계자는 부인의 약사 자격증을 업체에 대여하고 대가를 받았습니다. 검찰이 그에게 청구한 구속 영장은 지난달 26일 "혐의를 둘러싸고 다툼의 여지가 있다."는 이유로 기각됐습니다.

침낭 사건의 전모

감사원의 침낭 사건은 A라는 업체가 지난 2010년 1,000억 원 규모의 신형 침낭 사업을 군에 제안하면서 벌어졌습니다. A 업체는 군을 상대로 로비를 했습니다. 관련 군인들을 만날 때 밥과 술을 샀습니다. 예비역 장군 측에 거액의 현금도 건넸습니다. 이 장군의 주특기는 무기 및 장비 획득이 아니라, 인사 업무였습니다. A 업체는 사람을 잘못 고른 것으로 보입니다.

군이 A 업체의 침낭을 본격적으로 검토하자 현재 침낭을 공급하고 있는 B 업체가 발끈했습니다. B 업체는 A 업체를 비판하는 문건을 만들어 군에 제출했습니다. 군은 문건을 검토한 뒤 A 업체의 침낭 사업을 접었습니다.

감사원은 A 업체의 침낭이 어떤 제품인지 공개하지 않았습니다. 로비가 벌어진 것으로 미뤄 덥석 사들여도 좋을 침낭 같지는 않습니다. 업체 간 이전투구가 벌어진 상황에서 A 업체 침낭 사업이 무산된 것은 잘된 일로 보입니다. 일부 장교들이 A 업체가 베푼 술과 밥을 먹은 것이 사건의 전부입니다.

침낭과 방탄복 사건에서 군 관계자들이 업체의 로비에 초연하지 못한 점은 아쉽습니다. 그들이 행한 일의 시비는 법원에서 준엄하게 가려질 것입니다. 동시에 군이 36년 묵은 침낭과 북한 소총탄에 뚫리는 방탄복을 장병들에게 지급하고 있다는 억울한 오명도 해소돼야 합니다. 또 국방에 들이대는 감사원의 잣대가 불합리한 수준은 아닌지 냉정하게 살펴볼 필요가 있습니다.

2. 부조리한 선택

뒤집힌 AESA 레이더 개발업체

　미국이 한국형 전투기 KF-X 4대 핵심 기술 이전을 거부하자 군은 핵심 기술 중 핵심 기술인 AESA 레이더를 독자 개발할 수 있다며 10년 공동 연구 파트너인 LIG넥스원의 기술력을 내세웠다. 그런데 AESA 개발업체 선정 평가의 뚜껑을 열어 보니 LIG넥스원은 없었다. 뜻밖에도 한화탈레스(현 한화시스템)가 선정됐다. 성공을 확신할 수 없는 사업을 AESA 레이더 개발 경험이 없는 한화탈레스에 맡기는 과정에서 납득하기 어려운 일들이 잇따라 벌어졌다.

KF-X 레이더 '선수 교체'로 사라진 490억 그리고…
-2016년 5월 1일 보도-

한국 공군의 미래, 한국형 전투기 KF-X 사업의 최고 핵심 기술이자 KF-X의 눈인 능동위상배열 AESA 레이더 체계 개발 우선협상대상 업체로 예상을 뒤엎고 한화탈레스가 선정됐습니다.

AESA 레이더를 군과 함께 10년 동안 연구 개발해 온 LIG넥스원의 탈락이어서 충격적입니다. LIG넥스원의 기술이 있으니 AESA 레이더 독자 개발이 가능하다는 지금까지 군의 설명도 무색해졌습니다.

LIG넥스원의 탈락으로 AESA 레이더 개발을 위해 LIG넥스원에 투자된 나랏돈 490억 원이 증발하게 됐습니다. 함께 연구해 온 군 최고의 무기 연구 기관인 국방과학연구소 ADD는 스스로 10년 연구의 성과를 부정하고 있습니다. 어떻게 평가했기에 이런 결과가 나왔을까? 아니나 다를까 평가 과정에 적잖은 문제가 있었다는 진술들이 나오고 있습니다.

'정부 합동 10년 AESA 연구' LIG넥스원의 탈락은 AESA 레이더 사업의 성공 가능성을 낮춥니다. AESA 레이더의 성패는 KF-X 사업과 대한민국 공군 전투력의 성패와 같은 말입니다. 불안합니다.

490억 투입 10년 연구의 증발

정부는 AESA 레이더 핵심 기술 개발 사업을 통해 2006년부터 2013년까지 응용 연구 1, 2단계를 마무리했고, 2014년부터 2019년까지 시험 개발 1단계를 진행하고 있습니다. 응용 연구와 시험 개발의 성과는 고스란히 KF-X용 AESA 레이더에 적용할 계획이었습니다. 응용 연구 1, 2단계와 시험 개발 1단계를 수행한 업체가 바로 LIG넥스원입니다.

미국의 KF-X 핵심 기술 이전 거부 논란이 불거졌을 때 정부가 믿는 구석이라며 내놓은 비장의 무기도 LIG넥스원의 AESA 기술입니다. 국방부는 출입 기자단을 ADD로 초청해 ADD와 LIG넥스원이 공동 제작한 AESA 시제를 보여 주며 "미국 기술 지원 없이도 할 수 있다."고 호언한 바 있습니다.

응용 연구와 시험 개발 10년 동안 630억 원이 투입됐습니다. 이 가운데 490억 원은 정부 투자이고, 140억 원은 LIG넥스원 자체 투자입니다. AESA 레이더 체계 개발업체에서 LIG넥스원이 배제됐으니 정부는 10년 쌓은 기술과 490억 원을 버린 셈입니다. 방위사업청에 "490억 원과 기술을 환수할 방법이 있느냐."고 물었지만 대답이 없습니다.

'연구 10년'과 '연구 0'은 종이 한 장 차이?

10년 노력을 팽개치기 위한 절차는 투박했습니다. AESA 레이더 우선협상대상 업체 평가는 LIG넥스원에 점수를 줄 때 인색했고, 깎을 때 과감했습니다. 연구 경력 없는 한화탈레스에 점수를 줄 때는 더없이 너그러웠습니다. 억지를 부린 티가 역력했습니다.

총점 100점 가운데 가장 비중이 높은 것은 80점의 기술입니다. 기술 능력과 기술 계획으로 구분됩니다. LIG넥스원은 실질적인 기술력의 지표인 기술 능력에서 소폭 앞섰습니다. 기술 계획 점수는 AESA 기술을 개발한 적 없는 한화탈레스가 높았습니다.

결과적으로 한화탈레스의 기술 점수가 LIG넥스원의 점수보다 0.97점 높은 것으로 집계됐습니다. LIG넥스원의 낙승이 예상됐던 기술 부문에서 한화탈레스가 신승을 거뒀습니다. AESA 레이더를 개발한 적 없는 업체의 AESA 레이더 개발 계획 점수가 AESA 레이더를 10년 동안 개발하고 있는 업체의 점수보다 월등히 높은 것이 결정적 요인이었습니다. 잘 이해되지 않습니다.

중소기업 협력 가점이 0점이라니

LIG넥스원이 받은 중소기업 협력 가점 0점도 곧이곧대로 받아들여지지 않습니다. 한화탈레스는 협력 중소기업을 20곳, LIG넥스원은 9곳 제시했습니다. 각각 받은 점수는 1.42점과 0점입니다. LIG넥스원이 중소기업을 한 곳도 엮어 오지 못했다면 0점이 불가피하겠지만 9곳을 제시했는데 0점이라 네요.

이런 식의 평가가 벌어지자 중소기업 협력 가점은 LIG넥스원을 떨어뜨리기 위한 장치였다는 추론이 국방부 안팎에서 나오고 있습니다. LIG넥스원의 기술 점수를 최대한 박하게 주고 중소기업 협력 가점 0점으로 쐐기를 박는다는 시나리오가 있었다는 것입니다.

미국과 유럽이 30년 가까이 시행착오를 거듭하며 만들어 낸 AESA 레이더를 우리나라는 단번에 개발하겠다는 것이라 걱정이 안 될 수 없습니다. 10년 동안 AESA 레이더에 매달려 온 LIG넥스원이 KF-X용 AESA 레이더 개발을 맡아도 적시 성공 가능성은 높지 않습니다. 경험 없는 한화탈레스에 맡기면 성공 가능성은 더 낮아집니다.

ADD와 LIG넥스원이 10년간 공동 개발한 AESA 레이더 시제. 당국은 이렇게 축적된 기술을 버리고, 한화시스템을 KF-X AESA 레이더 개발업체로 선정했다. (ADD 제공)

KF-X 레이더 평가위원 10명 중 8명 자격 미달

-2016년 5월 3일 보도-

작년 미국이 한국형 전투기 KF-X 4대 핵심 기술 이전을 거부하자 군은 핵심 기술 중 핵심 기술인 AESA 레이더를 독자 개발할 수 있다며 10년 공동 연구 파트너인 LIG넥스원의 기술력을 내세웠습니다. 지난달 20일, 막상 AESA 레이더 개발업체 선정 결과를 열어 봤더니 주인공은 AESA 레이더 개발 경험이 없는 한화탈레스였습니다. 상식으로 설명이 힘든 이변이었습니다.

이변을 만든 이들은 AESA 레이더 체계 개발 평가위원입니다. 놀랍게도 평가위원 대부분이 자격 미달인 것으로 드러나고 있습니다. 고도의 기술적 이해가 필요한 평가여서 상당한 전문가로 평가팀을 구성하도록 한 방위사업청 규정이 무력화됐습니다. 평가 결과가 부조리하다는 지적이 많은 가운데 평가위원도 부실하다면 절차와 결과의 공정성이 동시에 흔들립니다.

평가위원 10명 중 8명 자격 미달

방위사업청의 '무기 체계 연구 개발 사업 제안서 평가 및 협상 지침' 11조 2항은 규모가 크거나 국민적 관심 또는 안보적 가치가 높은 사업을 관심 사업으로 규정했습니다. KF-X AESA 레이더 개발 사업은 안보에 미치는 영향, 국민적 관심도로 봤을 때 관심 사업입니다. 방위사업청 KF-X 사업단장은 어제 기자설명회에서 "AESA 개발 사업은 관심 사업이 맞다."고 확인했습니다.

지침 11조 2항은 관심 사업의 제안서 평가팀장을 장군 또는 고위 공무원이 맡도록 했습니다. 해당 규정에도 불구하고 AESA 레이더 개발 사업 평가팀장은 국방과학연구소 ADD의 책임연구원이 맡았습니다. 장군도, 고위 공무원도 아닙니다. 또 지침 11조 2항은 대령급, 서기관급, 책임연구원급, 교수급 이상인 자가 평가위원이 돼야 한다고 규정했습니다. 하지만 AESA 레이더 개발업체 평가위원은 중령 2명, 사무관 1명, 선임연구원 3명 등입니다. 역시 규정 위반입니다.

지침에 따라 평가 대상 업체와 이해관계가 있는 자는 평가위원 자격이 없습니다. 평가위원 중 유일한 민간 전문가인 C 교수는 평가 대상 기업인 한화탈레스의 연구 과제를 수행하고 있습니다. 한화탈레스와 이해관계가 있습니다. 평가위원 무자격자입니다.

규정 바꾸겠다?…"규정은 멀쩡"

종합하면 평가위원 10명 중 8명이 평가위원으로서 자격이 없습니다. 중요한 사업은 최고의 전문가가 평가하도록 규정을 마련했지만 군 당국이 이를 어겼습니다. KF-X용 AESA 레이더를 독자 개발하겠다면서 황소바람 들고날 만한 절차적 구멍을 냈습니다.

AESA 레이더 개발을 주관하는 ADD가 평가팀을 이렇게 구성한 데 대한 감독 기관인 방위사업청 해명이 가관입니다. 방위사업청의 입장은 "필요하다면 앞으로 평가위원 선정 절차를 보완할 것."입니다. 규정을 위반했으면 징계 같은 처분을 해야 마땅한데 징계는 하지 않고 규정만 바꾸겠다는 투입니다. 규정이 부실해서 이런 일이 벌어진 것이 아닙니다. 당국들이 멀쩡한 규정을 안 지켰을 뿐입니다.

||| 불공정한 선정 과정을 거쳐 사업을 따낸 한화시스템은 이후 순조롭게 AESA 레이더를 개발했을까? 단 4년 만에 9번의 수정 계약과 사업비 57% 추가라는 국산 무기 개발 역사에 다시없을 진기록을 썼다. AESA 레이더 개발 과정의 파행은 뒤에 '핵심 기술 허들 넘은 KF-21' 편에서 상세히 다룬다.

해병대가 원치 않는 상륙공격헬기

해병대는 생존성, 공격력 등이 보장된 상륙공격헬기를 원했다. 육중한 무장을 달고도 쾌속 기동하고, 외모도 날렵한 진짜 상륙공격헬기만이 해병들의 목숨 건 상륙 작전을 엄호할 수 있다. 당국은 눈감고, 귀를 닫았다. 손바닥으로 하늘을 가리듯 논리 뒤집기까지 감행했다. 통통하고 느린 수리온을 앞세운 한국항공우주산업 KAI를 위하여……

수리온으로 바이퍼급 공격헬기 개발?…국방기술품질원 책임질 수 있나

-2020년 4월 8일 보도-

　비싸고 느리지만 국산 수리온을 개량해서 쓰느냐, 한미 연합 작전의 효율을 극대화할 수 있는 세계적인 상륙공격헬기 바이퍼(AH-1Z)급을 도입하느냐……. 해병대 상륙공격헬기를 어떤 기종으로 선정할지 결론이 났습니다.

　국방기술품질원은 선행 연구를 통해 상륙공격헬기의 독자 개발이 유리하다고 판단했습니다. 한국항공우주산업 KAI의 다목적 헬기 수리온을 개량한 상륙기동헬기 마린온에 무장을 장착해 마린온 무장형으로 변신시키면 된다는 주장입니다.

　방위산업 육성, 고급 국방기술 개발, 자주국방, 국산품 애용 등을 생각하면 수리온으로 무엇인들 못 하겠습니까. 그렇지만 상륙공격헬기는 수송헬기 수리온에 방탄 철갑 붙이고 무장을 매단다고 나오는 물건이 아닙니다. 후방에서 병력과 화물을 나르는 헬기가 아니라, 상륙 작전 최전선에서 적의 지상·항공 화력과 사투를 벌일 헬기입니다.

　그래서 해병대가 소요 제기하고 합참이 결정한 공격헬기의 작전요구성능 ROC는 세계적인 공격헬기인 미국 벨헬리콥터의 바이퍼 성능과 유사합니다. 공대지, 공대공 무장을 장착하고도 빨라야 합니다. 단언컨대 수리온, 마린온을 이른바 '마개조' 한다고 해도 바이퍼 같은 헬기 못 만듭니다. 수리온, 마린온으로 어떻게 해병대 상륙기동헬기의 ROC를 맞추겠다는 것인지 국방기술품질원의 계산속이 궁금합니다.

해병대 상륙공격헬기의 ROC는 '바이퍼'급

　바이퍼 공격헬기는 미 해병대가 운용하는 헬기입니다. 늘상 미 해병대와 연합 훈련하고 유사시에 미 해병대와 연합 작전을 펼쳐야 하는 한국 해병대로서는 미 해병대와 같은 공격헬기를 운용하는 편이 전술적으로 유리합니다. 한국 해병대의 공격헬기 ROC가 바이퍼급 성능과 유사한 이유입니다. 미 육군의 공격헬기가 아파치이고, 한국 육군도 공격헬기로 아파치를 선택한 것과 같은 이치입니다.

바이퍼의 수직 상승 속도는 14.2m/s입니다. 순항 속도는 296km/h이고, 최고 속도는 370km/h에 달합니다. 공대지, 공대공 무장을 모두 갖추고 있습니다.

수리온의 수직 상승 속도는 7.8m/s입니다. 바이퍼의 절반 수준입니다. 수리온을 기동헬기로 개량한 마린온은 수리온보다 300kg 정도 무겁습니다. 수직 상승 속도는 7.2m/s로 떨어집니다. 마린온 무장형은 마린온에 방염, 방탄 설비하고 공대공, 공대지 무장을 덧붙이기 때문에 수직 상승 속도의 저하는 명약관화입니다.

순항 속도는 수리온 270km/h, 마린온 264km/h입니다. 더 무거운 마린온 무장형의 순항 속도는 수리온, 마린온보다 더 느립니다. 바이퍼의 296km/h와 점점 멀어집니다. 상륙공격헬기는 헬기 중 가장 민첩해야 하는데 마린온 무장형은 수리온 계열 중에서 제일 굼뜹니다.

게다가 마린온 무장형은 비쌉니다. 개발비가 추가되는 탓에 바이퍼의 값과 차이가 없습니다. 두 기종 모두 대당 350억~400억 원 사이입니다. 마린온 무장형의 민낯이 이러한데도 국방기술품질원은 공격헬기 독자 개발이라는 결단을 내렸습니다.

수리온 '우려먹기'는 이제 그만

국방기술품질원의 선행 연구 중 마린온 무장형이 해병대 공격헬기 ROC의 모든 항목에서 어떤 평가를 받았을지 의문입니다. 평가 기준이 어떻든 마린온 무장형은 공격헬기 ROC를 충족할 수 없습니다. 해병대와 합참 모르게 ROC를 대폭 낮췄다면 모를까······.

국방기술품질원은 선행 연구 결과를 재고하기 바랍니다. 재고하지 않겠다면, 자신 있다면, 한점 의혹도 없다면 4·15 총선으로 꾸려질 21대 국회 국방위원회에 선행 연구 전 과정을 보고할 것을 제안합니다.

KAI는 마린온 무장형으로 바이퍼급 ROC를 절대 맞출 수 없다는 사실을 잘 압니다. 마린온 무장형이 공격헬기일 수 없다는 사실을 KAI는 누구보다 잘 알고 있습니다. 그래도 해병대 상륙공격헬기 사업자로 선정되면 군말 없이 마린온 무장형을 개발하겠지요. 굳이 독자 개발하겠다면 KAI는 수리온을 접고 십 수 년 걸려서라도 완전히 새로운 공격헬기를 내놓아야 합니다. 수리온 파생형은 소방, 경찰, 의무, 산림 헬기로 족합니다. '기동성 떨어지는 기동헬기' 마린온은 수리온 우려먹기였습니다. 마린온 무장형 공격헬기는 안 됩니다. 대미 의존이냐, 자주국방이냐의 문제가 아닙니다.

해병대 공격헬기 선행 연구 '뒤집기' 미스터리…발 빼는 국방기술품질원

-2020년 4월 13일 보도-

국방기술품질원이 해병대 상륙공격헬기로 마린온 무장형 독자 개발이 더 낫다는 선행 연구 결과를 도출해 논란이 일고 있습니다. 앞서 4년 전 다른 선행 연구는 마린온 무장형 독자 개발이 아니라, 바이퍼 도입을 지지했던 것으로 드러나 논란을 더욱 키우고 있습니다.

2016년 안보경영연구원이 수행한 선행 연구입니다. "바이퍼 국외 도입이 유리하다."는 판단을 내놨습니다. 한국항공우주산업 KAI의 다목적 수송헬기 수리온을 상륙기동헬기로 개량한 마린온에 각종 무장과 방탄 기능을 덧붙인 마린온 무장형에 비해 바이퍼 공격헬기가 성능도 우수하고, 가격도 싼 것으로 조사됐습니다. 도입 기간도 바이퍼는 별도 개발 기간이 없어서 짧습니다. 해병대도 바이퍼급을 선호합니다. 4년 만에 안보경영연구원의 연구 결과가 국방기술품질원에 의해 180도 뒤집혔습니다. 4년 동안 국내외 헬기 산업에는 별일이 없었는데 선행 연구 결과만 격변했습니다.

안보경영연구원 "국외 도입이 유리"

군은 2015년 7월 해병대 상륙공격헬기 중기 사업 전환을 위한 선행 연구를 안보경영연구원에 의뢰했습니다. 장기 계획이었던 해병대 공격헬기 사업을 10년 이내에 추진하는 중기 계획으로 바꾸기 위한 첫 절차였습니다.

안보경영연구원은 7개월 만인 2016년 2월 선행 연구 결과를 군에 보고했습니다. 국외 도입이 국내 개발보다 유리하다는 것이 골자였습니다. 해병대 상륙공격헬기 24대를 기준으로 미국 벨헬리콥터사의 바이퍼는 1조 2,000억 원, KAI의 마린온 무장형은 2,000억 원 비싼 1조 4,000억 원 소요된다고 평가했습니다.

바이퍼는 수직 상승 속도 14.2m/s, 순항 속도 296km/h, 최고 속도 370km/h입니다. 공대지, 공대공 각종 무장을 갖추고 있습니다. 해병대가 제기하고 합참이 의결한 상륙공격헬기의 ROC도 이와 비슷합니다.

마린온 무장형은 아직 실체가 없지만 수리온과 마린온을 보면 성능을 짐작할 수 있습니다. 수리온은 수직 상승 속도 7.8m/s, 순항 속도 270km/h입니다. 마린온은 수리온보다 수백 kg 무거워서 수직 상승 속도 7.2m/s, 순항 속도 264km/h입니다. 수리온보다 느립니다.

마린온보다도 무거운 마린온 무장형은 수직 상승 속도 7m/s, 순항 속도 250km/h로 알려졌습니다. 무장이 충실할수록 무게는 그만큼 늘어나고, 속도는 더 느려집니다. 공격헬기는 헬기 중에 가장 빨라야 하는데 마린온 무장형은 수리온 파생형 중에서도 가장 느립니다.

게다가 마린온 무장형은 개발 기간이 필요해서 해병대에게 인도되는 시기가 늦습니다. 개발비도 수천억 원 들어갑니다. 총 사업비가 바이퍼보다 높은 이유가 여기에 있습니다. 안보경영연구원은 정무적 판단은 쏙 뺀 채 해병대의 ROC 대비 가격과 성능을 비교해 국외 도입에 손을 들었습니다. 그래서 해병대 공격헬기 사업은 국외 도입을 염두에 두고 추진됐었습니다. 이번 국방기술품질원의 선행 연구를 계기로 KAI의 대역전 드라마가 펼쳐질 판입니다.

선행 연구 결과에 자신 없는 국방기술품질원

국방기술품질원은 자칭 선행 연구 전문 기관입니다. 국방부 산하 정부 기관으로 최근 들어 무기 관련 선행 연구를 독점하고 있습니다. 신뢰도, 능력 면에서 떨어지는 민간 연구소의 허술한 선행 연구를 원천 차단하겠다는 썩 괜찮은 의도입니다.

이번에는 많이 이상합니다. 지난달 해병대 상륙공격헬기 선행 연구의 결과를 독자 개발로 확정했으면 밀고 나가야 할 텐데 국방기술품질원은 한 달 만에 자신감을 잃었습니다. 안보경영연구원의 선행 연구 결과가 무시된 데 대해 여러 질문들이 쏟아지자 국방기술품질원은 방위사업청을 끌어들였습니다. 요지는 "선행 연구의 주체는 방위사업청이고, 국방기술품질원은 방위사업청의 선행 연구를 위해 자료를 조사하고 분석했을 뿐이다."입니다.

방위사업청이 선행 연구를 의뢰한 발주처인 것은 맞습니다. 하지만 자료를 조사하고 분석하는 선행 연구 자체는 국방기술품질원이 했습니다. 각종 공문서에도 국방기술품질원 선행 연구라고 표기합니다. 해병대 상륙공격헬기 선행 연구의 주체는 누가 뭐라 해도 선행 연구 전문 기관 국방기술품질원입니다. 해병대 공격헬기 국내 개발 선행 연구 결과가 논란이 되자 국방기술품질원은 이제 와서 심부름만 한 척, 모른 척하니 해병대뿐 아니라 KAI도 어리둥절하고 있습니다. 국방기술품질원이 해병대 공격헬기 선행 연구 결과에 자신이 없다는 방증입니다.

정무적 판단 개입됐나

선행 연구 결과가 4년 만에 뒤집힌 이면에는 기술적, 경제적 평가와 거리가 먼 정무적 판단이 똬리를 틀고 있다는 수근거림이 곳곳에서 들립니다. 감사원 사무총장에서 KAI 사장을 거쳐 청와대에 민정수석으로 입성한 사람의 이름이 마린온 무장형과 함께 자꾸 거론되고 있습니다.

국산 수송헬기 수리온으로 공격헬기를 만들 수 있다면 더할 나위 없이 좋습니다. 하지만 트럭을 아무리 무장하고 개량한들 전차가 되지 않습니다. 수리온에 무장 달면 그저 무장 수송 헬기이지, 적의 해안에 상륙한 해병들을 엄호하며 적의 화력을 압살하는 공격헬기가 될 수 없습니다. 수리온은 다목적 수송헬기로서 아름답습니다.

국내 산업 진흥, 방위산업 육성을 위해서라면 명실상부 국산 공격헬기 개발에 도전해야 합니다. 해병대가 세력이 약한 소군이라고 해서 툭하면 해병들을 대상으로 수리온 우려먹기를 해서는 안 됩니다. 마린온, 소방헬기, 의무헬기, 경찰헬기, 산림헬기, 해경헬기……. 수리온 우려먹기는 이미 충분히 했습니다. 무리하면 탈납니다. 2018년 7월 17일 마린온 추락 사고가 명징한 예입니다.

KAI의 마린온 무장형 이미지. 해병대와 최초 선행 연구는 바이퍼 등 정통 공격헬기에 비해 마린온 무장형이 가격과 성능에서 뒤진다고 봤지만, 당국은 마린온 무장형을 해병대 상륙공격헬기로 선정했다. (KAI 제공)

헬기를 바라보는 육군총장과 해병대 사령관의 다른 시각

-2020년 10월 27일 보도-

어제 국회 국방위원회 종합 감사에서 한 의원이 육군참모총장과 해병대 사령관에게 똑같이 헬기에 대해 물었습니다. 해병대 사령관은 '기동성과 생존성이 보장되는 헬기'를, 육군총장은 '전투력 증강과 국가 경제 발전'을 각각 이야기했습니다.

해병대 앞에 놓인 선택은 '한국항공우주산업 KAI의 수리온에 무장을 덧댄 마린온 무장형이냐', '외산 공격 전문 헬기이냐'입니다. 육군 앞에 놓인 선택은 'KAI의 수리온 신규 도입이냐', 'UH-60의 성능 개량이냐'입니다.

해병대 사령관은 해병대의 생존성과 기동성이 동시에 보장되는 외산 공격 헬기의 필요성을 역설했고, 육군참모총장은 UH-60 성능 개량 사업을 포기하고 KAI의 수리온을 더 사자는 쪽에 힘을 실었습니다. 두 장군의 생각이야 어떻든 해병대 헬기, 육군 헬기 모두 KAI 쪽으로 기울어지고 있습니다. 이런 상황에서 사령관은 소신껏 작전 성능을 요구했고, 참모총장은 국가 경제 발전의 손을 들어줬습니다.

"KAI 헬기가 아닌 진짜 공격헬기를 원한다"

어제 국회 의원과 해병대 사령관의 질의답변을 그대로 옮기겠습니다.

> 의원 : 해병대가 상륙기동부대를 창설하고 있죠?
>
> 사령관 : 항공단 창설을 내년 목표로 추진하고 있습니다.
>
> 의원 : 그중에서 기동헬기가 아닌 공격용 헬기, 무장헬기 어느 편이 됐든 간에 사령관님은 어떠한 형태의 기종을 목표로 소요 제안을 했습니까?
>
> 사령관 : 기본적으로 ROC에 명시가 다 돼 있습니다. 해병대가 원하는 헬기는 기동성과 생존성이 보장된 공격헬기를 소요 제기한 건데……. 공격헬기다운 헬기를 저희들이 요구한 것입니다.
>
> 의원 : 예비역 해병대 사령관, 해병대 장군들이 저한테 요구해서 말씀을 드려달라고 했는데, "공격용 헬기가 실제로 우리 수리온을 무장헬기로 변형시키는 형태를 원하는 것은 아니다." 이 말을 꼭 해달라고 하는데, 같은 생각을 가지고 있어요?
>
> 사령관 : 기본적으로 해병대가 요구한 것은 공격헬기입니다. 일부에서는 기동헬기에다 무장을 장착한 헬기를 얘기하는데, 저희는 하여튼 기동성과 생존성이 우수한 헬기, 그러다 보면 (KAI의) 마린온에 무장을 장착한 헬기가 아닌, 현재 공격헬기로서 운용되는 헬기를 해병대에서 원하고 있습니다.

KAI는 다목적 헬기 수리온을 개량해 기동헬기 마린온을 만들었습니다. 정부는 이 마린온에 무장을 달아 해병대에 주려고 합니다. KAI에 일감을 줘야 한다는 인식이 깔린 정치적 판단이 개입된 것으로 보입니다.

해병대는 마린온 무장형을 반대합니다. 마린온 무장형은 국방기술품질원의 선행 연구에서도 생존성, 공격성이 떨어진다는 판정을 받았습니다. 기체가 커서 적의 공격에 취약하고 공격 능력도 떨어진다는 것입니다. "해병대 공격헬기로 마린온 무장형은 안 된다."는 해병대 사령관의 발언은 정부 뜻에 반하더라도 지휘관으로서 부하 해병들을 지키기 위한 소신의 피력입니다.

"전투력 증강과 국가 경제 발전을 동시에 고려해야"

이어서 국회 의원과 육군참모총장의 질의답변입니다.

의원 : 2013년도에 블랙호크 개량 사업 소요 제기를 육군 본부에서 했습니다. 그런데 이제 와서 블랙호크로 소요 제기된 개량 사업이 변형된 형태로 가고 있는데 여기에 대해서 육군 본부의 생각은 뭡니까?

참모총장 : 저희들은 현재 UH-60 성능 개량과 타 기종의 신규 구매를 고려하는데 전투력 증강과 국가 경제 발전 두 가지를 고려해야 한다고 판단이 됩니다. UH-60이 성능 개량 없이도 육군 입장에서는 2040년까지는 사용할 수 있을 것이라고 판단하고 있습니다.

의원 : 미군은 UH-60을 몇 년도까지 쓸려고 계획하고 있죠?

참모총장 : 미군은 잘 모르겠습니다.

의원 : 최소 2054년입니다.

참모총장 : 저희들도 한 2040년까지는……

의원 : 왜 2040년이라고 하죠? 미군도 2054년도까지 쓴다고 하는데.

참모총장 : 저희들이 도입했던 것을 고려하고……

의원 : 미군들 편제한 것보다 우리가 늦게 편제했죠. 당연히.

참모총장 : 미군 것은 제가 잘 모르겠습니다.

의원 : 아니, 미군 헬기인데 미군이 만든 헬기를 육군총장이 모르겠다고 하면 돼요? 우리가 지금 쓰고 있는 헬기를……

참모총장 : 저희들은 도입된 헬기에서 판단했을 때는 현재 성능 개량 없이도 2040년까지는 사용 가능하다고 판단하고 있습니다.

> 의원 : 그러면 더 쓸 수 있는 차를 폐기 처분하고 더 소형차를 갖겠다는 거네요. 국가 경제에 낭비 아닙니까?
>
> 참모총장 : 여러 가지 전투력을 운용하고 국가 경제 발전 두 가지를 검토해야 하는데 이 문제는 현재 국방부에서 TF를 구성해서 검토 중에 있습니다.
>
> 의원 : 육군의 전투력에 대한 책임을 지고 있는 총장님이 그렇게 무책임하게 국방부 핑계를 대는 것이 참 통탄할 일입니다.

육군은 애초 UH-60을 성능 개량해서 오래오래 쓸 계획이었습니다. 그런 계획이 최근에 백지화 수순을 밟고 있습니다. 성능 개량 않고 쓰다가 2040년쯤 도태시키고, 슬슬 KAI의 수리온으로 대체하기 위해 국방부와 육군이 검토에 들어갔습니다. 육군 참모총장이 국가 경제 발전을 고려해야 한다는 발언이 나온 배경입니다.

육군의 UH-60을 성능 개량하면 상대적으로 돈을 덜 들여 최소 2050년대까지 전력을 유지할 수 있습니다. UH-60 성능 개량이 수리온 신규 도입에 비해 경제적, 전술적으로 이익이라는 의견이 많습니다. 해병대가 원하는 바이퍼나 아파치 공격헬기도 마린온 무장형 가격(개발비+양산비)이면 도입이 가능합니다. 육군과 해병대의 헬기 사업의 변수는 어쩌다 국가 경제 발전의 상징 같은 존재가 된 KAI의 수리온입니다.

해병대 사령관은 전력 증강에 몰두했고, 육군참모총장은 전력 증강 계획에 정무적 판단을 더했습니다. 고위 지휘관은 정치를 생각하며 군사(軍事)를 해야 합니다. 그렇다고 정치에 휘둘려서는 안 됩니다. 참모총장, 사령관 중 누구의 생각이 옳을까요.

▮▮ *2021년 4월 26일 제135회 방위사업추진위원회는 해병대 상륙공격헬기의 국내 연구 개발, 즉 마린온 무장형의 개발을 의결했다. 방위사업청과 KAI는 마린온 무장형과 비교해 아파치는 약 1.09배, 바이퍼는 약 1.07배의 성능이어서 국내 연구 개발이 합리적이라고 주장했다. 이를 믿는 사람은 많지 않다.*

육군 전술차량 선정의 전말

2019년 말 시작된 육군의 군용 트럭 개발 사업은 보고도 믿기 힘든 구태와 구악의 활극과 같았다. 기아자동차는 여러 가지 반칙을 했어도 무사통과했다. 한화디펜스(현 한화에어로스페이스)는 작은 흠집 한 톨에도 난타를 당했다. 묻지도 따지지도 말고 기아자동차를 밀어주기 위한 육군의 작전이었다고 주장해도 육군은 할 말이 없다.

차세대 2½톤 軍 트럭 사업 돌입…기아차 '룰' 무시

-2019년 11월 12일 보도-

예비역들에게 잊혀지지 않는 추억이자, 현역들에게는 손발과 같은 차량이 2½톤 군용 트럭입니다. 공식 명칭은 K511입니다. 부대에 따라서 '육공트럭', '두돈반', '2와 2분의 1톤' 등으로 제각각 불립니다. 작전, 훈련, 교육 때 병력이건 부식이건 장비건 뭐든 싣고 어디든 내달리는, 올드하고 투박해 보여도, 없으면 군대 안 돌아가는 최고 살림꾼입니다.

기아자동차가 40년 독점했던 전통의 2½톤 중형 표준차량이 싹 바뀝니다. 5톤 트럭도 방탄차량으로 새로 개발합니다. 공식 명칭은 중형 표준차량 및 5톤 방탄킷 차량 통합 개발 사업입니다. 육군 본부가 주관하며, 1조 7,000억 원을 들여 완전히 새로워진 2½톤 트럭과 5톤 방탄 트럭 1만여 대를 도입합니다. 2024년까지 개발을 마치고 곧바로 양산을 개시한다는 목표입니다.

기아자동차와 한화디펜스가 뛰어들어 경쟁 입찰이 성립됐습니다. 1차 관문은 사업 제안서 평가로 내일부터 사흘간 진행됩니다. 육군 본부는 기아자동차와 한화디펜스가 제출한 제안서를 블라인드 방식으로 평가해서 오는 8일 결과를 발표합니다.

평가가 시작되기 전부터 잡음이 나오고 있습니다. 블라인드 방식의 평가여서 평가위원들이 회사명이 가려진 제안서를 보고 객관적으로 점수를 매겨야 하는데도 기아자동차가 제안서 접수 마감 다음 날 보도자료를 통해 자사의 차세대 2½톤 표준차량과 방탄차량의 제원을 대대적으로 홍보했습니다. 기아자동차 차량의 제원을 소개하는 기사가 쏟아져 나왔기 때문에 평가위원들은 아무리 회사명을 가린 제안서라도 어느 회사 것인지 눈치챌 개연성이 큽니다.

기아자동차는 여기에 그치지 않고 대형 방산 전시회에 차량의 실물을 전시했습니다. 또 한 번 적극적인 노출입니다. 블라인드 평가의 공정성을 뒤흔드는 강자의 비신사적 처사라는 비판이 육군과 방산업계에서 제기되고 있습니다.

제안서 접수 마감되자 보도자료 전격 배포

차세대 2½톤 표준차량과 5톤 방탄차량 사업 제안서 접수 마감은 지난 9월 26일이었습니다. 기아자동차는 접수 마감 이틀날인 9월 27일 기자들에게 '기아자동차, 군 차세대 중형 표준차량 개발 사업 참여'라는 제목의 보도자료를 뿌렸습니다.

기아자동차는 보도자료를 통해 현대자동차의 준대형 신형 트럭 '파비스'를 기반으로 중형 표준차량을 개발한다고 밝혔습니다. 이어 △7리터급 디젤 엔진 및 자동 변속기 △ABS 및 ASR △후방 주차 보조 △첨단 운전자 보조 시스템 등 구체적인 제원을 공개했습니다.

기아자동차 2½톤의 차별적 특징으로는 △기동성 향상을 위한 컴팩트 설계 △4×4, 6×6 구동 적용 △전술도로 운영에 최적화된 회전반경 구현 △영하 32℃ 시동성 확보 △하천 도섭(渡涉) 능력 강화 △야지 전용 차축 및 최신 전자파 차폐기술 적용 △프레임 강도 보강 등을 열거했습니다. 신규 개발되는 기아자동차의 5톤 방탄차량도 △강인한 디자인의 방탄 캐빈 및 적재함 △손쉬운 무기 장착이 가능한 구조를 적용해 실전에서 높은 생존성 확보에 크게 도움을 줄 것이라고 전망했습니다.

기사들이 앞다퉈 나왔습니다. 제안서 평가위원들이 봤다면 기아자동차의 차세대 2½톤 표준차량과 방탄차량의 이미지가 각인될 수밖에 없습니다. 무엇보다 보도자료에 제안서 내용이 들어갔다면 심각한 규정 위반입니다.

아덱스에도 등장한 기아자동차 2½톤 표준차량

2년마다 열리는 동아시아 최대 무기 전시회인 서울 국제항공우주 및 방위산업 전시회, 즉 서울 아덱스(ADEX) 2019가 지난달 15일부터 20일까지 서울공항에서 열렸습니다. 기아자동차도 참가했습니다. 기아자동차의 메인 부스 전면에 배치된 차량이 바로 차세대 2½톤 표준차량과 5톤 방탄차량이었습니다.

보도자료를 통한 제원 공개에 이어 실물 차량을 대중 앞에 내놓은 것입니다. 아덱스를 찾아 기아자동차 부스를 둘러본 육군의 획득 책임자는 "기아자동차가 40년 동안 2½톤 트럭을 독점하다 보니 게임의 룰을 모르는 것 같다.", "솔직히 얄밉다."고 말했습니다.

기아자동차 측은 제안서 접수 다음 날 제원이 포함된 보도자료 배포와 아덱스 실물 전시에 대한 해명은 안 하고, 오히려 한화디펜스 탓을 하고 있습니다. 기아자동차의 한 관계자는 "한화디펜스도 7차례나 홍보를 한 것으로 알고 있다."고 말했습니다.

기아자동차 측 주장과 달리, 한화디펜스가 2½톤 표준차량 사업에 참여한다는 사실 자체가 현재까지 많이 알려지지 않은 상태입니다. 한화디펜스 측은 "보도자료나 광고를 낸 적은 없고, 기자들이 문의하면 사업 참여 사실을 확인해줬다."고 밝혔습니다.

사업 제안서 마감 훨씬 전에 한화디펜스와 기아자동차가 차세대 2½톤 표준차량 사업에 뛰어든다는 기사가 나오기는 했습니다. 기사의 양은 두 손으로 꼽을 정도입니다. 사업 제안서 마감 후 한화디펜스발 기사는 아예 없습니다.

한화디펜스는 타타대우의 상용 트럭을 기반으로 2½톤 표준차량을 개발합니다. 다연장로켓인 천무의 발사차량, 현무 탄도미사일 발사차량, 타이곤 장갑차 등 대형 군용 차량 개발 노하우를 보유하고 있습니다. 독창적인 2½톤이 나올 것 같다는 추측만 무성할 뿐, 제원은 소문 한자락 들리지 않습니다.

소극적인 육군…기아자동차 눈치 보나

기아자동차는 2½톤 군용 트럭의 기득권자입니다. 40년을 독점했습니다. 힘 빼고 공정하게 뛰어도 기아자동차에 유리한 게임입니다. 굳이 떠들썩하게 홍보하고 전시해서 차량 제원을 노출할 필요 없었습니다. 그런데도 기아자동차는 그렇게 했습니다.

기아자동차의 홍보와 전시가 블라인드 평가의 규정을 어겼는지 여부는 제안서 평가위원회가 판단합니다. 육군 관계자는 "제안서 평가위원회가 평가를 하는 동시에, 기아자동차의 행위에 대해 논의해서 처분을 결정하게 될 것이다.", "위원회의 결정을 따르겠다."고 말했습니다. 평가위원회가 공정성을 훼손했다고 판단하면 벌점 등의 불이익 부여를 권고할 것으로 보입니다.

사실 육군이 자체적으로 기아자동차의 비신사적 행위를 경고하고, 교통정리를 할 수도 있습니다. 육군 본부의 사업이니까 스스로 판단해서 처분하면 될 일을 제안서 평가위원회에 떠넘겼습니다. 그래서 육군은 기아자동차의 2½톤 40년 기득권에 꼼짝 못한다는 비아냥을 듣는 것입니다.

기아의 차기 중형 표준차량과 방탄차량. 여러 가지 룰을 위반했지만 기아의 표준차량은 육군의 선택을 받았다. (기아 제공)

육군 1.7조 트럭 사업…사실로 드러나는 온갖 의혹들

-2019년 11일 24일 보도-

기아자동차와 한화디펜스의 2파전으로 치러진 1조 7,000억 원 규모의 차세대 2½톤 군용 트럭과 5톤 방탄킷 트럭 사업 입찰. 40년 기득권의 기아자동차가 박빙의 점수 차로 개발 우선협상대상자에 선정됐습니다. 흔쾌하게 기아자동차에 축하의 박수를 보낼 수 없습니다. 공정한 경쟁과 평가였으면 좋으련만 평가 중 제기됐던 의혹들이 속속 사실로 드러나고 있습니다.

기아자동차는 노골적으로 반칙을 했습니다. 육군의 사업 제안서 평가위원회는 기아자동차가 어떤 짓을 하든 모른 척했고, 한화디펜스의 소소한 실수는 모질게 감점했습니다. 두 업체에 대해 평가 기준을 다르게 들이댔습니다. 결과는 보나 마나였습니다.

이번 사업의 규모가 커서 육군참모총장이 나서 여러 차례 공정을 강조했습니다. 참모총장은 "어떤 업체가 되든 공정하게만 하라."고 참모들에게 여러 차례 지시했다고 하는데 실상은 '어떤 업체를 위한 불공정한 사업'으로 흘렀습니다.

돋을새김 'ARMY Tiger'는 기아자동차 차세대 군용 트럭의 상징!

기아자동차는 제안서 평가에 앞서 육군 차세대 2½톤 군용 트럭과 5톤 방탄킷 트럭의 사진과 실물을 공개했습니다. 블라인드 방식으로 제안서를 평가하는 연구 개발 사업에서 사진과 실물을 공개한 것은 명백한 반칙입니다. 감점 대상입니다.

기아자동차의 지난 9월 27일 보도자료 사진과 10월 15~20일 열린 서울국제항공우주 및 방위산업 전시회, 즉 아덱스(ADEX) 2019에 전시된 실물 차량을 보면 차세대 군용 트럭 전면에 다이아몬드 모양 받침에 호랑이 머리와 'ARMY Tiger'가 돋을새김돼 있습니다. 기아자동차 군용 트럭의 상징입니다.

기아자동차가 육군에 제출한 사업 제안서에도 'ARMY Tiger' 돋을새김이 선명한 2½톤과 5톤 트럭 사진이 첨부됐습니다. 제안서 평가위원들은 기아자동차의 보도자료를 통해 출고된 수십 건의 기사 중 하나를 읽었거나 아덱스 전시회에 다녀갔다면 제안서의 사진만으로도 어떤 제안서가 어떤 업체의 것인지 단박에 알아낼 수 있었습니다. 블라인드 평가의 취지가 무색해졌습니다.

제안서 평가의 기준인 육군 전력지원체계사업단의 제안 요청서 5.1.2항은 "모든 제안서 중에서 '제안 업체를 인지할 수 있는 표시'가 한 건이라도 식별되는 경우 기술능력평가 점수에서 0.5점 감점한다."고 규정했습니다. 차량 전면의 'ARMY Tiger' 돋을새김은 '제안 업체를 인지할 수 있는 표시'입니다.

육군 전력지원체계사업단은 "지난 4~6일 진행된 제안서 평가에서 이와 관련된 감점은 없었다."고 밝혔습니다. 'ARMY Tiger'가 전면에 돋을새김된 군용 트럭을 본 사람이라면 누구나 기아자동차 트럭이라고 말하는데 육군과 평가위는 "우리들은 못 알아보겠다."는 입장입니다. 육군은 한술 더 떠 "공정한 평가였다."고 강변합니다.

보고도 못 본 척, 알고도 모른 척, 그리고 공정한 척…

육군 전력지원체계사업단 제안 요청서 7.8.1항은 "업체는 해당 사업 제안서 평가 관련 평가위원 및 팀장 추천 대상자 또는 선정자에게 공정성을 훼손할 수 있는 일체의 행위를 할 수 없다."고 규정했습니다. 육군 법무실은 법률 검토를 통해 "제안서의 내용을 제안서 평가 전 언론에 보도하게 하는 행위는 제안서 평가위원 등에게 특정 업체의 제안 내용을 알려 주는 것으로 제안서 평가의 공정성을 훼손하는 행위에 해당할 수 있다."고 지적했습니다. 법무실은 이어 "감점을 결정하는 것은 제안 요청서 해석 권한 등에 비추어 가능하다고 판단된다."고 밝혔습니다. 육군 법무실은 기아자동차의 홍보를 공정성 훼손, 감점 요인으로 봤습니다.

육군 법무실의 법무 검토는 지난달 8일 완료됐습니다. 제안서 평가는 이달 4~6일이었습니다. 평가 전에 이미 기아자동차의 감점 요인이 확인됐지만 감점하지 않았습니다. 육군은 빠져나갈 구멍이랍시고 제안서 평가위원 서약서에 다음과 같은 조항을 넣었습니다. "언론 보도 내용을 안다고 하더라도 그에 영향을 받지 않고…중략…공정하게 평가할 것!"

말하자면 평가위원들이 언론 보도를 보고 기아자동차의 차세대 군용 트럭의 제원과 외형을 인지하게 됐더라도 블라인드 평가니까 모르는 척, 공정한 척 평가하라는 지시입니다. 이미 봐서 아는 것을 어떻게 못 본 척, 모르는 척하면서 공정 평가할 수 있습니까. 게다가 육군은 위 조항을 공정 평가의 근거로 외부에 제시하기도 했습니다. 육군은 공정을 논할 자격이 없습니다.

저쪽은 이 잡듯 뒤져라!

이처럼 기아자동차가 어떤 반칙을 해도 육군과 평가위는 한없이 너그러운 잣대를 적용했습니다. 반면 경쟁업체에게는 가혹했습니다. 평가위가 제안서를 펼치는 순간 A, B 제안서가 각각 어느 업체 것인지 분명히 드러나는 상황에서 평가위는 한화디펜스의 제안서에 현미경을 들이대고 이 잡듯 뒤졌습니다.

육군 평가위는 한화디펜스 제안서에서 한화디펜스 상호를 찾아내기 위해 원본 CD를 가져다가 확대해가며 검증했습니다. 제안서 평가는 제안서를 원래 크기대로 출력해 점수를 매기는 것이 관행인데 한화디펜스 제안서는 몇 배 확대해서 평가했습니다.

한화디펜스 제안서에는 산학 공동 연구 협약서들이 축소된 상태로 첨부됐습니다. 제안서를 원래 크기대로 출력해서 보면 협약서 속 상호는 2.0 시력으로도 식별이 안 됩니다. 원본 CD를 뽑아서 400% 확대했더니 한화디펜스 상호 하나가 잡혔습니다. 일부 평가위원들의 항의에도 불구하고 평가위는 다수결로 한화디펜스를 0.5점 감점했습니다.

기아자동차 제안서는 육안으로 훑어봐도 감점 요인이 널렸지만 그냥 넘어갔고, 한화디펜스 제안서는 확대하면서까지 '감점 사냥'을 했습니다. 특히 '확대해서 트집 잡기'는 특정 업체를 찍어 낼 때 사용하는 전형적인 수법으로 알려져 있어서 뒷맛이 씁쓸합니다.

육군은 자꾸 "평가는 독립된 평가위에서 했고, 육군 책임은 없다."고 주장합니다. 평가위원장은 육군 군수참모부 소속 준장이었고, 최근 소장으로 진급해 모 부대 사단장으로 나갔습니다. 일반 평가위원 8명 중에 현역 군인들도 있습니다. 육군 책임이 맞습니다.

육군은 기아자동차의 이런 반칙 행위들을 사전에 충분히 알았습니다. 이번 사업의 책임자라고 할 수 있는 육군 군수참모부장도 "기아자동차가 강자로서 태도가 좋지 않았다."고 인정한 바 있습니다. 육군은 비리 냄새 자욱한 불공정을 조장했습니다. 그 이유를 밝혀 바로잡아야 합니다.

육군 '기아차 트럭' 지키기 안간힘…국회 허위 보고까지

-2019년 12월 11일 보도-

차세대 2½톤 군용 트럭과 5톤 방탄킷 트럭 1만 5,000대를 개발 및 양산하는 사업에서 새어 나오는 잡음이 심상치 않자, 국회 국방위 소속 복수의 국회 의원들이 육군에 대면 보고와 관련 자료를 요청했습니다. 육군은 의욕적으로 대국회 설명전에 나섰습니다.

사업 관리부터 공정과 담을 쌓더니, 국회 설명전도 영 부적절하게 이뤄진 것으로 드러나고 있습니다. 육군의 대면 보고, 자료, 논리가 볼썽사납습니다. 대놓고 기아자동차 편들기를 하고 있는 것으로 확인됐습니다.

육군의 '기아자동차 바라기' 셈법

육군은 국회 국방위 국회 의원들에게 "기아자동차와 한화디펜스가 공히 지속적으로 자사 차량 관련 홍보를 했다."고 보고했습니다. 기아자동차의 경우 상세 제원이 나오는 기사가 60~70건, 한화디펜스의 경우 제원 서술 없는 기사 4~5건인데 육군은 "양사가 똑같이 잘못했다."고 국회에 설명했습니다. 명백한 허위 보고입니다.

심지어 기아자동차는 적극적으로 기자들에게 보도자료를 배포해 보도를 유도했습니다. 한화디펜스 측은 문의하는 기자들에게 몇 마디 대답해줬고, 기자들은 그 말을 듣고 기사 몇 건 썼습니다. 기아자동차는 적극적으로 홍보했고, 한화디펜스는 마지못해 홍보했습니다. 블라인드 평가의 공정성이라는 기준에서 양사의 행위는 천양지차이지만 육군 눈에는 똑같답니다.

육군은 국회와 언론에 "한화디펜스도 차세대 군용 트럭 모형을 전시한 적이 있다."고 주장했습니다. 한화디펜스도 서울 용산구 국방컨벤션에서 열린 무기 전시회에 작은 모형 트럭을 내놓은 적이 있습니다. 하지만 육군에 제안한 트럭과 전혀 다른 모델입니다.

제안서와 똑같은 차량 실물을 사전 공개한 기아자동차의 편을 들기 위해 제안서와 전혀 다른 모형 트럭을 사전 공개한 한화디펜스를 물고 늘어지는 꼴입니다. 육군은 평가할 때도, 평가가 끝난 뒤에도 오로지 '기아자동차 바라기'입니다.

기아자동차 제안서는 숨겨라!

국회 의원들이 제대로 평가했는지 직접 한번 보겠다며 제안서를 갖고 오라고 요구했습니다. 육군의 대응이 또 황당합니다. 육군은 한화디펜스 제안서만 국회로 보냈습니다. 기아자동차 제안서는 꽁꽁 숨겼습니다. 국회의 한 보좌관은 "기아자동차가 영업 비밀이라며 제안서의 국회 공개를 거부했다고 육군이 설명했다.", "그럼 한화디펜스 제안서는 영업 비밀이 아니라서 가져왔다는 말인가."라며 혀를 찼습니다.

육군은 자꾸 "기아자동차의 선정은 독립적인 평가위가 한 일이지, 육군과는 관계없다."고 해명합니다. 아닙니다. 육군 평가위는 육군 군수참모부 소속 준장을 위원장으로 육군 사업주관부서 1인, 육군 사업관리부서 1인, 육군 시험평가부서 1인, 그리고 해·공군 각각 1인, 방위사업청 1인, 국방기술품질원 1인, 민간 자동차 연구 기관 1인으로 구성됐습니다. 육군이 주도한 평가위입니다.

육군은 낯 뜨거울 정도로 기아자동차를 싸고돌며 사업권을 넘겼습니다. 불합리한 행동 뒤에는 그럴만한 이유가 있는 법입니다. 육군이 이토록 기아자동차에 목을 매는 데에도 어떤 부적절한 사정이 있을 것으로 보입니다.

3. 국방과학 뒤흔든 3대 기밀 유출

ADD 사상 최대 기밀 유출과 UAE

기밀 유출은 방산 비리의 정점이다. 국방과학의 속살을 돈을 매개로 주고받는 최악의 방산 비리이다. 국방과학의 메카로 통하는 국방과학연구소 ADD에서 사상 최대의 기밀 유출 사건이 벌어졌고, 기밀의 해외 유출에는 놀랍게도 당국의 개입이 있었던 것으로 드러났다. 돈으로 환산하기 어려운 첨단 국방과학기술의 해외 유출 사건이지만 수사는 현재까지 결과를 못 내고 있다.

ADD 기밀 유출 사건의 뇌관 UAE 칼리파大와 소걸음 수사
-2020년 5월 3일 보도-

그제 대전지방경찰청 보안수사대가 국방과학연구소 ADD의 퇴직 연구원 A 씨의 자택과 사무실을 압수 수색했습니다. 퇴직 전 ADD의 각종 자료 68만 건을 출력하거나 내려 받은 혐의입니다. ADD 기밀 유출 사건에 대한 강제 수사의 신호탄입니다.

68만 건이라는 자료의 양도 방대하고, 압수 수색이라는 수사 절차도 자극적이어서 퇴직 연구원 A 씨에게 시선이 쏠리는 것 같지만 군과 국가정보원, 안보지원사령부, 방산업계는 A 씨가 아니라, UAE의 칼리파대학을 주목합니다. 이번 ADD 기밀 유출 사건의 혐의자들인 ADD 퇴직 연구원 20여 명 중 1명이 칼리파대학의 부설 연구소로 취업한 것으로 드러나면서 시작된 관심입니다.

2018년 4월 국방장관, 그리고 이례적으로 ADD 소장을 비롯한 국방과학의 최고 책임자들이 모두 함께 UAE 칼리파대학을 방문했습니다. 그때 한국-UAE 정부가 공동 추진했던 UAE판 ADD의 모태로 여겨졌던 곳이 칼리파대학입니다. UAE판 ADD 설립을 위한 한국-UAE 정부의 계획은 현실적, 법적 이유로 무산됐지만 UAE가 무기 개발 연구소로 육성하는 곳에 자료 유출 혐의를 받는 ADD 퇴직 연구원이 갔습니다. 그 목적과 과정, 해외 기밀 유출 여부에 군과 수사 기관들이 신경을 쓸 수밖에 없습니다.

사실 UAE 칼리파대학 부설 연구소로 자리를 옮긴 ADD 퇴직 연구원은 자료 유출 혐의자 1명이 전부가 아닙니다. 5~6명이 더 있습니다. 이번 기밀 유출 사건과 무관하게, ADD 퇴직 연구원 5~6명이 2~3년 전부터 칼리파대학 부설 연구소에 자리를 잡은 것으로 확인됐습니다.

두 나라 정부의 UAE판 ADD 계획이 깨졌어도 첨단 국방과학기술로 무장한 ADD 퇴직 연구원 6~7명이 칼리파대학으로 몰려갔습니다. 왜 갔을까요? 이들의 칼리파대학행과 이에 따른 부작용을 설명하는 여러 가지 합리적인 추론, 관측들이 군과 방산업계에서 나오고 있습니다.

칼리파대학으로 간 유도무기 탐색기 개발 전문가들…

ADD 기밀 유출 사건의 핵심 혐의자 20여 명은 거의 작년 퇴직자들입니다. 칼리파대학으로 간 혐의자 역시 작년 퇴직자입니다. 퇴직 이후 오래지 않아 칼리파대학으로 갔습니다. 그 연구원 외에 칼리파대학 부설 연구소에 적(籍)을 둔 ADD 퇴직 연구원 5~6명은 2018년 이전에 ADD를 떠났고, 이들 중 다수는 방산 기업을 거쳐 칼리파대학에 진입했습니다.

칼리파대학으로 떠난 6~7명 중 3~4명은 국산 2.75인치 로켓의 탐색기(seeker) 개발과 관련이 있습니다. 방산 기업의 한 관계자는 이들에 대해 "ADD의 2.75인치 탐색기 개발팀에서 함께 연구 개발한 동료, 바통을 주고받은 선후임 관계."라고 말했습니다. 탐색기는 미사일의 눈과 같은 장치로 유도무기의 핵심 기술입니다. 탐색기 기술의 유무에 따라 방산 기업의 유도무기 개발 능력이 판가름 날 정도입니다.

방산 기업의 다른 관계자는 "넘겨줄 수 없는 고부가 가치 최첨단 기술이 공짜로 UAE로 넘어갔다.", "말도 안 되는 방식으로 유도무기 탐색기 기술이 한국에서 UAE로 이전된 것."이라고 탄식했습니다. 국산 유도무기 탐색기는 순수 국산 기술도 아닙니다. 연구 개발자들이 칼리파대학으로 갔다는 사실 하나만으로도 원천 기술 보유국의 항의와 제재를 부를 수 있습니다.

"뒤에서 기획한 이는 없나?"

UAE 칼리파대학은 어렵지 않게 유도무기 핵심 기술에 접근할 수 있게 됐습니다. UAE의 2.75인치 로켓 개발은 시간 문제라는 평도 나옵니다. 2.75인치 로켓 외 다른 무기 체계의 연구 개발 전문가들도 갔습니다. UAE는 초정밀 유도무기 여러 종을 손쉽게 개발할 수 있는 자산을 확보했습니다.

한국-UAE 공동의 칼리파대학 ADD 설립 계획이 중단된 가운데 UAE 홀로 UAE판 ADD를 세워 가는 형국입니다. 한국 정부의 공식적인 협조는 없었지만 ADD 퇴직 연구원들의 이직으로 UAE는 한국의 큰 도움을 받았습니다.

군과 수사 기관은 ADD 퇴직 연구자들이 누군가의 기획에 의해 칼리파대학으로 이직했을 가능성을 배제하지 않고 수사를 벌이고 있습니다. 또 이미 유출 혐의를 받고 있는 칼리파대학 이직자 1명 외, 2~3년 전부터 칼리파대학으로 옮긴 5~6명이 퇴직 시 ADD에서 가져간 자료가 있는지도 조사할 것으로 알려졌습니다.

1월에 '유출 흔적' 찾고 이제야 본격 수사

사건이 참 무겁습니다. ADD를 관리 감독하는 국방장관과 방위사업청장은 "송구스럽다."며 고개를 숙였습니다. 대통령은 신속한 수사를 지시했습니다. 대통령의 지시는 적절했습니다. 대통령의 말 한마디에 그동안 참 더뎠던 수사와 조사에 속도가 붙기를 기대합니다.

68만 건 유출 혐의를 받고 있는 A 씨는 1주일 전 기자에게 "지난 1월 ADD 기술보호팀으로부터 전화를 받았고, 그 이후로는 별다른 연락이 없었다."라고 말했습니다. 방위사업청은 작년 말 ADD에 대한 보안 실태 점검을 한 뒤 부실한 점을 발견했고, ADD에 자체 점검을 지시했습니다. ADD는 즉각 보안 실태를 정밀 진단해 1월 중 유출 흔적을 찾아냈습니다. 그래서 ADD 측은 1월에 68만 건 유출 혐의자 A 씨에게 전화했던 것입니다.

ADD가 기밀 유출 사건에 대한 경찰 수사를 의뢰한 것은 지난달 21일입니다. 정리하면 ADD는 유출 혐의점을 찾은 뒤 3개월이 지나서야 경찰에 신고했습니다. 왜 즉시 신고하지 않았을까요. ADD는 그 3개월 간 방위사업청에 2~3차례 관련 보고를 했습니다. 방위사업청도 1~4월 중 유출 사실을 인지했지만 그 시점은 밝히지 않고 있습니다. 방위사업청은 왜 신고 않고 뒷짐 지고 있었을까요.

국가정보원과 안보지원사령부도 1~2월 중 사건을 파악한 것으로 알려졌습니다. 기밀, 방첩, 보안 관련 수사를 할 수 있는 권한이 있는 국가정보원과 안보지원사령부도 ADD 기밀 유출 사건을 적극적으로 수사하지 않은 것으로 보입니다. 기자가 접촉한 다른 혐의자는 "국가정보원, 안보지원사령부로부터 조사는커녕 연락 받은 적도 없다."고 말했습니다. ADD 핵심 관계자는 "수사 기관들이 혐의자들을 두루 조사한 줄 알았는데 아니었다.", "국가정보원이 조사하겠다며 ADD의 서버를 봉인했지만 그 이후 별다른 일은 없었다."고 증언했습니다.

ADD와 방위사업청, 그리고 국가정보원과 안보지원사령부가 4개월 동안 보인 행동은 이번 사건의 무게에 비해 너무 굼떴습니다. 남 일 구경하듯 시간을 흘려보냈습니다. 성격과 규모가 자명한 사건이어서 수사 기관들의 판단 착오가 나오기 어려웠는데도 그랬습니다. 기밀 유출 사건의 진상만큼이나 소걸음 한 수사 기관들의 속내가 궁금합니다.

LIG넥스원의 2.75인치 유도로켓 비궁. ADD 기밀 유출 결과, 비궁의 핵심 기술이 UAE로 빠져나간 것으로 알려졌다. (LIG넥스원 제공)

UAE로 떠난 ADD 퇴직 연구원들의 배후는 일단 국방부

-2020년 5월 7일 보도-

ADD 기밀 유출 사건 혐의자 중 1명과, 사건과 별도로 ADD 퇴직 연구원 6명 정도가 UAE 칼리파대학 부설 연구소에 취업했습니다. ADD 퇴직 연구원 7명이 칼리파대학 부설 연구소에서 UAE의 안보를 위해 무기 체계 연구 개발 활동을 하는 중입니다. 칼리파대학 부설 연구소는 한국-UAE 정부가 2년 전 공동 추진했던 UAE판 ADD의 모태로 여겨졌던 곳입니다.

칼리파대학으로 가는 길을 ADD 퇴직 연구원들 스스로 개척했다고 믿는 사람은 많지 않습니다. 어떤 유력 인사들이 칼리파대학으로 가는 길을 열어 줬을 것이라는 추론이 설득력을 얻었습니다.

어제 세계일보가 답안 하나를 내놨습니다. 전 국방장관 인터뷰를 통해 국방부가 UAE 측에 "ADD 퇴직자를 데려다 쓰라."고 제안했다고 보도했습니다. 전 국방정책실장도 세계일보에 "UAE판 ADD를 설립하지 못하니까 대신 UAE 측이 ADD 퇴직 연구원을 채용해 연구 개발 기반을 닦는 쪽으로 방향을 튼 것."이라고 말했습니다.

세계일보 보도는 한마디로 "국방부가 ADD 퇴직 연구원들이 칼리파대학으로 가는 길을 터줬다."입니다. 자체로 기밀이나 다름없어 국방과학 자산으로 불리는 ADD 퇴직 연구원들을 국방부가 앞장서서 UAE로 송출한 셈입니다. ADD 기밀 유출 사건이 불거진 이후, ADD 퇴직 연구원들이 칼리파대학으로 간 사실에 대해 꿋꿋하게 모르쇠로 일관했던 국방부가 면목 없게 됐습니다.

국방부의 윗선도 볼 필요가 있습니다. 한국-UAE의 협력은 방위산업에 한정되지 않습니다. 양국의 협력은 경제, 외교, 국방 등 정부의 각 분야에서 종합적으로 주고받기 손익을 계산하며 진행되고 있습니다. ADD 퇴직 연구원들의 칼리파대학행은 국방부의 단독 결정 같지가 않습니다.

"국방 R&D를 어떻게 하는지 가이드해 준 것"

세계일보 기사를 확인하기 위해 기자는 어제 오전 전 국방장관에게 전화를 걸었습니다. 그는 "확인하기가 좀 그러네.", "기사를 확인하고 이야기를 하겠다."며 전화를 끊었습니다. 기다리다가 전화와 문자 메시지를 수차례 했지만 일절 응답하지 않았습니다.

전 국방정책실장은 세계일보 보도를 인정했습니다. 전 국방정책실장은 기자와 전화 통화에서 UAE가 ADD 퇴직 연구원들을 채용하는 문제에 대해 "UAE 측에 오래전부터 제안을 했었다.", "국방 R&D를 어떻게 하는지 가이드해 준 것."이라고 의미를 부여했습니다. 그는 "UAE가 적성국가도 아니지 않느냐."며 ADD 퇴직 연구원 UAE행의 무해함을 강조했습니다.

UAE에서 한국-UAE 간 국방 협력 관련 협의를 할 때 종종 ADD 퇴직 연구원들이 UAE 측 대표로 등장한 적도 있었던 것 같습니다. 전 국방정책실장은 "ADD 퇴직 연구원들이 (국방부에) 보고하고 UAE로 가지는 않았지만, 그들이 (한국-UAE 간) 회의하는 데 등장해서 (퇴직 연구원들이 UAE로 간 사실을) 알기도 했다."고 말했습니다.

UAE판 ADD 계획이 어그러진 후, 대안으로 국방부가 ADD 퇴직 연구원의 활용을 UAE 측에 먼저 제안했고, UAE가 이를 수락함으로써 ADD 퇴직 연구원들은 칼리파대학으로 가게 된 것입니다. 절정의 국방과학기술로 무장한 ADD 퇴직 연구원들의 UAE 송출, 그 과정에서 국방부의 개입 및 주도가 옳은 일인지에 대한 논의가 국방부 내부적으로 또는 정부 전체 차원에서 제대로 이뤄졌는지 궁금합니다. 또 ADD 기밀 유출 사건의 혐의자가 칼리파대학으로 간 일은 어떻게 해결할 참인지……

국방부 홀로 결정했을까?

지난 2월 18~20일 대통령의 특사단이 UAE를 방문했습니다. 특사단에는 외교부, 산업통상자원부 관계자들이 포함됐습니다. 청와대 국방개혁비서관, 방위사업청 국제협력관도 동행했습니다. 특사단장은 전 대통령 비서실장이 맡았습니다.

UAE 특사단 구성에서 알 수 있듯이 한국-UAE 협력은 에너지, 외교, 국방 등을 망라합니다. UAE 측에 ADD 퇴직 연구원이라는 국방 R&D 최고급 최첨단 노하우를 제공하는 것도 한국의 협력 카드 중 하나입니다.

즉 ADD 퇴직 연구원들이 UAE 칼리파대학으로 가는 방안은 국방부 홀로 강구했다기보다는 청와대를 중심으로 외교부, 국방부, 산업통상자원부 등이 협의해서 결정했을 가능성이 큽니다. 국방부의 한 관계자도 "국방부에 한국-UAE 협력을 전담하는 UAE TF팀이 있었고, 소소한 일까지 청와대, 관련 부처와 수시로 협의해서 결정했다."고 말했습니다.

ADD 퇴직 연구원들의 칼리파대학 취업 수수께끼가 거의 풀려 갑니다. 수수께끼의 마지막 매듭은 "사람 자체가 국방과학 기밀이라는 ADD 연구원들을 UAE로 보낸 데 대한 대가, 또 보내야 했던 이유는 무엇인가."입니다.

▎ADD 유출 혐의자 UAE行…정부의 '불법적' 기술 협력

-2020년 5월 18일 보도-

국방과학연구소 ADD 기밀 유출 사건이 세상에 알려진 지도 3주가 지났습니다. 핵심적인 유출 혐의자 일부가 UAE의 칼리파대학으로 떠난 것으로 밝혀져 첨단 국방과학기술의 해외 유출이 현실화되고 있습니다.

ADD 퇴직자들이 UAE 칼리파대학으로 가는 길은 믿고 싶지 않지만 현 정부가 관여해 닦았습니다. ADD 퇴직 연구원들은 정부가 놓은 길을 따라서 하나둘씩 UAE 칼리파대학에서 터전을 잡았습니다. 겉으로만 보면 한국-UAE의 건강한 기술 협력, 기술 이전입니다.

정상적인 기술 협력, 기술 이전은 기술 보호를 위해 까다로운 보안 절차를 준수해야 합니다. 이런 과정을 밟지 않았다면 불법이고, 뒷거래입니다. ADD 퇴직 연구원들이 칼리파대학으로 가는 데 이런 보안 절차를 거쳤을까요?

그들은 UAE로 그냥 갔습니다. 불법적인 기술 협력이 벌어진 것입니다. 기술 이전의 뒷거래가 자행됐습니다. 국방과학기술을 뒤로 빼돌려 해외로 넘긴 꼴인데 대가는 무엇일까요? 정부 관계자들은 이구동성으로 "수사 결과를 지켜보자."라고만 말합니다. 경찰 수사가 정부의 불법까지 들여다볼지 의문입니다.

정부는 기술 협력 절차를 밟지 않았다!

전 국방장관, 전 국방정책실장은 ADD 퇴직자들의 UAE 칼리파대학행을 UAE에 대한 국방과학기술 R&D 노하우 지원이라고 설명했습니다. 우리 정부가 UAE 정부에 무기 체계 연구 개발을 위한 기술 협력을 했다는 뜻입니다.

국제 기술 협력 절차는 복잡다단합니다. 먼저 협력 대상 기술을 식별해야 합니다. 연구진이 상대국으로 가서 기술 이전을 하는 방식이면 식별된 해당 기술만 이전하도록 보안 서약서를 작성합니다. 연구진이 그 나라로 가서 기술 협력, 기술 이전을 벌이는 와중에도 해당 특정 기술 관련 업무만 하고 있는지 정부는 관리하고 근거 서류를 작성합니다. 협력과 이전이 끝나면 해당 기술이 용도 외에 사용되는지 감시합니다.

ADD 퇴직 연구원들이 이와 같은 적법 절차대로 칼리파대학에 가서 활동하고 있다면 국방부 전력자원실에는 산더미 같은 관련 서류가 쌓여 있어야 합니다. 국방부의 방위산업 관련 고위 관계자는 "그런 문건은 전혀 없다.", "ADD 퇴직자들에 대해서 모르고 있다.", "파악해 보겠다."고 말했습니다.

ADD 퇴직자들의 칼리파대학 이직을 통한 국방과학기술 R&D 노하우 지원이라는 한국-UAE 간 기술 협력은 적법한 규정과 절차를 따르지 않았습니다. 어처구니없게도 명백한 정부의 불법 뒷거래입니다. 국방부는 남의 일인 양 사건 파악도 안 하고 있습니다.

한국-UAE 협력은 국방부 단독 사업이 아닙니다. 청와대가 컨트롤타워를 맡고 국방부, 산업통상자원부, 외교부 등이 합세한 정부 전체의 과제입니다. ADD 퇴직자들의 칼리파대학 이직을 통한 국방과학기술 R&D 노하우 지원은 국방부를 뛰어넘는, 대한민국 정부 차원의 사업입니다.

그럼에도 절차부터 불법적이었고, 국산 유도로켓 비궁의 핵심 기술을 비롯한 소중한 첨단 국방기술의 유출 가능성이 제기되고 있습니다. 불법적 뒷거래에 대한 대가가 무엇인지도 궁금합니다. UAE는 절정의 국방과학 기술자들을 넘겨받은 데 대한 상응한 대가를 내놓았을 터. 불법 소지가 큰 거래의 대가이다 보니 비정상적 수신처에 꽂혔을 가능성이 큽니다.

돌아오는 대답은 오로지 "수사 결과 지켜보자"

국방부 대변인은 유출 혐의 ADD 퇴직 연구원 관련 질문을 받으면 "수사 결과를 지켜보자."며 말을 돌리기 일쑤입니다. 국방부의 방위산업 책임자도 기자가 전화를 걸어 같은 질문을 하자 입을 맞춘 듯 "수사 결과를 지켜보자."며 일방적으로 전화를 끊었습니다. 청와대 관계자에게도 문자 메시지로 여러 가지 질문을 던졌는데 답이 없습니다.

현재 수사는 대전경찰청 보안수사대와 서울경찰청 보안수사대가 하고 있습니다. 대전 보안수사대는 68만 건 유출 혐의를 받고 있는 퇴직 연구원을 집중적으로 살펴보고 있고, 서울 보안수사대는 나머지 유출 혐의자 22명을 들여다보고 있습니다. UAE로 떠난 연구원들은 서울 보안수사대의 수사 대상입니다.

경찰은 유출 자료의 종류와 유출의 위법성을 따지는 데 주력하고 있습니다. ADD 퇴직 연구원들의 UAE행을 둘러싼 정부의 관여와 정부의 불법은 수사하지 않는 것 같습니다. 국방부든 방위사업청이든 ADD든 한국-UAE 기술 협력에서 정부의 관여와 정부의 불법 행위를 별도로 수사 의뢰할 필요가 있습니다. 국방부 고위 관계자는 "수사 의뢰하지 않더라도 기밀 유출 사건과 관련됐다면 당연히 수사할 것."이라고 낙관했습니다. 과연 경찰이 국방부와 청와대를 상대로 기밀 유출과 기술 협력의 불법, 대가 여부를 수사할 수 있을까요.

Ⅲ <u>사건이 불거진 지 만 4년이 지난 2024년 5월 현재까지도 UAE로 떠난 ADD 퇴직자에 대한 수사는 한걸음도 진전되지 않았다. 퇴직자는 한국으로 돌아오지 않았고, 수사 당국은 강제 소환도 못했다. 제 발로 돌아오지 않는다면 영구 미제 사건으로 끝날 것으로 보인다.</u>

반성 없는 KDDX 최악의 기밀 유출

현대중공업이 해군의 차기 구축함 KDDX 개념 설계도 등 기밀을 훔쳤고, KDDX 본사업을 따냈다. 현대중공업과 방위사업청은 현재까지도 "훔쳤을 뿐, 활용하지 않았기 때문에 현대중공업의 본사업자 권한은 정당하다."는 입장을 펴고 있다. 현대중공업은 반성하지 않았고, 방위사업청은 면죄부를 줬다. 아무 목적 없이 절도를 위한 절도를 했다는 이들의 주장을 믿는 사람은 많지 않다. 정부와 기업이 잠시 눈 가리고 아웅할 수 있겠지만 진실은 언젠가 드러날 것이다.

'국책 과제 0건' 현대重, 기밀 도촬 뒤 0.056점 차 수주
-2020년 9월 24일 보도-

7조 원을 들여 스텔스 성능이 있는 이지스 구축함 6척을 건조하는 해군 차기 구축함 KDDX 사업 진행 양상이 혼탁 그 자체입니다. 현대중공업은 KDDX 개념 설계도를 도둑 촬영해 훔치는 대형 범죄를 저지르고도 KDDX 본사업을 사실상 따냈습니다. 방위사업청과 안보지원사령부는 수수방관을 넘어 현대중공업 편을 들고 있습니다.

현대중공업은 지난달 KDDX 본사업, 즉 기본 설계 및 초도함 건조 사업 제안서 평가에서 총점 100점 중 0.056점 차이로 대우조선해양(현 한화오션)을 앞섰습니다. 전례를 찾기 어려운 간발의 차이입니다. 공식 발표가 안 됐을 뿐, 현대중공업이 사업을 수주한 것입니다.

현대중공업은 대우조선해양이 해군과 함께 작성한 3급 비밀인 KDDX 개념 설계도를 도둑 촬영해서 빼돌렸습니다. 현대중공업이 본사업 제안서를 작성하는 데 훔친 개념 설계도를 단 한 톨이라도 활용했다면 현대중공업의 제안서는 위법한 문서이고, 이에 따라 수주는 무효가 될 수도 있습니다. 현대중공업은 "훔쳤을 뿐, 활용하지 않았다."는 입장입니다. '목적 없는 절도', '절도를 위한 절도'라는 주장입니다.

게다가 현대중공업은 KDDX 개발을 위한 해군과 방위사업청의 국책 연구 과제를 단 1건도 수행하지 않은 것으로 나타났습니다. 연구 개발 과제도 하지 않고 훔친 설계도는 손도 대지 않았다는데 현대중공업은 KDDX 사업 수주를 눈앞에 뒀습니다. 납득하기 어려운 일들이 연쇄적으로 벌어지고 있습니다. 방위사업청과 안보지원사령부는 2년 이상 속수무책입니다.

다시 보는 현대중공업 KDDX 설계도 도촬 사건

사건은 2014년 1월로 거슬러 올라갑니다. 현대중공업 직원 서너 명이 잠수함 관련 업무 협조차 해군 본부 함정기술처를 방문했습니다. 해군의 A 중령은 그들 앞에 KDDX 개념 설계 최종 보고서를 내놨습니다. KDDX 개념 설계도입니다. KDDX 내외부 구조가 담긴 도면부터 전투 체계, 동력 체계 등 KDDX의 핵심 성능과 부품 관련 정보가 상세하게 담긴 보고서입니다. 3급 비밀입니다.

A 중령은 개념 설계도를 둔 채 자리를 떴고, 현대중공업 직원들은 설계도를 동영상으로 찍었습니다. 한 장 한 장 사진으로 찍으면 시간이 걸리니까 동영상으로 촬영한 것입니다. 현대중공업 직원들은 회사로 돌아간 뒤 동영상의 매 컷을 문서로 편집해 개념 설계도를 복원했습니다.

2018년 4월 기무사령부가 현대중공업에 대한 불시 보안 감사를 실시해 특수선사업부의 비인가 서버에서 KDDX 개념 설계도를 찾아냈습니다. 4년 3개월 만에 현대중공업의 KDDX 개념 설계도 도둑 촬영 사건이 발각된 것입니다.

현대중공업, 해군, 기무사령부의 후신인 안보지원사령부가 공히 인정하는 팩트들입니다. 현대중공업의 한 관계자는 "얼굴 들고 다니지 못할 정도로 창피하다."고 말했습니다. 기밀 유출에 연루된 장교들은 군사 재판을, 현대중공업 직원들은 울산지검의 수사를 받고 있습니다.

첨단 함형 연구·스마트 기술 연구도 대우조선해양이 수행

현대중공업이 훔쳐 간 KDDX 개념 설계도는 대우조선해양의 노작입니다. 방위사업청이 발주한 개념 설계 입찰에 대우조선해양이 현대중공업을 제치고 따낸 뒤 작성한 비밀입니다. 입찰의 기술 점수에서 대우조선해양은 현대중공업을 20점 차로 앞섰습니다. 기술 점수 20점 차이는 압도적인 기술의 격차를 의미합니다.

대우조선해양은 2013년 10월 개념 설계도를 완성한 뒤 해군 전력분석시험평가단으로부터 감사의 글도 받았습니다. 해군 관계자는 "차원이 다른 개념 설계를 해 줘서 감사하다는 내용이었다."고 말했습니다.

대우조선해양은 2016년 5월부터 11월까지 KDDX 첨단 함형 적용 연구라는 해군 본부의 연구 과제도 수행했습니다. KDDX에 처음 적용되는 첨단 함정의 외형, 주요 제원 등을 설계하는 과제입니다. 2019년 4월부터 12월까지 진행된 해군 본부의 KDDX급 스마트 기술 및 무인 체계 적용 연구도 대우조선해양이 맡았습니다. KDDX에 4차 산업 혁명 신기술 및 무인 체계를 적용하는 연구 과제입니다.

현대중공업은 개념 설계 입찰에서 큰 차이로 떨어진 뒤 나머지 2개 연구 과제에는 도전하지 않았습니다. 즉 대우조선해양이 KDDX 연구 개발을 위한 3대 국책 연구 과제를 홀로 수행하면서 기술과 노하우를 쌓았습니다. 현대중공업 측은 KDDX 연구 개발의 국책 연구 과제에 참여하지 못한 데에 대해 "자체 비용으로 전담 조직을 구성해 독자 모델을 개발하는 데 집중했다."고 해명했습니다.

막전막후 모두 아는 안보지원사령부·방위사업청, 뭐 했나

현대중공업은 훔친 개념 설계도를 이번 KDDX 본사업 입찰 때 활용하지 않았다고 주장합니다. "개념 설계도를 2014년 1월에 훔쳤고, 2018년 4월 기무사령부에 압수당했으니, 2018년 말부터 KDDX 제안서를 작성할 때는 개념 설계도가 없었다."는 것이 현대중공업 측 설명입니다.

현대중공업 주장을 액면 그대로 받아들이면 2014년 1월부터 2018년 4월까지 현대중공업은 훔친 개념 설계도를 눈길 한번 안 주고 비인가 서버에 고이 모셔 둔 것입니다. 군사기밀보호법에 따르면 군사 기밀을 적법하지 아니한 방법으로 수집한 사람은 10년 이하 징역형입니다. 수년 징역살이를 감수하며 개념 설계도를 훔친 뒤 그냥 처박아 뒀다는 현대중공업의 말을 보통 사람의 상식으로는 이해할 수 없습니다.

현대중공업은 KDDX 국책 연구 과제를 한 건도 하지 못했습니다. 연구 과제 3건을 수행한 대우조선해양보다 기술적으로 앞서기가 쉽지 않습니다. 방위사업청과 안보지원사령부는 현대중공업이 KDDX 개념 설계도를 훔친 사실, KDDX 연구 과제 실적이 없는 사실을 속속들이 알고 있었습니다.

그럼에도 방위사업청은 희대의 방산 비리를 구경만 했습니다. 안보지원사령부는 2년 반 전에 개념 설계도 유출 사실을 파악했지만 제동을 걸지 않았습니다. 수사와 재판 상황을 보면 구멍이 많습니다. 결과는 지난달 KDDX 본사업 입찰에서 현대중공업의 0.056점 차이 승리입니다. 방위사업청은 "규정과 절차에 따라 입찰을 진행했다."는 말만 되풀이하고 있습니다. 수상한 구석이 많습니다.

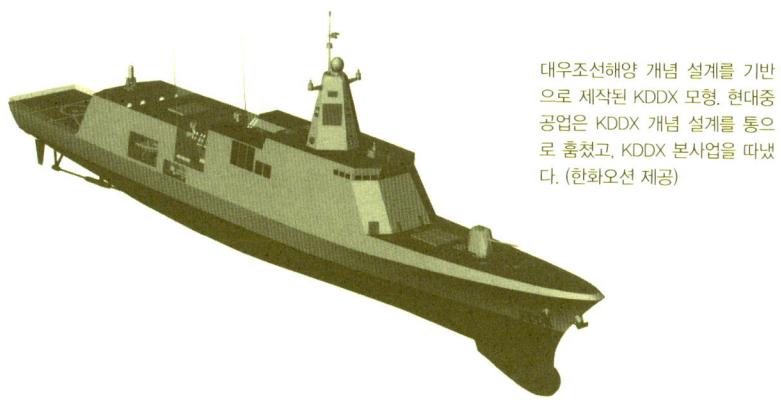

대우조선해양 개념 설계를 기반으로 제작된 KDDX 모형. 현대중공업은 KDDX 개념 설계를 통으로 훔쳤고, KDDX 본사업을 따냈다. (한화오션 제공)

현대重 훔친 기밀…해군 '제공'에, 가치도 없다?

-2020년 9월 26일 보도-

해군의 차기 구축함 KDDX의 개념 설계도를 도둑 촬영해 훔친 현대중공업 측이 국회 설득전을 적극적으로 펼치고 있습니다. 목적은 크게 2가지입니다. 훔친 KDDX 개념 설계도를 KDDX 본사업 수주에 활용하지 않았다는 입장을 강변하고, 그래서 KDDX 설계도 절도 사건의 국정 감사 쟁점화를 사전에 차단하는 것입니다.

현대중공업의 핵심 논리는 "훔친 KDDX 개념 설계도는 활용할 가치도, 이유도 없었다."입니다. 무가치하고 쓸모없는 KDDX 개념 설계도를 현대중공업은 왜 훔쳤을까요. 절도를 위한 절도였고, 단순 소장용으로 KDDX 설계도를 비밀 서버에 모셔 둔 것일까요. 무려 해군의 3급 비밀입니다. KDDX의 상당한 기밀들이 들어있는 보고서이자, 도면입니다.

게다가 현대중공업은 국회에서 "개념 설계도를 해군으로부터 제공받았다."는 무도한 주장도 펴고 있습니다. 방위사업청, 해군 모두 현대중공업 직원이 2014년 1월 해군 본부 함정기술처에서 설계도를 도둑 촬영해 훔쳐 간 사실을 인정하는데 현대중공업은 합법적 취득이라고 우기는 꼴입니다.

"해군으로부터 '제공'받아 '획득'했다"

현대중공업의 대관 업무 담당 직원들은 요즘 몹시 바쁩니다. 국회 국방위원회 소속 여야 의원들의 방을 찾아가 KDDX 개념 설계도 절도 사건을 해명하기에 여념이 없습니다. 자사의 입장뿐 아니라, 어떻게 알았는지 방위사업청 입장도 소상하게 설명하고 있습니다. 현대중공업과 방위사업청이 한배를 탔다는 의심을 받을 만합니다. 현대중공업이 국회에 유포하는 주장은 아래와 같습니다.

- **획득 경위**: 장보고-Ⅲ 잠수함 개념 설계를 수행하는 과정에서 설계 보고서의 형식과 구성 체계 등을 참고하기 위해 '해군으로부터 제공받은 자료를 편의상 촬영'
- **사용 여부 ①**: 2018년 12월 7명으로 별도의 전담 조직을 구성해 광개토함, 울산함 등 최신 함정 기본 설계 경험을 토대로 KDDX 개념을 정립
- **사용 여부 ②**: KDDX 개념 설계도는 7년 전 작성된 것으로 수준과 용도, 무기 체계 발전 추세 등을 고려했을 때 '활용할 이유도, 가치도 없음'

획득 경위부터 어불성설, 거짓말입니다. 엄연한 절도를 획득이라고 치장한 것입니다. KDDX 개념 설계도를 해군으로부터 제공받았다는 설명은 기가 막힐 지경입니다. 해군은 현대중공업에 KDDX 개념 설계도를 제공한 적 없습니다. 현대중공업 직원들이 해군 장교 한 명을 꼬드겨 개념 설계도를 받은 뒤 도둑 촬영해 훔친 것입니다. 장교 한 명의 일탈을 해군 전체로 확대해 합법적 취득인 양 꾸미려는 현대중공업의 간교한 술책입니다.

장보고-Ⅲ 개념 설계에 참고하기 위해 KDDX 개념 설계도를 훔쳤다는 논리는 이번에 새롭게 등장했습니다. 장보고-Ⅲ는 잠수함입니다. 수상함 설계도를 훔쳐 잠수함 설계에 참고했다는 뜻입니다. 앞뒤가 한참 뒤틀린 논리입니다. 앞서 현대중공업 기밀 절도 사건 취재 과정에서 현대중공업은 기

밀 절도의 목적을 밝히지 못해 전전긍긍했습니다. 수사 중인 사안이라며 함구하더니 보도 이후 국회용으로 새로 개발한 논리로 보입니다.

"활용할 가치도, 이유도 없다"

현대중공업이 내놓은 절도의 변은 "7년 전 작성된 개념 설계도여서 활용할 이유도, 가치도 없었다."입니다. 활용할 이유도, 가치도 없었다면 훔칠 이유도, 가치도 없어야 했습니다. KDDX 설계도를 훔친 현대중공업 직원들의 형이 확정되는 순간, 현대중공업은 국가 사업의 입찰 자격을 박탈당할 수도 있습니다. 현대중공업이 이렇게 무거운 기밀 절도죄의 책임을 잘 알면서도 절도를 감행했다는 것은 그만한 가치가 있었기 때문입니다. 쓸 데가 있으니까 훔쳤습니다.

해군은 개념 설계에 이어, 첨단 함형 적용 연구, 스마트 기술 적용 연구 등의 국책 과제를 잇따라 수행하면서 KDDX의 윤곽을 구체화했습니다. 개념 설계, 첨단 함형 적용과 스마트 기술 적용 연구 모두 하나하나가 중요하고 필수적인 과정입니다. 특히 개념 설계도는 KDDX 연구 개발의 전반기 성과를 집대성한 결과물입니다.

현대중공업은 이런 KDDX 개념 설계도를 훔쳤고, KDDX 본사업인 기본 설계 사업자로 사실상 선정됐습니다. 발표만 남았습니다. 현대중공업은 개념 설계도를 기본 설계 사업 제안서에 활용하지 않았다고 목소리를 높이고 있지만 글쎄요. 현대중공업의 막강한 영향력은 많은 이들의 입을 다물게 할 수는 있어도 진실을 영원히 가릴 수는 없을 것입니다.

방위사업청 입장 전파도 대행

현대중공업은 국회에서 '방위사업청 코스프레'도 했습니다. "현재 KDDX 기본 설계 제안서 평가와 업체 선정은 적법하게 진행하고 있으며, 향후에도 (방위사업청은) 규정과 절차에 맞게 업체를 선정할 예정."이라고 국회에 설명했는데 방위사업청 입장과 똑같습니다.

현대중공업이 방위사업청 입장을 대행해서 전파하는 행동은 부적절합니다. 현대중공업이 방위사업청 역할을 대행하는 것은 현대중공업과 방위사업청의 긴밀한 공조의 결과로 읽히기 때문입니다. 방산 비리 기업과 방위사업청의 이인삼각 같습니다.

　방위사업청도 자유로운 처지가 못 됩니다. 현대중공업의 KDDX 개념 설계 절도 행각을 뻔히 알았으면서도 모른 척 KDDX 본사업을 진행했습니다. 그래 놓고 방위사업청은 지금까지도 적법했고, 앞으로도 적법할 것이라고 말하고 있습니다. 방위사업청의 이런 주장이 현대중공업의 입을 통해 국회로 중계됐습니다. 둘이 친하다는 의혹을 받아도 할 말 없습니다.

'기밀 유출', 방위사업청 또 몰랐다?…KDDX도 ADD도 '모르쇠'
-2020년 10월 21일 보도-

　어제 국회 국방위원회의 방위사업청 국정 감사가 열렸습니다. 예상대로 현대중공업의 차기 한국형 구축함 KDDX 기밀 유출 사건이 도마에 올랐습니다. 현대중공업이 KDDX 기밀을 도둑 촬영해 빼돌렸고, 사업도 사실상 따낸 데 대해 질타하는 의원들이 많았습니다.

　뜻밖의 장면이 나왔습니다. 방위사업청장이 이번 사건을 몰랐다고 발뺌한 것입니다. 방위사업청 직원이 KDDX 기밀 유출 건으로 재판을 받고 있는데도 방위사업청장은 "잠수함 관련으로 알았다."는 엉뚱한 답변을 했습니다.

　처음 있는 무책임이 아닙니다. 사상 최대의 국방과학연구소 ADD 기밀 유출 사건이 터졌을 때 방위사업청장은 지난 정부의 일인 양 국회에 보고했습니다. 대부분 현 방위사업청장 재임 중 벌어진 사건인데도 그는 그랬습니다. 방위사업청 2인자인 차장은 ADD 사건이 보도되기 직전까지 몰랐다고 진실인지 거짓인지 모를 말을 했습니다. 방위사업청 1, 2인자들이 이렇습니다.

"이번에 보도가 나오면서 구축함인 줄 알았다"

　어제 국정 감사에서 방위사업청이 어떤 입장을 내놓을지 궁금했습니다. 국방위원장이 "그 자료가 활용됐는지 방위사업청에서 확인을 했어야 하는 거 아니냐?"고 물었습니다. 방위사업청장은 "확인을 했다.", "영향을 미쳤다, 안 미쳤다는 재판에 영향을 줄 수 있다."고 말했습니다. 재판이란 본사업 평가가 공정했는지 따지는 가처분 소송입니다. 방위사업청은 재판 결과를 보고 뒷일을 결정하자는 생각입니다.

 이어 방위사업청장은 한 의원 질의에 KDDX 도둑 촬영 건을 몰랐다는 황당한 답변을 했습니다. "그 사건으로 연루돼 조사를 받으러 갈 때마다 보고를 하면 잠수함 관련으로 이렇게만 알았는데 이번에 (보도가) 나오면서 구축함으로……."라고 한 것입니다. 방위사업청장이 뉴스를 본 후에야 KDDX 사건을 알았다니 믿기지 않습니다.

 현대중공업 직원들에게 KDDX 설계도를 가져다준 사람은 해군 장교입니다. 범행은 해군에서 벌였지만 그의 소속은 방위사업청입니다. 잠시 해군으로 파견 갔을 때 벌어진 일입니다. 그는 KDDX 기밀 유출 사건의 수사와 재판을 방위사업청에 재직하면서 받고 있습니다. 수사와 재판이 원활하게 진행되도록 방위사업청은 그의 업무를 조정하기도 했습니다. 그런데도 방위사업청장은 뉴스를 보고서야 KDDX 사건을 알았답니다.

 방위사업청장 말대로 현대중공업은 차기 잠수함 장보고-Ⅲ의 기밀도 훔쳤습니다. 훈련함, 지원정 등 방위사업청과 해군의 기밀 총 26건을 빼돌렸습니다. 26건 중에 가장 묵직한 사업이 KDDX입니다. 방위사업청장이 다른 건은 몰라도 되지만 KDDX 사건은 알아야 했습니다. KDDX 사건을 몰랐다고 하니 KDDX 사업의 향방과 관련된 색다른 생각이 있는 것은 아닌지 의심이 생깁니다.

ADD 기밀 유출도 지난 일?

 사상 최대 ADD 기밀 유출 사건이 터진 직후인 지난 4월 29일 국회 국방위원회 전체회의가 열렸습니다. 한 의원이 "방위사업청장님 재임 기간 중에 있었던 일인가요?"라고 물었습니다. 방위사업청장은 "그런 건 아닙니다."라고 답했습니다. 본인 책임은 아니라는 취지로 해석됐습니다.

 ADD 퇴직 연구원들이 기밀을 무더기로 들고 떠난 사건입니다. 어떤 퇴직자들은 최신 로켓의 핵심 기술을 가지고 UAE로 출국해 송환할 수도 없는 골치 아픈 사건입니다. 대부분 2018년 현 방위사업청장 재임 중에 벌어졌습니다.

방위사업청 차장은 지난 6월 25일 국방부 기자설명회에서 "방위사업청은 ADD 사건을 4월 중순에 알았다."고 말했습니다. 이 사건은 4월 26일 언론 보도로 공개됐습니다. 4월 중순이면 기자의 취재가 진행 중일 때입니다. 방위사업청과 기자가 같은 시점에 ADD 사건을 알았다는 것이 방위사업청 차장의 주장입니다.

방위사업청 1, 2인자의 무책임이 KDDX 사건과 ADD 사건에서 공통적으로 드러났습니다. 일단 모르쇠입니다. 모를 수 없는데 모른답니다. 그들의 양식이 의심스럽습니다. 누구를 관리 감독할 주제가 못 됩니다. 그런데도 그들의 영전설, 승진설이 끊이지 않습니다.

법원, '한국형 구축함 기밀 유출' 현대重에 면죄부
-2020년 10월 29일 보도-

차기 한국형 구축함 KDDX의 기밀인 개념 설계도를 훔치고 KDDX 본사업을 사실상 수주한 현대중공업에 대해 법원이 면죄부를 줬습니다. 훔친 기밀을 본사업 입찰에 활용했다고 인정할 수 없다는 것이 법원 판단입니다.

"기밀을 훔쳤을 뿐, 활용하지 않았다."는 현대중공업의 논리, 이를 지지하는 방위사업청의 뜻을 법원이 전면 수용한 것입니다. 군사 기밀을 훔치고 손도 안 댄 점을 인정한 판결에 따라 현대중공업은 날개를 달았습니다. 방위사업청은 법원 판단을 기다려 보자는 입장이었는데 이제 남의 눈치 안 보고 현대중공업에게 KDDX 사업을 통째로 넘겨줄 수 있게 됐습니다.

현대중공업의 화려한 혐의

현대중공업의 해군과 방위사업청 기밀 유출 사건은 시쳇말로 역대급입니다. 내사를 벌이던 기무사령부가 지난 2018년 4월 현대중공업 울산 본사의 특수선사업부 비밀 서버를 압수 수색했고, 서버에서 비밀 자료들이 쏟아져 나왔습니다. "해군과 방위사업청의 기밀은 26건 발견됐고, 접대 장부도 나왔다."고 기무사령부 수사 관계자는 말합니다.

훔친 기밀을 구체적으로 설명하면 현대중공업 직원들이 해군 본부에 가서 도둑 촬영한 KDDX 기밀이 2건이고, 현대중공업 직원이 본사 흡연실에서 해군 장교로부터 건네받은 차기 잠수함 장보고-Ⅲ 기밀이 1건입니다. 다목적 훈련 지원정과 훈련함 기밀도 각각 1건씩 있습니다. 이외에 21건이 더 있습니다.

훔친 기밀 26건 중 16건은 유출 경위와 혐의자들이 특정됐습니다. 혐의자는 25명입니다. 이 가운데 현역 장교가 3명이고, 국방기술품질원 등 군 관련 민간인이 10명입니다. 현대중공업 직원은 12명이 연루됐습니다. 기무사령부의 후신인 안보지원사령부는 25명을 각각 군검찰과 울산지검에 송치했습니다. 단일 기밀 유출 사건으로 최다 송치 기록입니다.

그럼에도 불이익 안 받는 현대중공업

군검찰은 혐의자들에 대한 수사를 늦지 않게 진행했습니다. 한 장교는 2심 법원의 판결이 나왔고, 어떤 장교는 1심 재판을 받고 있습니다. 반면 울산지검의 수사는 지지부진합니다. 현대중공업 직원들은 선고는커녕 재판이 시작됐다는 소식도 안 들립니다. 군 고위 관계자는 "현대중공업이 대형 법무법인 변호사들을 사서 수사와 재판 시간 끌기를 하고 있는 것 같다."고 지적했습니다.

현대중공업의 혐의가 인정되면 현대중공업은 함정 사업 입찰에서 감점은 당연하고, 방위사업체 지정 자체가 취소될 수도 있습니다. 현대중공업의 혐의는 기밀 유출 장교들의 재판에서 모두 인정되고 있습니다. 하지만 현대중공업 직원들 재판이 아니기 때문에 현대중공업에 불이익을 줄 수 없습니다. 기밀을 무더기로 훔친 사실은 확정됐지만 그뿐입니다.

못된 방산 업체들이 종종 쓰는 수법입니다. 큰 죄 짓고도 수사와 재판을 질질 끌어서 그동안 챙길 사업 다 챙기고, 그 다음에 판결 받는 식입니다. 죄

지은 데 대한 벌은 피할 수 없지만 사업은 알뜰하게 먹어 치울 수 있습니다.

법원 "불법 취득 자료, 입찰 활용했는지 인정하기에 부족"

서울중앙지법 제51민사부는 그제 KDDX 입찰의 공정성을 따지는 가처분 신청의 결정을 내렸습니다. 현대중공업이 기밀을 훔친 혐의를 집중적으로 들여다본 것이 아니라, KDDX 입찰이 공정하게 진행됐는지를 살핀 재판이었습니다. 재판부는 "입찰은 공정했다."고 결론 내렸습니다.

현대중공업이 기밀을 KDDX 사업에 활용하지 않았다는 면죄부도 줬습니다. "제출된 소명 자료만으로는 참가인(현대중공업)이 위와 같이 취득한 자료를 이 사건 입찰에 활용하였는지, 채무자(방위사업청)가 참가인(현대중공업)에게 유리하게 할 목적으로 이 사건 사업에 대한 제안서 평가를 불공정하게 하였는지를 인정하기에 부족하다."고 판결한 것입니다.

현대중공업이 KDDX 기밀을 훔쳐 간 것은 맞지만 KDDX 입찰에 활용했는지는 모르겠고, 방위사업청도 현대중공업 편을 들어줬다고 확증할 수 없다는 뜻입니다. 이로써 방위사업청은 국정 감사에서 예고한 대로 가처분 신청 결과를 받아 KDDX 사업을 추진할 것으로 보입니다. 입찰이 불공정하지 않았다고 하니 현대중공업과 공식 계약을 체결해 KDDX 기본 설계와 건조를 맡길 것입니다.

법원 판단이 나왔어도 의문은 풀리지 않습니다. 현대중공업은 KDDX 기밀 설계도를 훔쳐서 어디에 썼을까요. 현대중공업 주장대로 그냥 비밀 서버에 소장만 했을까요. 앞뒤 사정 다 아는 방위사업청은 KDDX 입찰을 진정으로 공정하게 진행했을까요.

Ⅲ *방위사업청 계약심의위는 2024년 2월 28일 "현대중공업의 KDDX 기밀 절도에 임원 개입 여부가 확인되지 않는다."며 현대중공업에 대해 행정 지도를 의결했다. 현대중공업은 입찰 참가 자격을 제한하는 부정당제재를 피한 것이다. 방위사업청의 결정은 임원들의 명시적 지시가 없는 것으로 치장하면 기밀을 훔쳐 사업해도 무탈하다는 나쁜 선례를 남겼다.*

총기류 기밀 유출의 막전막후

 지방의 한 총기류 제조업체가 겁도 없이 예비역 장교를 통해 수년간 총기류 기밀들을 빼내다가 적발됐다. 대표 이사도 형사 처벌을 면치 못했다. 방산 업체 지정 취소가 마땅한 범죄이지만 규정의 미비로 이 업체는 살아났다. High Risk, High Return의 기밀 유출 공식에서 Risk를 획기적으로 키울 필요가 있다. 그래야 재발 방지를 기대할 수 있다. 2020년 상반기 ADD 사건에서 시작해 현대중공업에 이어, D사로까지 번진 국방과학 기밀 유출 시리즈는 이제 대단원의 막을 내렸으면 좋겠다.

차기 기관단총 기밀 유출 사건…'방산 비리 방정식' 부술 수 있을까

-2021년 4월 13일 보도-

장교가 개입한 것으로 보이는 기밀 유출 사건이 또 터졌습니다. 이번에는 차기 특전사용 기관단총 개발 사업입니다. 2급 군사 비밀 등이 총기 전문 업체의 PC에서 대거 발견됐습니다. 현대중공업의 차기 구축함 KDDX 기밀 유출 사건이 불거진 것이 작년 9월이었습니다. 잊을 만하면 기밀 유출 사건이 고개를 드는 셈입니다.

군 수사 당국이 어렵게 수사해서 결과를 낼 테지만 다소 걱정되는 바가 있습니다. 기밀 유출 등 방산 비리를 저지른 업체들을 보면 절묘한 수법으로 솜방망이 처벌을 이끌어 내곤 합니다. 수사와 재판에서 시간을 끌어 업체에 유리한 시점에 판결을 받는 꼼수입니다. 사업은 알뜰히 챙기고, 일 없는 기간에 맞춰 유명무실한 제재만 받는 기막힌 방법입니다.

방위사업청은 이번 기관단총 기밀 유출 사건에서 업체의 꼼수가 통하지 않도록 하겠다는 각오입니다. 안보지원사령부의 송치, 검찰의 기소, 법원의 판결과 상관없이 보안 사고 여부를 직접 판단해 사고 업체에 대해 조치를 취하겠다는 입장입니다. 대통령이 "이번 정부에는 방산 비리 없다."고 공언했는데 여전히 비리가 기승을 부리자 방위사업청이 마음 단단히 먹은 것 같습니다.

차기 기관단총 기밀 유출 사건

군 당국은 현재의 K1A 기관단총을 대체하는 사업을 진행하고 있습니다. K1A는 개발된 지 45년 된 노후 모델로 해외 최신형에 비해 정확도와 내구도가 떨어집니다. 조준경, 라이트 등도 부착할 수 없습니다. 군은 새로운 기관단총을 개발해 2024년부터 1만 6,000정을 도입한다는 계획입니다.

작년 6월 총기 전문 업체 D사가 차기 특전사용 기관단총 개발 사업의 우선협상대상으로 선정됐습니다. 한 달도 안 돼 안보지원사령부가 D사를 압수 수색했습니다. 임원들 PC에서 차기 기관단총 관련 다수의 군사 기밀들이 나온 것으로 확인됐습니다. 개발 목표와 추진 전략, 기관단총의 체계, 구성품 요구 성능을 포함한 작전요구성능 ROC 2급 비밀들입니다.

안보지원사령부는 D사의 영업 담당 임원 B 씨가 육군 본부 전력단에서 총기 개발 업무를 맡았던 예비역 중령이라는 점에 주목하고 있습니다. 안보지원사령부는 B 씨가 현역 장교들의 도움을 받아 기밀을 빼돌린 것으로 의심합니다. 관련자들의 진술도 확보한 것으로 전해졌습니다.

안보지원사령부 수사의 핵심은 '어떤 기밀들이 어떻게 얼마나 많이 유출됐느냐.'입니다. 군 안팎에서는 "기상천외한 장소에서 기밀이 유출됐다."는 말도 나오고 있습니다. 군 수사 관계자는 "차기 기관단총뿐 아니라 기본 화기인 K2의 계량형 K2C1 등 총기류의 전반적인 기밀과 내부 자료의 유출 여부를 들여다보고 있다."고 말했습니다.

칼 빼 드는 방위사업청

작년 9월 불거진 현대중공업의 KDDX 기밀 유출 사건의 과정을 보면 납득 못할 점이 많았습니다. 현대중공업이 KDDX의 개념 설계 기밀을 훔쳤습니다. 초대형 보안 사고입니다. 이어 현대중공업은 KDDX의 본사업이라고 할 수 있는 기본 설계를 따냈습니다. 도둑질한 것은 물적 증거와 현대중공업 측의 자백으로 100% 인정되는데 법원 판결이 안 나왔다는 이유로 방위사업청은 현대중공업의 KDDX 본사업 수주에 손을 못 댔습니다.

언젠가 판결이 날 테고, 그때가 현대중공업의 군수 분야 비수기라면? 직원 몇 명 처벌받는 선에서 사건은 마무리되고, 비수기의 제재는 현대중공업의 털끝 하나 못 건듭니다. 방산업계의 전형적인 비리 방정식입니다. 대통령이 작년 7월 국방과학연구소에 가서 "이번 정부에는 방산 비리 없다."고 자부했는데도 기밀 유출 사건이 끊임없이 벌어지는 이유가 여기에 있을 것입니다.

기관단총 기밀 유출 사건을 두고 방위사업청 내부에서 의견이 분분했습니다. 방위사업청 관계자는 "혐의가 분명하니 업체와 계약을 유지할 수 없다는 측과, 그럼에도 국가계약법상 업체를 처벌할 근거가 없다는 측이 팽팽히 맞섰다."고 말했습니다. 수사 중인 사건이지만 관련 계약을 자세히 들여다보는 쪽으로 의견이 정리된 것 같습니다.

방위사업청의 조치는 크게 두 가지입니다. 하나는 D사가 지난 3월 사실상 따낸 K2C1의 1만 8,000정 양산 사업에 대해 적격 심사를 중지한 것입니다. D사가 기관단총 기밀을 빼낸 것이 맞다면 D사는 K2C1 사업 심사에서도 보안 사고 관련 감점 처분을 받아야 하기 때문에 일단 K2C1 사업 절차를 중단했습니다.

다른 하나는 방위사업청이 지난 7일 안보지원사령부에 기관단총 기밀 유출 관련 수사 현황 자료를 요청한 것입니다. 기관단총 기밀 유출 사건을 보안 사고로 볼 수 있는지를 방위사업청 스스로 판단하기 위해서입니다. 보안 사고가 분명하다는 근거를 확보하면 이번에는 판결이 나오기 전이라도 본 때를 보여줄 태세입니다.

방위사업청과 안보지원사령부, 지금부터라도…

방위사업청의 조치는 긍정적이기는 해도 늦은 감이 있습니다. 방위사업청 해당 팀은 작년에 사건의 대체적인 내용을 파악했던 것으로 알려졌습니다. 방위사업청의 한 관계자는 "해당 팀도 작년 여름과 가을 여기저기에서 관련 소식을 들었다고 한다."고 확인했습니다.

현대중공업 KDDX 기밀 유출 사건이 터지고, 이에 앞서 대통령의 '방산 비리 부재' 발언도 있었는데 방위사업청은 기관단총 기밀 유출 사건을 알고도 모른 척한 것이어서 도통 방위사업청에 믿음이 가지 않습니다. 지난달 언론 보도로 사건이 공개되자 그제야 몸을 움직였습니다. 현재는 안보지원사령부에 자료 요청을 하는 등 적극적인 모습을 보이고 있습니다. 방위사업청의 향후 행동을 지켜볼 일입니다.

안보지원사령부는 작년 7월 압수 수색으로 기밀 유출 증거를 확보해 놓고도 아직까지 사건을 검찰에 송치하지 못하고 있습니다. 군 수사 관계자는 "기밀 유출 사건 수사가 원래 복잡하고 시간이 많이 걸린다."라고 해명합니다. 이렇게 여유를 주니까 못된 업체들이 범죄를 저지르고도 꼼수를 부려 무탈한 것입니다. 안보지원사령부는 철저한 수사는 기본이고, 방위사업청의 요청에도 적극적으로 응해야 할 것입니다. 많이 늦었지만 이제라도 방산 비리 저지르면 어떤 대가를 치르는지 확실하게 보여 줘야 합니다.

기관단총 기밀 유출 사건의 전말…무엇이 어떻게 유출됐고, 처분은?

-2021년 8월 29일 보도-

지난 3월 30일 언론 보도로 특전사용 차기 기관단총 기밀 유출 사건이 처음 공개된 이래 5개월이 지났습니다. 기밀을 빼돌린 예비역 장교와 불법으로 기밀을 취득한 방산 업체 임원들 여럿이 구속 기소됐습니다. 재판도 몇 번 열렸습니다. 업체로 흘러간 기밀들은 차기 기관단총 관련 정보만이 아닙니다. 총기 관련 다종, 다량의 기밀들인 것으로 드러났습니다.

이 업체는 차기 기관단총 개발 사업에 더해 신형 소총 K2C1 양산 사업까지 따 놓은 터라, 대표 이사를 포함한 임원들이 총기 관련 기밀 유출에 연루된 이번 사건의 파장은 간단치 않습니다. 해당 사업들에서 배제될 가능성이 높고, 앞으로 방산 업체 지위를 유지할 수 있을지도 장담 못합니다. 유출 기밀들이 많을뿐더러 안보를 흔드는 민감한 것들도 있어서 방위사업청도 매의 눈으로 재판의 추이를 지켜보고 있습니다.

이 회사는 5년 전에 총기 관련 방위산업체로 지정돼 방산 업력이 길지 않지만 특색 있는 소총들을 내놔 단단한 마니아층을 거느리고 있는 업계의 풍운아 같은 존재입니다. 그래서 사건의 추이에 일반인들의 관심도 많습니다. 하여 그동안 취재와 재판 과정에서 밝혀진 사건의 막전막후를 소개하겠습니다.

방산 전시회에 선보인 소총들. 한 총기류 제조업체의 기밀 유출과 불법 수출로 업계가 시끄럽다. (서울 아덱스 사무국 제공)

2019년 봄, 국회 세미나에서 생긴 일

2019년 3월 국회에서 특전사 차기 기관단총 관련 세미나가 열렸습니다. 특전사와 인연이 깊은 예비역 장성이 주도적 역할을 하는 단체가 주최한 행사입니다. 코로나19 창궐 이전이라 관심 있는 사람들이 직접 세미나를 찾았는데 이중 특전사 간부 등 현역 군인들도 더러 있었습니다.

그 예비역 장성은 개회사에서 "워리어 플랫폼 사업 중 핵심으로 불리는 총기와 광학 장비를 중심으로 자유롭게 의견을 교환하면서 대안을 찾는 자리."라고 세미나를 소개했습니다. 이어 "특히 총기의 경우 특전사 장병들은 외국산 HK416 수준을 원하고 있으나, 국내 D사가 OEM(주문자 상표 부착)으로 생산하는 ○○○○○○○도 부품 조달이나 가격 면에서 좋은 선택이라고 본다."고 밝혔습니다.

특전사와 밀접한 예비역 장성이 현역 군인들을 모아 놓고 특전사용 차기 기관단총으로 특정 업체의 특정 모델을 공개 지지한 것입니다. 적절하다고 보기 어려운 행동입니다. 예비역 장성이 칭찬한 D사는 특전사용 차기 기관단총 기밀 유출 사건을 일으킨 바로 그 회사입니다. 안보지원사령부는 이때부터 D사를 눈여겨본 것으로 알려졌습니다. 방위사업청 몇몇 관계자들은 사건이 불거진 뒤에야 2019년 세미나에서 벌어진 일을 들었고, 하나같이 혀를 찼습니다.

국회 세미나가 주목한 업체의 수주, 그리고 압수 수색

2019년 3월 국회 세미나에서 공개 칭찬을 받은 D사가 작년 6월 특전사용 차기 기관단총 개발 사업의 우선협상대상으로 선정됐습니다. 한 달도 안 돼 안보지원사령부가 D사를 압수 수색했습니다. 대표 이사 등 임원들 PC에서 각종 군사 기밀들이 쏟아졌습니다. 기밀들은 영업 담당 임원 B 씨가 현역 장교 시절 D사에 건넨 것입니다.

군검찰은 우선 B 씨를 구속 기소했고, 첫 공판은 지난달 13일 국방부 보통군사법원에서 열렸습니다. 군검찰이 제기한 공소에 따르면 B 씨는 현역 장교 시절이던 2015년부터 2020년까지 합동참모회의 등에서 논의된 5.56mm 특수작전용 기관단총, 5.56mm 차기 경기관총(K-15), 신형 7.62mm 기관총(K-12), 12.7mm 저격소총 사업 등과 관련된 군사 기밀들을 자신의 숙소 등에서 D사 관계자들에게 전달했습니다.

또 방위사업청이 발주할 것으로 예상되는 총기 개발 사업을 D사가 따낼 수 있도록 도와주겠다고 약속했고, 대가로 D사 대표 김 모 씨 등으로부터 600만 원 상당의 현금과 상품권을 수수한 혐의도 받고 있습니다. B 씨는 기밀 유출 혐의는 인정하면서 금품과 취업의 대가성은 부인했습니다.

"특전사 무력화시킬 수 있는 기밀 유출 사건"

B 씨 외에 이번 사건으로 기소된 D사 임원은 대표 이사 A 씨 등 임원 4명입니다. 이들은 육군 특전사가 도입할 차기 기관단총, 기관총, 저격용 총과 관련한 군사 기밀을 6차례에 걸쳐 불법 수집하고, 이를 도운 군 내부자에게 금품·향응을 제공한 혐의를 받고 있습니다.

첫 공판은 지난 10일 전주지법에서 열렸습니다. 이들도 군사 재판을 받고 있는 B 씨와 마찬가지로 기밀을 빼낸 혐의는 인정했습니다. 다만 "B 씨에게 취업을 대가로 군사 기밀 정보를 받은 적은 없다."며 대가성은 부인했습니다.

이날 재판에서는 총기류 기밀 외에, 대테러부대 및 특수전부대의 전술·전략 정보가 담긴 문건도 유출된 것으로 확인됐습니다. 쉽게 말해 특전사의 작전 매뉴얼과 전략 발전 청사진입니다. 적대 세력의 손으로 넘어가면 특전사는 상당 수준 무력화될 수도 있습니다. 이에 검찰은 재판에서 "외부로 유출되면 군의 전술적 의도와 중장기 전략이 노출돼 국가 안보에도 상당한 위협을 초래할 수 있다."고 지적했습니다.

돈벌이용 기밀을 넘어, 안보를 흔들 수 있는 극비까지 유출됐습니다. 앞으로 군사법원과 전주지법의 재판은 몇 개월 더 이어질 테지만 지금까지 나온 혐의들만 봐도 역대급 기밀 유출 사건입니다.

소총 전력화 시점은? D사의 운명은?

일단 D사가 수주한 특전사용 차기 기관단총 개발 사업과 K2C1 소총 양산 사업은 언론 보도 이후 5개월째 잠정 중단 상태입니다. D사가 두 사업을 무난하게 수행하게 될 것이라고 보는 사람은 많지 않습니다. 심각한 문제는 두 사업을 어떻게 할지 의사 결정이 차일피일 미뤄지면서 신형 기관단총과 K2C1 소총의 전력화가 기약 없이 늦춰진다는 것입니다.

임원들에 대한 판결은 차치하고, D사의 운명이 어떻게 될지가 군과 방위사업청, 업계의 관심입니다. 방위사업법에 의거해 D사의 방위산업체 지정 취소 가능성도 제기되고 있습니다. 동법 제48조는 대표 및 임원의 청렴 서약서 위반을 방위산업체 지정 취소 사유로 규정했습니다. D사는 차기 기관단총과 K2C1 사업에서 청렴하게 사업하겠다는 대표 명의의 서약서를 제출했을 테니 48조 위반 소지가 큽니다.

방위사업청은 "재판 결과에 따라 엄정 대응하겠다."는 입장입니다. 총기류 주요 소요군인 육군의 고위 관계자는 "이런 정도의 기밀 유출 업체라면 방위사업청과 군이 냉정하게 판단해야 한다."고 말했습니다.

▌'기밀 유출' 기업은 복귀 전 몸풀기 하는데…

－2022년 11월 30일 보도－

방위사업청은 최근 D사의 비리로 중단된 특수작전용 기관단총 연구 개발 사업의 방식을 다시 정하는 절차에 착수했습니다. 사업 방식이 바뀌는 분위기입니다. 이렇게 되면 D사 비리로 망가진 특수작전용 기관단총 사업에서 D사가 또 유리한 고지에 오른다는 것이 업계의 중론입니다.

D사는 어제 폴란드 바르샤바에서 열린 한국-폴란드 방산 협력 컨퍼런스에도 참가했습니다. 방위사업청이 주도해 방산 수출 큰손 폴란드와 수출 확대를 논의하는 자리에 비리 회사가 국가대표로 나선 것입니다.

6년 동안 10여 건의 군사 기밀을 빼내 사업에 활용한 총기류 전문 업체 D사가 6개월의 제재 기간이 끝나가자 본격적으로 기지개를 켜고, 때 맞춰 방위사업청은 D사가 노리는 사업 재개를 추진하는 꼴입니다.

비리 기업이 정부 사업 없는 한가한 시기에 정부 사업 참여가 제한되는 부정당제재 받으며 쉬었다가 짧은 제재가 종료되면 다시 활개 치는 고질적 악순환이 또 벌어질까 걱정입니다.

연구 개발에서 구매로 바뀌나

검찰의 수사 개시에 따라 방위사업청은 작년 12월 특수작전용 기관단총 사업을 중단했습니다. 방위사업청이 기밀 유출의 죄를 물어 D사에 부과한 부정당제재는 지난 6월 초 시작됐습니다. 다음 달이면 끝납니다.

방위사업청은 1년 가까이 특수작전용 기관단총 사업에 손 놓고 있다가 공교롭게도 D사의 부정당제재 종료 시점이 다가오자 움직이기 시작했습니다. 이달 들어 '특수작전용 기관단총 사업 분석' 용역 입찰 공고를 낸 것입니다. 연구 개발과 구매 중 획득의 방식을 다시 정하는 용역입니다. 특수작전용 기관단총 사업은 원래 연구 개발이었는데 굳이 '연구 개발로 할까, 구매로 할까' 묻는 용역을 한다는 것은 구매로 전환하겠다는 뜻으로 풀이됩니다.

방위사업청 대변인은 어제 국방부 정례 브리핑에서 "환경도 변화됐고, 외부에서도 필요성이 많이 제기됐기 때문에 지금 (사업 분석 용역을)하고 있다."고 말했습니다. D사에 적용되는 비리 벌점은 연구 개발 사업에서는 치명적인데 반해, 구매 사업으로 전환되면 상대적으로 비중이 줄어드는 것으로 알려졌습니다. 구매 사업이 되면 D사는 가격을 깎아 써서 낙찰 도장을 받을 수 있다는 뜻입니다.

부정당제재 기간이 끝나가니까 D사를 위해 사업 방식을 구매로 전환하려고 연구 용역을 한다는 의심에 대해 방위사업청 대변인은 "그렇게 자꾸 몰아가면, 오해하면 따로 드릴 말씀이 없다."며 즉답을 피했습니다. 용역 결과가 어떻게 나오는지, 그래서 방위사업청이 어떤 방식으로 사업을 추진하는지 잘 지켜봐야 하겠습니다.

한-폴란드 컨퍼런스에 '국대'로 참가

어제 폴란드 바르샤바에서 한국-폴란드 방산 협력 컨퍼런스가 열렸습니다. 컨퍼런스에 참가한 우리 방산 기업 18개 사 가운데 D사도 포함됐습니다. 방산 비리 사건으로 장안을 떠들썩하게 했고, 현재 제재를 받는 기업이라면 자중해야 함에도 국가대표를 자처한 격입니다. 바르샤바에 파견된 국내 방산 업체의 한 임원은 "D사의 컨퍼런스 참가 경위에 대해 웅성거리는 소리가 많이 들린다."고 전했습니다.

하고많은 기업 중에 왜 D사를 보냈을까. 방위사업청은 "방진회(한국방위산업진흥회)가 참가 희망 업체들을 추렸다."고 밝혔습니다. 폴란드 정부가 방진회에 공문을 보내 참가를 독려했을 리 만무합니다. 폴란드 정부는 방위사업청에 우리 기업들의 참가를 요청한 것으로 나타났습니다. 방위사업청은 방산 비리 업체의 참가를 막았어야 했습니다.

애초에 방위사업청이 D사에 부과한 제재 자체가 솜방망이라는 지적도 많습니다. D사의 비리 규모라면 5년의 부정당제재와 방산 업체 지정 취소도 때릴 수 있었지만 단 6개월의 부정당제재에 그쳤다는 것입니다. 방위사업청이 힘써 도울 방산 업체는 D사 말고도 수두룩합니다. 이런 식으로는 방산 비리 근절 못 합니다.

Ⅲ *D사는 특수작전용 기관단총 사업에서 "비리 없이 사업하겠다."는 취지의 공적 약속인 청렴 서약서를 작성했다. 비리가 있었으니 청렴 서약 위반이라고 볼 수 있다. 청렴 서약 위반은 방산 업체 지정 취소까지 조치할 수 있는 행위이다. 하지만 방위사업청은 "청렴 서약서는 서약 후 미래의 비리만 규제한다."고 유권해석했다. 청렴 서약하기 전에 기밀을 훔치고 청렴 서약해서 사업 따낸 것은 제재할 수 없다는 논리이다. 제재 대상은 청렴 서약한 뒤 기밀을 훔치는 경우이다. 납득하기 어렵지만 방위사업청이 그렇게 해석한 덕에 D사는 큰비를 피했다.*

Ⅱ. 토적성산(土積成山)의 무기들
흙을 쌓아 산을 이루다.

4. 국산 무기 개발의 애환

죽다 살아난 천궁-II

국산 중거리 요격체계 천궁-II는 수출 효자 상품으로 성장한 최첨단 국산 무기이지만 2017년 늦가을만 해도 천덕꾸러기 신세였다. 계획을 앞당겨 양산을 기대하던 차에 정부 고위직들이 엉터리 같은 논리를 들이대며 양산 보류를 압박하는 기상천외한 일이 벌어졌다. 하마터면 태어나지 못할 뻔했다. 다행히 많은 이들이 권력 눈치 안 보고 제 목소리 낸 덕에 지금의 천궁-II가 존재하게 됐다.

정부 눈 밖에 난 국산 요격체계 M-SAM의 운명은…
-2017년 11월 2일 보도-

국산 중거리 요격체계 M-SAM(천궁-Ⅱ)이 요격 시험 성공과 전투적합판정으로 찬사를 받은 지 몇 달 만에 '양산 보류'를 걱정하는 서글픈 처지가 됐습니다. 국방장관이 돌연 양산을 할지 말지 검토하라고 지시하면서부터입니다. 청와대 고위 관계자 입에서는 "M-SAM은 노후한 무기."라는 혹평이 나왔습니다.

M-SAM은 갓 탄생한 첨단 국산 무기입니다. 전력화 시기가 2년 앞당겨질 정도로 성공한 국산 무기 개발 사례입니다. 블록-1은 작년 초부터 전력화되고 있는 항공기 요격용이고, 블록-2는 올 연말 양산을 준비하는 탄도미사일 요격용입니다. 낡기는커녕 신생의 새 무기입니다. 블록-2가 사드(THAAD)만큼은 못해도 미국의 패트리엇 팩-Ⅲ급은 되는데도 국방장관과 청와대 고위 관계자에게는 마뜩잖은가 봅니다.

M-SAM 양산 보류의 진의

지난달 20일 예정됐던 방위사업추진위원회가 갑자기 취소됐습니다. 국방장관이 M-SAM 양산 보류 및 전력 우선 순위 재검토를 지시한 데 따른 조치입니다. 군 안팎에서 "M-SAM 블록-2 양산을 접는 것 아니냐."는 관측이 파다했습니다.

지난달 31일 열린 국회 국방위원회의 국방부 국정 감사에서 내막이 드러났습니다. 국방장관은 "1조 얼마 정도 되는 돈(M-SAM 양산 비용)은 너무나 아까우니 이것(M-SAM)을 같이 해서 L-SAM 개발할 때 같이 가면 거리도 늘리고."라고 말했습니다. 큰돈 들여 M-SAM을 양산하느니 조만간 본격 개발에 돌입하는 국산 장거리 요격체계 L-SAM과 함께 묶어서 다시 개발해 M-SAM의 사거리와 요격 고도를 높여 보자는 뜻입니다.

L-SAM을 개발하는 김에 M-SAM의 사거리와 요격 고도를 높이자는 장관의 말은 난센스입니다. L-SAM 개발 자체가 성공을 장담 못하는 모험인데 한가하게 M-SAM 재개발까지 엮으라니요. M-SAM 블록-2를 양산

하면서 동시에 성능 개량하는 사업을 추진하는 것은 모르겠지만 M-SAM 과 L-SAM을 묶어 개발하자는 말은 M-SAM을 버리자는 말과 다르지 않습니다.

국방장관은 국정 감사에서 "M-SAM은 투자 대비 효과가 적다."고도 했습니다. 겉으로는 양산 보류이지만 비용과 성능을 입에 올리는 국방장관의 속내는 M-SAM 양산 중단으로 읽힙니다. 무기의 개발과 도입을 총괄하는 방위사업추진위원회의 위원장인 국방장관의 의도가 이렇다면 방위사업청과 군은 양산 중지를 우선적으로 검토할 수밖에 없습니다.

청와대 고위 관계자는 "M-SAM은 노후화된 무기 체계."라고 정의했습니다. M-SAM은 작년과 올해 10차례 안팎 요격 시험에 성공해 전투적합판정을 받은 국산 신무기입니다. 국군의 날 기념식에서 대통령이 무기를 사열할 때 한국형 미사일 방어체계 KAMD의 선두에 서기도 했습니다. 그때 처음 대중에게 공개된 무기가 노후됐다니요.

M-SAM은 미국의 패트리엇 팩-Ⅲ급으로 고도 20km 이상에서 적 미사일을 요격할 수 있습니다. 요격 시험에서 북한의 스커드와 노동의 탄두 모양, 낙하 속도를 그대로 본뜬 표적탄을 백발백중했습니다. M-SAM을 개발한 국방과학연구소 ADD에 정통한 군 관계자는 "그들이 뭘 안다고 그런 소리를 하는지 모르겠다.", "M-SAM은 최첨단 국산 무기."라고 목소리를 높였습니다.

M-SAM도 적폐?

정의당 김종대 의원의 국정 감사 발언처럼 M-SAM은 "러시아 기술 훔쳐다가 피땀 흘려 개발한 국산 무기."입니다. 성능도 빠지지 않습니다. 툭하면 비리로 몰리는 결함도 아직까지 없습니다. 그럼에도 높은 분들에게 찍혔습니다.

어렵사리 개발한 국산 무기를 왜 버리려고 할까요. 국방장관은 국정 감사에서 "155마일 휴전선 이북에는 세계에서 가장 밀집된 화력과 병력이 집결했고, 휴전선 이남은 수도권이다.", "이런 환경에서 전쟁을 오래 끌면 안

되니까 최단 시간 내에 전쟁을 끝내야 한다."고 말했습니다. 어차피 북한 미사일이나 장사정포탄을 100% 걷어 낼 수 없습니다. 몇 방은 맞고, 대신 압도적 화력으로 단기에 북한을 초토화하자는 구상입니다.

국방장관의 공세적 전술도 맞습니다. 그렇다고 기왕 개발한 첨단 국산 방어 무기를 버릴 필요까지 있는지 모르겠습니다. "M-SAM은 노후 무기."라는 청와대 고위 관계자는 누군가에 의해 잘못된 정보가 입력된 것 같습니다. 그렇지 않고는 그런 말 못합니다. 정책 결정권자들의 인식이 이런 꼴이니 이번 정부에서도 국산 무기들은 이전 정부 때 못지않게 험난한 길을 걸어야 할 것으로 보입니다.

LIG넥스원의 중거리 요격체계 천궁-II(M-SAM). 정부 고위직들이 낡은 무기라며 양산에 제동을 거는 바람에 하마터면 빛을 보지 못할 뻔한 무기이다. (LIG넥스원 제공)

M-SAM 버리고 SM-3에 집착…바른 선택인가

-2017년 11월 5일 보도-

국산 중거리 요격체계 M-SAM이 풍전등화입니다. "M-SAM은 오래되고

112

낡은 무기여서 돈이 아까울 정도."라는 국방장관과 청와대 고위 관계자의 비하에 M-SAM 양산이 난망해졌습니다. M-SAM의 잠재적 역할을 생각하면 M-SAM 부재의 미래가 벌써 아찔하게 다가옵니다.

국방장관은 M-SAM을 불신하면서 동시에 해군용 요격체계인 미국의 첨단 요격체계 SM-3를 노골적으로 밀고 있습니다. 국방장관의 M-SAM 폄하와 SM-3 도입 주장 사이에는 '방어적 전술에서 공세적 전술로의 전환' 논리가 자리 잡고 있습니다. M-SAM도 방어 무기이지만 SM-3도 초고가의 방어 무기입니다. 공세적 전술을 들이대며 SM-3를 노래하는 국방장관의 논리는 앞뒤가 틀어져도 한참 틀어졌습니다.

M-SAM 없이 KAMD 없다!

M-SAM의 당초 전력화 계획 시점은 지금으로부터 4년 뒤인 2021년이었습니다. 확 단축됐습니다. 개발 성과가 예상보다 좋았습니다. 6년의 연구개발 끝에 지난 6월 전투적합판정이 떨어졌습니다. 연구 개발 중 요격 시험 100% 성공에 이어, 전투적합평가 요격 시험에서 하루에 4발 쏴서 표적탄 3발과 무인 표적기 1대를 모두 요격한 것으로 알려졌습니다.

한국형 미사일 방어체계 KAMD 구축이 시급한 군은 M-SAM 전력화를 2019년으로 2년 앞당겼습니다. 한 요격 무기 전문가는 "M-SAM이 요격 시험에서 북한 단거리 미사일과 기본형 노동 중거리 미사일에 대한 요격 능력을 완벽하게 보여줬다.", "세계적으로도 4개국 정도가 개발한 첨단 무기."라고 말했습니다.

M-SAM은 KAMD의 핵심입니다. 군은 M-SAM 10개 미만 포대, 요격 미사일 500발 정도를 전력화할 예정입니다. 앞으로 들여올 패트리엇 팩-Ⅲ 요격미사일과 기존 요격망의 주력인 패트리엇 팩-Ⅱ 요격미사일을 모두 합쳐야 M-SAM 전력화 예정 미사일 수량과 비슷합니다. KAMD의 중하층을 맡을 전력들 가운데 M-SAM은 양과 질에서 중추적인 위치에 있습니다.

북한은 스커드 미사일만 약 800발 보유하고 있는 것으로 국내외 정보기관들은 추산하고 있습니다. 청와대와 국방장관 의도대로 M-SAM이 빠지면 북한 스커드 800발을 패트리엇 500발로 요격해야 합니다. M-SAM 없이는 패트리엇 미사일 1발로 스커드 2발 가까이 잡아야 한다는 계산이 나옵니다. 대북 요격망에 바로 구멍이 생깁니다.

북한의 대남 공격용 미사일은 스커드 외에도 많습니다. 단거리 KN-02와 중거리 노동도 있습니다. 각각 수백 발입니다. M-SAM이 없다면 1발로 3~4발 요격하는 신기를 기대해야 하는 상황입니다.

물론 국산 장거리 요격체계 L-SAM이 있습니다. 하지만 2020년대에야 전력화를 기대할 수 있습니다. L-SAM 사업은 규모도 작습니다. 요격미사일이 200발 미만입니다. 지금 같은 분위기라면 L-SAM 개발도 성할지 장담 못합니다.

적 미사일 1발에 아군 요격미사일은 최소 2~3발 갖춰야 합니다. 전쟁이 발발하면 북한 미사일 몇 발은 불가피하게 맞아야 한다지만 지금 정부의 생각대로라면 몇 발이 아니라 수십~수백 발 맞을 판입니다.

공세적 전술에서 SM-3의 역할은 없다!

국방장관은 취임 때 "공격적인 군대를 만들겠다."고 일갈했습니다. 북한 미사일 막느라 애쓸 것이 아니라, 먼저 파상 공격해서 전쟁을 단기에 끝내겠다는 생각입니다. 그러면서 대놓고 마케팅하는 무기가 미국의 SM-3입니다. 2023년부터 전력화되는 차기 이지스함을 SM-3로 무장하겠다는 말입니다. SM-3는 방어 무기여서 국방장관의 공격적인 군대와 무관하고, 한반도 전장 환경과도 별로 어울리지 않습니다.

SM-3는 적의 미사일을 중간단계에서 요격하도록 설계됐습니다. 중간단계는 미사일이 비행 중 최고점을 찍을 때를 말합니다. 반면 KAMD는 중간단계를 지나 미사일이 낙하하는 종말단계에서 북한 미사일을 잡겠다는 계획입니다. 국방장관의 말은 KAMD를 확장하겠다는 뜻으로도 풀이됩니다.

맹점이 있습니다. 한반도는 남북 세로의 종심이 짧습니다. 종말단계에서 요격하려고 해도 미사일을 탐지, 식별, 추적해서 요격을 결심하는 데 시간이 모자랄 지경입니다. 아차 하는 순간 북한 미사일은 종말단계의 요격 고도 밑으로 떨어지기 십상입니다. 하물며 종말단계보다 훨씬 일찍 닥치는 중간단계는 말해 무엇하겠습니까. 중간단계에서 요격하기에 한반도는 너무 좁은 땅입니다. 신종우 한국국방안보포럼 책임분석관은 "SM-3는 북한 미사일을 막을 수 없다."고 단정했습니다.

게다가 SM-3는 동해의 이지스함 위에서 내륙을 남북으로 비행하는 북한 미사일을 요격해야 합니다. 장영근 항공대 교수는 "내륙에서 날아가는 미사일을 옆 바다에서 요격하겠다는 발상 자체가 난센스."라고 꼬집었습니다. 반면 해군은 "옆에서 쏴야 잘 맞는다."고 주장하고 있습니다.

북한이나 중국에서 미 본토 또는 괌을 향해 날아가는 미사일은 중간단계에 다다를 때까지 시간이 한참 걸려서 한반도 해상의 SM-3가 동원될 여유가 있습니다.

우리 해군이 SM-3를 도입하겠다고 나서는 순간 중국은 "미국의 미사일 방어체계 MD에 한국이 편입한다."며 사드 배치 때 이상의 반발을 할 것이 뻔합니다. 그럼에도 국방장관은 'SM-3 앓이'를 하고 있습니다.

국산 지대공 '천궁-II' 최종 시험 통과…정부 방해 떨치고 비상하다!

-2021년 8월 19일 보도-

국방기술품질원이 어제 국산 중거리·중고도 요격체계 천궁-II가 품질인증사격시험에 성공했다고 밝혔습니다. 지난달 21일과 이달 18일 국방과학연구소 ADD의 안흥시험장에서 군 납품 예정인 천궁-II 양산품의 탄도탄, 항공기 요격 시험에서도 백발백중했습니다. 연구 개발 단계에서 충족된 성능이 양산품에도 동일하게 구현되는지 확인하는 절차를 통과한 것입니다.

천궁-II는 미국의 패트리엇 팩-III급 요격체계입니다. 고도 20~40km에서 적 미사일과 항공기를 요격하는 지대공 미사일입니다. 한국형 미사일 방어체계 KAMD의 중추가 될 무기입니다. 품질인증사격시험 통과로 이제는 본격 양산에 들어갑니다. 항공기만 요격할 수 있는 천궁-I은 이미 전력화를 시작했습니다. 1년여 후면 미사일 잡는 천궁-Ⅱ 포대도 공군에 배치될 전망입니다.

천궁-Ⅱ는 험한 길을 걸어왔습니다. 개발도 어려웠지만 제일 큰 난관은 정책 결정 과정이었습니다. 1,400억 원 들여 어렵사리 개발을 마쳤는데 청와대 고위 관계자와 국방장관이 "노후된 무기이다.", "비싸다."는 말도 안 되는 이유를 들어 양산을 막았습니다. 당시의 직책에서 물러난 그들은 천궁-Ⅱ의 품질인증사격시험 성공을 보며 어떤 생각을 할지 궁금합니다.

죽다 살아난 천궁-Ⅱ

2017년 9월 28일 제69주년 국군의 날 기념행사에서 우리 군 전략무기들이 대거 공개됐습니다. 현무 계열 탄도·순항 미사일과 함께 개발이 막 끝난 국산 중거리·중고도 지대공 요격체계 M-SAM, 즉 천궁-Ⅱ도 등장했습니다. 장내 아나운서가 '원샷원킬(one-shot one-kill)의 요격체계'라고 소개했습니다.

천궁-Ⅱ는 말 그대로 원샷원킬의 성능을 보여줬습니다. 1년여 간 5차례 요격 시험에서 표적탄을 100% 떨어뜨려 2017년 6월 전투적합판정을 받았습니다. 요격 시험은 스커드, 노동미사일과 레이더 전파 반사 면적이 똑같이 설계된 표적탄이 음속 몇 배 속도로 낙하하는 것을 맞춰 떨어뜨리는 방식으로 진행됐습니다. 그 정도 성능을 보여줬으니 대통령이 주관하는 국군의 날 행사에 현무와 함께 위용을 드러냈던 것입니다.

속히 양산해 KAMD의 허리를 맡겨야 했습니다. 뜻밖의 장애물이 나타났습니다. 정의당 김종대 의원이 "M-SAM 성능 개량 사업이 국방장관 지시로 전격 중단됐다."고 폭로했고, 곧바로 장관이 인정했습니다. 같은 해 10월 31일 국정 감사에서 국방장관은 "(SM-3 무장 가능한) 이지스가 곧 들어오는데 그것(천궁-Ⅱ 양산)을 하면 낭비다. 돈을 먼저 생각했고, 그다음에 전술적인 생각을 했고······."라고 말했습니다. 청와대 고위 관계자도 "천궁-Ⅱ는 노후된 무기 체계."라며 장관을 거들었습니다.

국방장관과 청와대 고위 관계자의 발언을 종합하면 차기 이지스함에 중간단계 요격용 미국제 SM-3를 장착하고, 대신 개발을 막 마친 국산 천궁-Ⅱ는 도태시키자는 것이었습니다. 국방장관과 청와대 고위 관계자의 뜻이 그러하니 천궁-Ⅱ의 운명은 바람 앞의 촛불이었습니다.

SM-3의 요격 고도는 150km 이상으로 알려졌습니다. 북한이 한반도를 표적으로 미사일 공격을 한다고 가정했을 때 정상적인 발사라면 북한 미사일은 150km까지 올라갈 일이 없습니다. 그런데도 미국제 SM-3를 사자고 국산 천궁-Ⅱ를 포기하라니 여론의 반발이 거셌습니다. 상황이 심상치 않다고 판단했는지 국방장관과 청와대 관계자는 슬쩍 발을 뺐습니다. 그래서 어제 마침내 천궁-Ⅱ 품질인증사격시험 성공 소식을 듣게 된 것입니다.

천궁-Ⅱ의 역할은

천궁-Ⅱ가 없으면 KAMD도 없습니다. KAMD는 중층 대공 방어망입니다. 종말단계의 고고도, 중고도, 저고도에서 각각 적 미사일을 요격하는 구상이고, 천궁-Ⅱ는 패트리엇 팩-Ⅲ와 함께 중고도를 맡습니다. 고고도는 현재 개발 중인 국산 L-SAM과 미국 사드가, 저고도는 패트리엇 팩-Ⅱ가 책임집니다.

군은 천궁-Ⅱ 10개 미만 포대, 요격미사일 수백 발을 전력화할 예정입니다. 현재 도입하고 있는 패트리엇 팩-Ⅲ 요격미사일과 기존 요격망의 주력인 패트리엇 팩-Ⅱ 요격미사일을 합쳐야 천궁-Ⅱ 물량 정도입니다. KAMD의 중하층을 맡을 전력 가운데 천궁-Ⅱ는 양적, 질적으로 결정적 지위를 차지합니다. 모두 함께 그야말로 원샷원킬, 백발백중해야 빠듯하게 북한 미사일의 공격을 막아 낼 수 있습니다. 정부 고위급들은 그런 천궁-Ⅱ를 없애려고 했습니다. 지금 돌아봐도 아찔했던 장면입니다.

천궁-Ⅱ는 이제 마음껏 날아오를 일만 남았습니다. 방위사업청도 어제 "수출 전망이 밝다."고 했습니다. 천궁-Ⅱ는 한국 방산의 역대급 수출 효자가 될 잠재력을 지니고 있습니다. 성공리에 개발해 낸 ADD, LIG넥스원, 한화시스템, 한화디펜스에 경의를 표합니다.

Ⅲ *LIG넥스원과 한화시스템 등은 2024년 2월 사우디아라비아와, 2022년 1월 UAE와 각각 천궁-Ⅱ 수출 계약을 체결했다. 천궁-Ⅱ는 권력자들의 미움을 떨치고 날아올랐다. 중동의 까다로운 두 강대국의 선택을 받은 만큼 추가 수출도 기대된다.*

장약 폭발에 돌팔매, K9

2017년 8월 K9 자주포 폭발 사고가 발생했다. 언론과 정치권은 K9을 맹목적으로 공격했다. 특히 언론들은 과거 K9 관련 사고를 되짚으며 K9이 구조적으로 결함이 많은 국산 무기라고 몰아붙였다. 놀랍게도 그들의 지적은 단 하나도 사실이 아니다. 가짜뉴스를 견뎌 낸 K9은 현재 보란 듯이 없어서 못 파는 세계적 자주포로 우뚝 섰다.

보수 야당들의 'K9 사고' 논평…"누워서 침 뱉기"

−2017년 8월 20일 보도−

　자유한국당은 강원도 철원군 육군 모 부대에서 발생한 K9 자주포 화재 사고와 관련한 논평을 어제 냈습니다. 아까운 장병들이 희생돼 누구나 안타까워하는 사고였으니 숨진 장병들의 명복과 부상 장병들의 쾌유를 비는 논평일 줄 알았습니다.

　아니었습니다. 자유한국당 논평은 군을 비꼬고, K9 자주포를 비하했습니다. 이번 사고를 기회 삼아 군을 흔들고, 그 여파가 정권에 미치게 하자는 의도가 엿보였습니다. 바른정당은 K9의 고장 횟수를 들먹이며 K9을 부실 무기라고 힐난했습니다.

　하나같이 잘못 짚었습니다. 야권은 정부 여당과 한 오라기 실이라도 걸쳐져 있는 안보 사안이라면 핏대부터 올리곤 합니다. 이번에는 누워서 침 뱉기 한 것 같습니다.

연평부대의 K9은 강력했다

　자유한국당은 논평에서 K9 자주포를 두고 "2010년도 연평도 도발 당시에도 6문 중 3문이 작동하지 않아 제대로 된 대응을 하지 못했던 그 자주포."라고 비난했습니다. 그렇지 않습니다.

　2010년도 11월 23일 오후 2시 34분 북한 개머리 해안의 방사포가 연평도를 공격했을 때 해병대 연평부대 포7중대의 K9 자주포 6문 중 1문만 훈련 중 포신에 포탄이 걸려 작동 불능이었습니다. 3문은 북한 방사포탄에 맞았습니다. 불길 속에서 하나를 고쳐 1차 대응사격 때는 3문이 나섰습니다. 바로 옆에서 포탄이 터지는 상황에서 포7중대원들은 싸우면서 수리했고, 2차 대응사격 때는 4문으로 쐈습니다.

　자유한국당 주장대로 포7중대는 제대로 된 대응을 하지 못했을까요? 적의 포탄을 맞으면서 13분 만에 대응사격했습니다. 포병 출신이라면 13분의 의미를 잘 알 것입니다. 산전수전 겪은 미군의 한 장군은 연평도를 방문해 포7중대가 대응사격에 걸린 시간을 보고 받고는 입을 다물지 못했습니다.

원점 타격에 실패했다는 비판도 잘못됐습니다. 그때는 대포병 레이더를 운용하는 타군 병사가 무서워서 도망쳐 버린 상황이었습니다. 원점 좌표 자체가 없었습니다. 반격이 불가능했을 법한데 포7중대원들은 2010년 1월 1일부터 11월 23일까지 비사격 훈련을 455회나 해서 눈 감고도 사격할 수 있는 '자주포 머신'이었습니다. 원점 좌표가 없으니 북한 도발 직전에 훈련했던 좌표인 무도를 쏴서 무도 주둔 북한군에 큰 피해를 입혔습니다. 개머리 해안이든 무도 진지든 보복을 했으니 됐습니다.

뒤늦게 타군으로부터 받은 원점의 좌표는 높낮이가 없는 엉터리였습니다. 그래서 K9 자주포의 탄이 다소 빗나갔습니다. 그렇다고 해도 연평부대 포7중대의 대응은 영웅적이었고, K9 자주포는 빛났습니다.

24시간 만에 사고 원인 확인하라?

군은 사고 직후부터 원인을 조사하고 있습니다. 화재인지 폭발인지 윤곽이 잡혔다고 해도 발표는 신중해야 합니다. 장비 결함일 수도 있고, 정비 부실일 수도 있습니다. 어느 쪽이냐에 따라 책임 추궁의 대상, 책임의 크기가 달라집니다. 최종적으로 확인된 것만 공개해야 합니다. 급하면 일을 그르칩니다.

그래서 "24시간 이상 지났는데 사고 원인 파악 못했다."고 몰아치는 자유한국당 논평은 틀렸습니다. 같은 논평은 "철저히 검증하고 확실히 책임을 물으라."고도 했는데 그렇게 하기 위해서라도 차분하게 시간을 두고 사고를 조사해야 합니다.

K9 자주포는 명품 국산 무기입니다. 최근 인도 수출이 확정됐습니다. 러시아와 관계가 좋은 인도에서 러시아 자주포와 경쟁해서 이겼습니다. 제 아무리 명품이라도 결함은 발생하고, 사고를 피하기 어려운 것이 무기의 현실입니다. 그럼에도 바른정당은 최근 5년 동안 K9 고장 횟수가 1,708회라며 K9을 부실 무기라고 성토했습니다.

모르는 사람이 들으면 K9은 외국에서 수입한 천덕꾸러기로 오해할 것 같습니다. 국산 K9은 500문 이상 전력화된 포입니다. 1년에 한두 번 정도 고장이 발생해 정비를 받는다고 해서 부실 무기라고 하면 지구상의 모든 무기는 부실 무기입니다. 어떻게 해서든 국산 무기를 깎아내리려는 행태는 이전 정부에서 질리도록 봤습니다. 그만했으면 좋겠습니다.

무기라는 것은, 특히 포라는 것은 강력한 폭발을 제어하는 장비입니다. 위험천만한 물건입니다. 남북 분단을 살아 내야 하니 푸른 젊은이들은 공포의 포를 만질 수밖에 없습니다. 좀 더 잘 만들고, 좀 더 세밀하게 정비해서 더 이상의 희생은 없도록 해야 하겠습니다.

K9 판박이 사고 은폐?…도 넘은 국산 무기 죽이기

-2017년 8월 23일 보도-

"2년 전에도 지난 18일 발생한 K9 사고와 판박이 사고가 있었다!"
"군은 원인 조사도 없이 은폐했다!"
"사고 원인이 밝혀지지 않았는데 어제와 오늘 100발 이상 쐈다!"
"1997년에도 K9 자주포 사고로 한 명이 숨졌다!"
"2013년에는 K9 부품 납품업체가 공인 시험성적서를 조작했다!"

어제 진보와 보수 매체들이 앞서거니 뒤서거니 '단독' 타이틀 달고 K9 관련 과거 사고들을 보도했습니다. 매체들은 마치 확인된 팩트인 것처럼 단정적으로 보도했지만 하나같이 사실과 다릅니다. 도대체 무엇을 위해 국산 무기를 이토록 매도할까요. 매체들의 주장들을 따르자면 국산 무기는 애초에 만들 생각도 하지 말았어야 했습니다.

2년 전 사고는 '제퇴기' 개발 과정

매체들은 지난 2015년 8월 국방과학연구소 ADD의 시험장에서 K9 자주포 시험사격 중 폐쇄기에서 연기가 피어오르며 불이 났다고 보도했습니다. 지난 18일 사고와 판박이이고, 그때 군은 정확한 조사도 없이 은폐했다고 했습니다. 어떤 매체는 과감하게 K9의 고유 결함 쪽으로 몰아갔습니다.

아닙니다. 우선 K9 시험사격이 아닙니다. 모 업체가 개발한 제퇴기를 시험 평가하는 자리였습니다. 제퇴기는 자주포나 전차의 포신 제일 앞부분에 있는 장치로 화염을 포신 밖으로 내보내는 역할을 합니다. 자주포가 아니라, 새로 개발한 제퇴기를 시험 평가하던 중 사고가 났습니다.

이런 경우 시험 평가는 야전부대에 보급된 것보다 훨씬 강력한 장약으로 해봅니다. 야전부대에서 사용하는 1~6호 장약 대신, 초고압 장약을 포에 넣었습니다. 10호 장약 정도의 폭발력을 내서 실전에서는 사용하지 않는 장약입니다. 2년 전 K9 사고는 초고압 장약의 폭발이 촉발한 것입니다.

국산 무기는 이렇게 개발합니다. 목숨 걸고 합니다. 국산 무기는 그럴 만한 가치가 있으니까 국방과학자들은 위험을 무릅씁니다.

사격 훈련 중지했다더니 100여 발 사격?

군은 18일 사고 원인이 밝혀질 때까지 K9 교육과 훈련을 위한 사격을 중지한다고 밝혔습니다. 어제 한 매체는 "군이 작전 목적 외의 사격은 전면 중지한다고 해놓고 ADD는 어제와 오늘 100여 발을 쐈다."고 보도했습니다.

쏠 만하니까 쐈습니다. K9 생산업체인 한화테크윈(현 한화에어로스페이스)은 군이 발주한 K9을 지금도 생산하고 있습니다. 한화테크윈이 만든 K9은 그냥 군에 넘겨주지 못합니다. ADD가 몇 문 뽑아서 시험사격해보고 합격 판정해야 한화테크윈은 납품할 수 있습니다.

말하자면 불량 방지를 위한 품질관리입니다. 그 매체의 보도는 시험사격도 하지 말고 군에 K9을 공급하라는 뜻입니다. 안 됩니다. 시험사격도 않고, 불량이 있는지 없는지도 모른 채 장병들 앞에 K9을 갖다 놓을 수는 없습니다.

1997년에도 비슷한 사고가 있었다?

1997년에도 K9 사고가 있었습니다. 바로 봐야 할 것은 시점입니다. 1997년은 K9이 전력화되기 전입니다. 당시는 삼성테크윈과 ADD가 K9을 개발하고 있을 때였습니다. 언론 보도대로라면 국산 무기는 개발이 끝나기 전에도 완벽해야 합니다. 어머니 배 속에 있는 태아가 걷고 뛰고 공부해야 한다는 소리와 같습니다.

1997년 사고는 18일 사고처럼 3번째 사격에서 발생했습니다. 2번째 시험사격 때 불완전 연소한 장약의 불씨가 3번째 사격을 위해 장전된 장약에 옮겨붙어 화재와 폭발로 이어졌습니다. 이 사고로 사수석에 앉아 있었던 삼성테크윈 정동수 대리가 심한 화상을 입었고, 한 달 뒤 부인과 어린 아들을 남겨 놓고 숨을 거뒀습니다. 34세였습니다.

앞서 언급했듯이 국산 무기는 이렇게 개발합니다. K9은 정 대리 같은 연구진의 희생을 딛고 탄생한 국산 무기입니다. 1997년 사고는 무지하고 무책임한 언론이 마치 비리처럼 들먹일 사고가 아닙니다. 해당 보도는 K9을 위해 목숨 바친 정 대리에 대한 모독입니다.

K9 부품업체가 공인 시험성적서 조작?

한 매체는 "2013년에는 K9 부품 납품업체가 공인 시험성적서를 조작했다."며 K9에 방산 비리의 낙인을 찍었습니다. 2013년 공인 시험성적서 조작 사건이 도대체 어떤 내용인지도 모르면서 말입니다.

시험성적서가 조작됐다는 부품은 장병들이 K9 장착 기관총의 총열을 교체할 때 쓰는 장갑의 팔목 부분에 들어가는 고무줄입니다. 장갑 고무줄 몇천 개면 가격이 얼마쯤 할까요. 고무줄이라도 시험성적서 받으려면 10만 원은 필요합니다. 부품 가격과 상관없이 시험성적서를 받으라는 것이 법이지만, 삼성테크윈 직원은 영세업체에 그런 성적서까지 내라고 말하기가 미안했습니다. 시험성적서를 받은 것처럼 관련 서류를 처리했습니다.

'K9 고무줄 비리'는 국방기술품질원의 모 씨가 위에 잘 보여 좋은 자리 하나 얻어 보려고 무리하게 방산 업체들 들볶아서 찾아낸 것입니다. 비리라면 비리입니다. 하지만 이토록 돌팔매 맞을 일은 아닙니다.

국산 무기에 작은 흠결이라도 생기면 세상은 방산 비리라며 물어뜯습니다. 국산 무기 말살하는 데는 보수, 진보가 따로 없습니다. 국산 무기 개발은 포기하고, 죄다 미국과 유럽에서 수입해서 써야 직성이 풀리겠습니까.

국산 무기는 국산 자동차, 국산 컴퓨터와 다릅니다. 만들기 참 어렵습니다. 미국은 절대로 핵심 기술 안 줍니다. 미국은 우리나라가 미국 통제에서 벗어나 북한과 맞붙을까 봐 최고의 무기는 팔지도 않습니다. 국산 무기는 그래서 자주국방의 창끝이고, 상징입니다. 오늘도 많은 국방과학자들은 방산 비리꾼이라는 욕을 얻어먹으면서도 위험 속에서 국산 무기를 만들고 있습니다.

한화에어로스페이스의 K9 자주포. 현재는 K-방산의 대표주자이지만, 2017년 단 한 번의 폭발 사고로 존망의 고초를 겪었다. (한화에어로스페이스 제공)

K9 자주포, 국내서 뭇매 맞고도 노르웨이 수출

-2017년 12월 14일 보도-

국산 K9 자주포가 노르웨이로 수출됩니다. 24문입니다. K9과 함께 사상 처음 수출되는 K10 탄약운반장갑차 6대를 합쳐 2,452억 원 규모입니다. 올 들어 3번째 K9 수출로, 누적 수출액은 1조 6,000억 원을 돌파했습니다. 지상 무기 체계로는 국내 최고 기록입니다. 국산 무기가 해외에서 좋은 평가를 받고 있다는 반가운 소식입니다.

격세지감이 듭니다. 넉 달 전만 해도 몹쓸 국산 자주포라는 비난에 시달렸습니다. 철원의 육군 부대에서 생긴 폐쇄기 폭발 사고 때문입니다. 야당과 일부 언론 매체들이 하이에나처럼 달려들어 K9을 물어뜯었습니다.

K9 자주포에 생트집을 잡던 한 매체는 K9 노르웨이 수출 소식에 "국산 무기의 우수성을 알렸다."며 뻔뻔한 보도를 했습니다. 2년 전 황기철 전 해군참

모총장을 방산 비리의 우두머리라고 몰아붙이다가 황기철 전 총장이 대법원 무죄 판결에 이어, 정부로부터 훈장을 받자 영웅 만들기의 선봉에 섰던 바로 그 매체입니다.

또 걱정입니다. 조만간 육군이 8월 K9 자주포의 사고 원인 조사 결과를 발표할 텐데 사고 원인을 K9으로 돌릴 것이 불을 보듯 합니다. 개발과 생산을 맡은 당사자는 배제한 채 자주포 운용을 맡은 측이 조사를 했으니 사고 원인은 개발과 생산 쪽으로 몰아갈 테지요. "K9 자체의 부실함이 사고를 불렀다." 로 조사 결과가 나온다는 뜻입니다. 노르웨이 수출로 잠깐 찬사를 받고 있지만 곧 K9 죽이기 바람이 다시 불 것 같습니다.

K9, 독일·프랑스·스위스 자주포 눌렀다!

노르웨이 육군의 차기 자주포 시험 평가는 작년 1월부터 시작됐습니다. 동계 시험 평가, 제안서 평가, 실사를 종합해 K9은 독일과 프랑스, 스위스 자주포를 넉넉히 따돌렸습니다. 한화지상방산(현 한화에어로스페이스) 관계자는 "기후, 지형 조건을 불문하고 K9이 탁월한 성능을 보여주며 노르웨이 군 관계자들의 극찬을 받았다."고 말했습니다.

현지 시간 지난 20일 노르웨이 국방부에서 계약이 체결됐습니다. K9 자주포 24문과 K10 탄약운반장갑차 6대를 2020년까지 공급하기로 했습니다. 자주포와 탄약운반장갑차를 합쳐 2,452억 원입니다.

이번 계약으로 K9은 올해만 3번째 수출에 성공하는 기염을 토했습니다. 핀란드 48문, 인도 100문입니다. 모두 합쳐 8,100억 원어치 팔았습니다. 이에 앞서 튀르키예에 280문, 폴란드에 120문이 나갔으니 총 572문 수출 기록입니다. 액수로는 1조 6,000억 원이 넘습니다. 국내에서는 난타 당하지만 해외에서는 꾸준히 팔리는 품이 세계적 스테디셀러의 기운이 느껴집니다.

1998년 독자 개발돼 2000년부터 실전배치된 K9은 최고 시속 67km에, 최대 사거리 40km, 발사 속도는 분당 6~8발입니다. 48발의 포탄을 적재할 수 있습니다. 이번에 처음 수출된 K10 탄약운반장갑차는 포탄 104발과 장약 504유닛을 적재할 수 있습니다. 자동으로 분당 10발을 자주포로 옮깁니다. 미군이 부러워하는 장비입니다.

국내 뭇매 이겨 냈지만 또 날아올 화살들

지난 8월 K9 폐쇄기 폭발로 장병들이 숨지는 안타까운 사고가 발생했습니다. 희생양을 찾아야 했습니다. 국산 무기는 만만해서 너도나도 K9을 헐뜯었습니다. "2년 전에도 판박이 사고가 있었다.", "5년간 1,708회 고장 났다.", "시험성적서 조작하는 비리를 저질렀다.", "1997년에는 화재로 연구원이 숨졌다." 등입니다. 대충 줄인 트집들이 이 정도입니다. 사실무근의 거짓 주장들입니다.

산 넘어 산입니다. 오는 8월 K9 자주포 사고 조사 결과가 발표됩니다. 대충의 내용이 알려지고 있습니다. 예상대로 K9 자체에 책임을 묻고 있습니다. 하지만 조사는 구조적으로 불공정했습니다. 육군이 공정하게 조사한다는 명목으로 K9 자주포를 가장 잘 아는 전문가들을 이해당사자라며 조사팀에서 배제한 것입니다.

육군이 말하는 이해당사자는 K9을 설계한 국방과학연구소와 K9을 생산한 한화지상방산입니다. 이번 조사의 책임 주체인 육군도 이해당사자입니다. K9 자주포를 운용한 직접적인 이해당사자입니다. 설계를 한 이해당사자와 생산을 한 이해당사자는 빼고 운용을 한 이해당사자만 참여해 조사했더니, 사고 원인은 운용에 없고 설계와 생산 쪽에 있다고 하면 다들 수긍할까요. 얕은 수입니다. 조사가 공정했든 불공정했든 또 한바탕 K9 짓밟기가 예상됩니다.

정찰위성 발목 잡기

 2023년 12월 미국 캘리포니아의 반덴버그 우주 기지에서 우리 군 정찰위성 EO/IR 1호기가 발사됐다. 북한의 핵과 미사일 기지를 감시하기 위해 정찰위성 5기를 확보하는 425사업의 첫 결실이다. 2024년 4월 SAR 2호기도 무난하게 우주로 올라갔다. 웅장한 정찰위성 발사 성공의 이면에는 수년간 이어진 정부 기관들의 발목 잡기 파행이 있었다. 제 욕심 채우겠다고 달려드는 기관들 탓에 노심초사 허송세월이 길었다.

너도 나도 군침…정찰위성이 뭐길래

-2017년 8월 3일 보도-

북한의 핵과 미사일 기지를 감시하다 도발 징후가 보이면 선제타격하는 킬체인(Kill chain)의 눈, 정찰위성 개발을 위한 425사업을 두고 벌이는 정부 기관들의 행태가 목불인견입니다. 2020년~2022년까지 개발해 띄울 정찰위성 5기를 군이 온전히 사용해도 킬체인이 역할을 할지 장담 못하는데 국정원과 미래부가 밥그릇 앞세워 달려들고 있습니다.

국방부가 나서서 정찰위성을 지켜야 하지만 아무 목소리 못 냅니다. 정찰위성이 반쪽이 돼도 괜찮다는 듯 다른 부처의 과욕을 강 건너 불구경하고 있습니다. 무책임합니다.

킬체인은 북한 핵과 미사일 선제타격의 요체이고, 전작권 전환의 핵심 조건입니다. 군이 온전하게 정찰위성을 운용하지 못하면 킬체인은 외눈박이 신세가 됩니다. 이렇게 사공이 많으면 정부가 계획하는 2020년대 중반은커녕 2030년이 돼도 킬체인 구축은 요원할 것입니다.

국정원, 정찰위성의 모든 것 '수신관제권'에 군침

2022년까지 띄울 킬체인의 정찰위성 5기로는 북한의 핵과 미사일 기지, 이동식 미사일 발사차량만 살펴보기에도 빠듯합니다. 북한의 주요 지점을 24시간 샅샅이 보려면 정찰위성 5기가 아니라 10기로도 부족합니다. 돈이 없으니 5기로 알뜰살뜰 꾸려 보자는 것입니다.

사정이 이러한데 국정원이 재작년쯤 느닷없이 정찰위성을 통제하고 정보를 받아 관리하는 수신관제권을 요구하고 나섰습니다. 국정원이 정찰위성 5기의 비행을 통제하고, 위성이 찍은 북한 사진과 각종 정보를 먼저 평가한 뒤 군에 넘기겠다는 생각입니다. 킬체인을 접자는 말과 다르지 않습니다.

정찰위성이 북한 미사일 기지의 도발 징후를 포착하면 군은 수 분 내에 분석하고 결심해서 현무, 타우러스 미사일 같은 무력으로 북한을 공격해야 합니다. 국정원이 중간에 끼면 포착과 분석, 결심에 수 분이 아니라, 수 시간이 걸릴 수도 있습니다. 아예 군이 정밀관측해야 하는 장소를 못 볼 수도 있습니다. 애초에 국정원이 개입할 사업이 아닙니다.

천신만고 끝에 작년 2월 군과 국정원이 정찰위성을 공동 운용하는 쪽으로 정리됐습니다. 두 눈 부릅떠도 시원치 않은 판에 한 눈 감고 북한을 감시하자는 합의입니다. 국정원을 견제할 권력이 국방부에 없기 때문에 말이 공동 운용이지, 국정원 위주로 운용될 가능성이 큽니다.

킬체인이 봐야 하는 곳과 국정원이 보고 싶은 곳은 다릅니다. 군의 킬체인은 북한의 군사 시설을, 국정원은 군보다 훨씬 폭넓게 북한 내부를 보고 싶어 합니다. 국정원이 정찰위성에 손을 대면 정찰위성은 킬체인 기능을 상당폭 상실합니다. 국정원이 그렇게 정찰위성을 갖고 싶다면 국정원 예산으로 위성을 쏴야 합니다.

2024년 4월 미국에서 발사된 한국군 정찰위성 2호기. 국정원은 수신관제권을 요구하고, 항우연은 위성 제작의 지분을 챙기려 했으며, 감사원은 사업 개시 전부터 시비를 거는 통에 개발 착수까지 수년을 허비했다. (국방부 제공)

미래부, "항우연이 개발해야…전력화 시기는 모르겠고"

정찰위성 사업의 파행은 계속됐습니다. 작년 2월 이후 미래부가 참전했습니다. 군의 지휘를 받는 국방과학연구소 ADD에만 위성 개발을 맡기지 말고, 미래부 관할의 항공우주연구원과 나눠서 개발하자는 것입니다. "전력화 시기가 다소 늦춰지더라도 항우연의 독자적 기술을 적극 활용하자."는 명분을 내세웠습니다. 결국 정찰위성 5기 가운데 SAR 위성 4기는 ADD가, EO/IR 위성 1기는 항우연이 주관해 개발하기로 합의됐습니다.

항우연 독자 기술로 정찰위성을 띄우면 금상첨화입니다. 문제는 시간입니다. 항우연은 기존에 계획된 다른 위성들을 만드는 데도 시간과 인력이 부족한 실정입니다. 미리 계산해두지 않은 군용 정찰위성 개발에 시간을 더 달라는 입장입니다. 달리 말하면 정찰위성 전력화를 늦춰달라는 요구입니다. 킬체인 구축 지연도 불사하는 배짱입니다. 북한의 대남 미사일 공격도 킬체인 구축 이후로 연기해주면 좋겠지만 그럴 리 없습니다.

국정원과 미래부가 정찰위성 사업에 발을 집어넣는 통에 3년째 민간 위성 개발업체를 선정하지 못하고 있습니다. 정찰위성 사업이 3년 동안 중단된 것입니다. 기자가 국정원과 미래부에 도대체 무슨 생각을 하고 있냐고 물었더니 두 기관 모두 "보안 사항이니 말할 수 없다."고 답했습니다.

비겁하고 무책임한 국방부

국정원과 미래부가 부당하게 행동하면 군은 당당히 맞서야 했습니다. 지은 죄가 많아서 일까요. 대신 싸워 주겠다는 측에도 입을 다물고 있습니다. 일이 이 지경까지 흘러왔지만 국방부 고위 관계자는 "정찰위성 사업 잘 되고 있다."라는 말만 반복하고 있습니다.

킬체인이 망가지든 말든 당장의 번거로움은 피하자는 투입니다. 킬체인의 약화는 대북 방어력의 훼손입니다. 이를 방기하는 것은 직무유기입니다. 온 나라를 혼자 지킬 듯 말은 폼 나게 늘어놓지만 국방부의 실상은 이렇습니다.

킬체인 정찰위성 사업 개시…헛심 쓰는 감사원

-2017년 11월 20일 보도-

북한의 핵과 미사일, 지휘부 등 핵심 시설을 선제타격하는 작전인 킬체인의 눈, 정찰위성 425사업이 지난 8월 군의 방위사업추진위원회 의결로 시작됐습니다. 국정원, 과학기술정통부, 한국항공우주연구원이 각기 욕심 채우려고 달려드는 바람에 3년 이상 시간을 지체하고 겨우 시동을 걸었습니다.

현재는 정찰위성을 개발할 사업자를 선정하는 절차가 진행 중입니다. 정찰위성 발사를 위해 첫 삽을 뜬 셈입니다. 이번에는 감사원이 끼어들었습니다. 사업자를 선정하지도 않았는데 감사라……. 정찰위성을 개발하기 위해 한 걸음 내딛자마자 비리가 생겼을까요.

감사원 10월 말 질의의 숨은 뜻은?

감사원은 지난달 말 국방부, 합참, 국방과학연구소 ADD, 과기정통부, 항우연 등에 정찰위성 사업 관련 질의서를 보낸 것으로 확인됐습니다. "감사원의 질의서에 항우연의 논리가 녹아 있다."는 말이 군 관계자들 사이에서 나오고 있습니다. 정찰위성 사업에 정통한 인물은 "감사원이 정찰위성을 개발할 수 있는 항우연과 ADD의 인력과 설비 등을 나열하고 기한 내에 개발할 수 있다는 일종의 서약서를 관련 기관들에 요구했다.", "감사원은 항우연의 서약서를 신뢰하고 있다."고 말했습니다.

항우연은 전문적으로 위성만 개발하는 기관입니다. 감사원이 따져 보지 않아도 위성 개발을 위한 인력, 설비 면에서 항우연이 ADD보다 낫다는 것은 주지의 사실입니다. 다만 항우연은 다른 위성 만드느라 정찰위성을 개발할 여력이 없습니다.

ADD는 한국 국방과학의 중추라는 기초 체력을 바탕으로 정찰위성 개발을 준비해 왔습니다. 간단치 않은 수준에 오른 것으로 알려졌습니다. 군 당국은 ADD의 위성 개발이 가능하다고 단언하고 있고, 정부는 정책적으로 ADD의 위성 개발을 결정했습니다. 항우연은 성심성의껏 ADD의 정찰위성 개발을 도우면 됩니다. 이제 와서 감사원이 ADD와 항우연의 키 재기를 할 필요가 있는지 모르겠습니다.

과기정통부와 항우연, 국정원이 군의 정찰위성에 욕심을 내는 바람에 3년 이상 시간을 허비한 끝에 일종의 425사업 공식이 세워졌습니다. 북한의 미사일을 감시할 정찰위성 전력화는 늦출 수 없고, 정찰위성 5기의 수신관제권은 군이 행사해야 한다는 것입니다. 즉 국정원과 과기정통부, 항우연이 한발 물러서 올 초 군 주도로 정찰위성을 개발하고 운용하기로 합의가 끝났습니다. 늦었지만 다행입니다. 감사원이 이 합의에 대해 문제제기를 할 의도가 없기를 바랍니다. 감사원이 봐야 할 곳은 따로 있습니다.

감사원이 주목해야 할 정찰위성 사업의 쟁점들

감사원은 이전에도 방위사업청, ADD 등을 대상으로 정찰위성 사업 준비 과정을 들여다본 적이 있습니다. 사업 시작 전에 감사 활동을 한 것도 이례적이지만 그때도 지금처럼 어느 한쪽의 의견에 기울어진 듯한 질의서를 관련 기관에 보낸 것도 이상합니다. 사업이 좀 가도록 기다렸다가 들여다봐도 될 것을, 자꾸 초장에 재를 뿌리는 격입니다.

정찰위성이 정 걱정된다면 감사원은 어떻게 하면 미래지향적으로 더 일찍 더 좋은 정찰위성을 띄울까 함께 고민해야 할 것입니다. ADD가 민간 업체들과 함께 적시에 좋은 성능을 내는 정찰위성을 개발할 수 있는지, 정찰위성 5기가 계획대로 발사됐을 때 킬체인의 작전 성과는 얼마나 되는지, 독자 개발을 못할 것 같다면 해외 도입 및 기술 이전 같은 대안은 없는지, 대안이 있다면 어떻게 사업을 이끌어 가야 하는지, 꼭 짚어 봐야 하지만 방치된 쟁점들이 많습니다.

감사원의 양동작전…또 갈피 못 잡는 정찰위성

-2018년 4월 3일 보도-

정찰위성 띄우기 참 어렵습니다. 한 발 내디딜 때마다 발목 잡기에 걸려듭니다. 감사원이 사업 개시 전부터 정찰위성 사업을 감사하더니 "군이 부처 간 합의 및 우주개발진흥법을 위반했다."는 잠정결론을 내린 것으로 알려졌습니다. 과기정통부와 항공우주연구원이 주장하던 입장을 그대로 수용한 셈입니다.

이와 동시에 방위사업청에 파견된 감사원의 과장급 인사는 정찰위성 사업자 선정 과정을 문제 삼아 업체의 본계약 체결을 막고 있습니다. 방위사업청 파견 감사원 과장이 본계약을 붙들고 있는 사이, 감사원의 감사위원회를 열어 잠정결론을 의결하면 군의 정찰위성 사업은 공중분해 됩니다.

흡사 양동작전을 보는 듯합니다. 청와대가 국방부, 방위사업청, 국방과학연구소 ADD뿐 아니라, 국정원과 과기정통부, 항우연을 불러 교통정리한 사업을 감사원이 개입해 백지화하는 꼴입니다. 군 정찰위성 사업이 차질을 빚으면 연쇄적으로 킬체인 구축이 늦어지고 전작권 조기 전환도 물 건너갑니다.

감사원 "정찰위성 사업은 우주개발진흥법 위반"

감사원은 6개월간 정찰위성 사업 감사를 마치고 지난 2월 27일 마감 회의라는 절차를 진행했습니다. 피감사 기관에 감사 잠정결론을 통보하고 의견을 청취하는 절차입니다. 잠정결론 보고서의 제목은 '군 정찰위성 사업 관련 관계 기관 간 의견 차이 및 확인 결과'입니다. 요지는 "정찰위성 사업은 국가우주위원회 심의 없이 추진되고 있어 우주개발진흥법을 위반했다.", "군은 항우연이 체계 종합 및 본체 개발을 맡기로 한 부처 간 합의사항을 위반했다.", "항우연이 정찰위성 개발을 맡아야 한다."입니다.

관계 기관 사이에서 의견 차이가 난 것은 맞습니다. 엄밀히 말하면 국방부 사업에 국정원과 과기정통부, 항우연이 끼어들어 방해한 것입니다. 항우연의 일손이 모자라지만 정찰위성 사업 욕심에 국정원, 과기정통부, 항우연이 무리한 간섭을 했고, 3년 이상 허송세월했습니다. 상황이 이런데도 감사원은 과기정통부와 항우연, 국정원의 주장만 받아들였습니다.

국방부, 방위사업청, ADD의 말은 소수 의견이지만 안보적 차원에서 정당했기 때문에 이미 청와대에서 비교적 사리에 맞게 정리했습니다. 현재 부처 간 합의대로 진행되고 있습니다. 대북 전력 강화와 전작권 환수를 위해 정찰위성을 제때에 띄워야 하니 청와대가 중재해 국가우주위원회 대신 방위사업추진위원회를 통해 사업을 하도록 양허했습니다. 정찰위성 사업은 과기정통부의 R&D 예산이 아니라, 국방 예산으로 추진하는 터라 과기정통부의 국가우주위원회 대신, 국방부의 방위사업추진위원회가 다뤄도 무방합니다.

감사원의 양동작전

감사원이 뭐라고 지적하든 본계약이 체결돼 개발이 본격적으로 착수되면 정찰위성 사업은 굴러갑니다. 그런데 방위사업청 방위사업감독관실에 파견된 감사원 A 과장이 올 초부터 의외의 초식으로 본계약 체결을 가로막았습니다. 정찰위성 개발 우선협상대상 1순위로 선정된 LIG넥스원이 제안한 정찰위성의 성능이 비현실적이라는 것입니다. 군의 작전요구성능 ROC보다 현저하게 높은 성능, 이른바 '오버 스펙'에 시비를 걸었습니다.

오버 스펙 제안은 정당하다고는 못해도 법적으로 허용됩니다. ROC를 충족한 뒤 오버한 스펙만큼은 미이행 결정 후 돈으로 갚으면 아무 문제없습니다. 방위사업청 관계자는 "국내외 업체들이 예외없이 제안서에 오버 스펙을 써낸다.", "사업 과정에서 다 걸러진다."고 말했습니다.

A 과장은 또 ADD가 LIG넥스원에 '2년 하자 보수' 의무를 면제해 준 것에도 시비를 걸었습니다. 특혜라는 주장입니다. 맞는 말일까요. 위성은 우주로 올라가면 하자 보수 못합니다. 우주를 날아다니는 위성을 어떻게 고치겠습니까. 그래서 위성 보험에 가입하는 것이 상례입니다. 안타깝게도 정찰위성은 위성 보험에도 가입할 수 없습니다. 보험에 가입하려면 위성의 상세 제원을 민간 보험사에 제공해야 하기 때문입니다. 군사 기밀을 통째로 민간 보험사에 넘길 수 없으므로 정찰위성은 보험 가입을 못하는 것입니다.

감사원은 A 과장 후임으로 새 인물을 방위사업감독관실에 보냈습니다. 그역시 계약 체결에 반대하고 있습니다. 현재 대안은 LIG넥스원과 계약, 우선협상 2순위 KAI-한화시스템과 계약, 사업 재공고 등입니다. 첫 번째 안은 감사원 과장들이 결사반대하고 있습니다. 두 번째 안은 LIG넥스원과 똑같은 구도가 형성돼서 불가합니다. 한화도 오버 스펙을 써냈고, 2년 하자 보수가 면제됩니다. 세 번째 대안인 사업 재공고, 즉 원점 회귀가 남았습니다.

결국 재공고로 또 후퇴하나

감사원이 파견한 과장들이 본계약 체결을 막는 동안 감사원이 잠정 감사 결과를 감사위원회에 회부해서 의결하면 군 정찰위성 사업은 무산됩니다. 의뭉스럽게 항우연 쪽으로 넘어갈 테지요. 이렇게 되면 정찰위성 전력화는 현재 계획인 2020년대 초중반이 아니라 2030년이나 돼야 가능해집니다. 전작권 조기 전환은 포기해야 합니다. 한 위성 전문가는 "항우연이 정찰위성 사업에 목을 매는 이유는 단 한 가지, ADD의 위성 개발을 막아서 국내 위성 개발 시장의 독점 체제를 유지하는 것."이라고 일침했습니다.

정찰위성은 북한의 핵미사일을 꺾을 창끝입니다. 정찰위성 사업은 국가의 생존이 걸린 도전입니다. 항우연은 제 밥그릇 챙기기에 급급할 것이 아니라, 위성 개발 노하우와 장비를 ADD에 전폭 지원해야 마땅합니다. 감사원은 좋은 정찰위성을 빨리 띄울 길을 지향해야 할 것입니다. 더 이상 후퇴는 안 됩니다.

※ **결국 2018년 12월 LIG넥스원 컨소시엄의 정찰위성 우선협상 권한은 박탈됐다. 2순위였던 한화시스템-KAI 컨소시엄이 어부지리로 사업을 승계했다. 한화시스템 컨소시엄이 정찰위성 실력면에서 LIG넥스원 컨소시엄보다 나을 바 없었지만 결과는 그렇게 뒤집혔다. 다행히 2024년 4월 8일 한화시스템-KAI 컨소시엄의 정찰위성 2호기 SAR 위성은 발사에 성공했다.**

5. 그래도 국산 무기는 간다

핵심 기술 허들 넘은 KF-21

2015년 9월 한국형 전투기 KF-X 핵심 기술 이전 거부 사태가 터졌다. 미국이 약속을 깨고 AESA 레이더 등의 기술 이전을 거부함으로써 KF-X 개발 사업이 큰 위기를 맞았다. 당국은 미국의 기술 이전 거부 의사를 일찍이 알고도 숨겼고, 적극적으로 대안을 찾지도 않았다. 유럽 업체와 협조해서 레이더를 개발하는 과정에서 유례없는 수정 계약이 체결됐지만 유야무야 넘어갔다. KF-21의 새 이름을 받고 꾸역꾸역 개발 성공을 향해 나아가는 걸음들이 힘겹다.

"美, 핵심 기술 이전 거부"…길 잃은 '한국형 전투기'
-2015년 9월 21일 보도-

2025년까지 8조 6,600억 원을 들여 미디엄급 전투기를 개발하는 한국형 전투기 KF-X 사업. 9조 6,000억 원을 더 들여 120대를 양산해 노후 전투기 F-4와 F-5를 대체하겠다는 사상 최대의 국산 무기 프로젝트입니다. 한국항공우주산업 KAI가 미국 록히드마틴의 도움을 받아 사업에 착수한 지 1년도 안 돼 치명적 난관에 봉착했습니다.

KF-X는 기동성 면에서 공군 주력 KF-16과 유사하지만 레이더 등 항공전자장비는 KF-16보다 뛰어난 전투기입니다. 즉 KF-X의 핵심은 레이더 등 항전장비입니다. 바로 이 전자장비가 말썽입니다.

미국으로부터 F-35A 40대를 도입하기로 한 차세대 전투기 F-X 3차 사업의 절충교역으로 우리는 미국으로부터 레이더 등 핵심 기술을 이전 받기로 했는데 미국이 거부했습니다. 우리 기술로 개발할 수도 있지만 20~30년 걸립니다. 기술 이전도, 독자 개발도 여의치 않은 상황에서 KF-X 개발 완료 시점은 딱 10년 뒤인 2025년입니다. 이러다가 레이더 없는 전투기가 탄생할 판입니다.

배신의 미국, AESA 레이더 기술 이전 거부

KF-X의 가장 중요한 전자장비는 능동전자주사식위상배열 AESA 레이더입니다. 탐지 거리가 먼데도 정확도가 뛰어나고, 복수의 타깃을 자유자재로 잡아내 전투기의 교전능력을 단박에 올려주는 레이더입니다. F-X 사업의 결과, F-35A 제작사인 록히드마틴이 AESA 레이더 개발을 위한 기술 인력을 지원하기로 돼 있었습니다. 적외선 탐색 및 추적장비 IRST, 전자광학 표적추적장비 EO TGP와 전자파 방해장비 RF JAMMER 등도 록히드마틴이 기술 인력을 지원하기로 약속했습니다.

F-35A를 걸고 한 약속이기 때문에 지켜야 하지만 미국 정부는 이 4가지 핵심 기술의 이전을 거부했습니다. 우리 군은 수차례 기술 이전 허가를 내달라고 요청했습니다. 미국은 요지부동 거부입니다.

지난 17일 방위사업청 국정 감사에서 새정치민주연합 안규백 의원의 관련 질의에 방위사업청장은 최종적으로 "미국에서 수출 승인을 거절했다."고 답했습니다. F-35A 40대 구매하기로 계약서 썼더니 오리발 내미는 미국입니다. 물건 팔 때는 뭐든 다 해줄 듯 미소 짓다가 계약서 쓰니까 낯빛을 바꿨습니다.

국제협력 또는 독자 개발로 AESA 레이더 개발?

방위사업청장은 17일 국감에서 "미국의 수출 승인을 거절한 기술은 독자 개발 및 국제협력을 통한 개발을 추진하고 있다."고 밝혔습니다. 우리 손으로 개발한 국산 AESA 레이더 등을 KF-X에 장착하면 더할 나위 없이 바람직한 시나리오입니다.

문제는 시간입니다. 방위사업청과 공군 관계자들은 "AESA 레이더를 개발하는 데 통상 20~30년 걸린다."고 말합니다. 미국 외 국제협력은 사리에 맞지 않을 뿐 아니라, 그 자체로 간단치 않습니다.

유럽 몇몇 나라가 AESA 레이더 기술 이전에 긍정적인 신호를 보내고 있는 것으로 알려졌습니다. 유럽의 선의야 고맙지만 미국을 생각하면 어처구니없는 상황입니다. 미국으로부터 받기로 한 AESA 레이더 기술을 돈 주고 유럽에서 사오는 꼴입니다.

미국이 AESA 기술을 내주지 않는 대신, 유럽 기술 사들일 돈을 대주면 몰라도 우리 돈으로는 사오면 안 됩니다. 유럽 AESA 레이더를 사온다고 해도 미국 기술 위주의 KF-X에 유럽 기술 기반의 AESA를 통합하려면 미국은 또 시비 걸지 모릅니다.

미국 전투기 살 때마다 반복되는 일입니다. 핵심 기술 이전해주겠다며 사탕발림해서 수조 원어치 전투기 팔고는 기술 이전 거부합니다. 세월 흘러 해당 기술이 보편화되면 그때 가서 기술 내놓습니다. AESA 레이더도 마찬가지일 것 같습니다. 부아가 치밉니다. KF-X는 길을 잃고 헤매고 있습니다.

첫 비행을 위해 이륙하는 KAI의 KF-21. 미국이 AESA 레이더 등 핵심 기술 이전을 거부하고, AESA 레이더 독자 개발 중 기이한 사건이 발생하는 등 고비마다 곡절이 심했다. (KAI 제공)

KF-X 기술 이전 파문…"이제는 이실직고할 때"

-2015년 10일 2일 보도-

미국이 한국형 전투기 KF-X에 적용될 핵심 기술의 이전을 거부함에 따라 KF-X 개발이 계획대로 되지 않을 것이라는 전망이 파다합니다. 2025년까지 KF-16의 기동성을 능가하고 AESA 레이더를 장착한 스텔스 형상의 쌍발 전투기를 완성한다는 군의 계획을 온전히 달성하기가 쉽지 않아 보입니다.

방위사업청은 "한번 해보겠다."며 도전정신을 끌어올리고 있습니다. 지난달 24일 국방부에서 열린 기자 설명회에서는 "2025년까지 개발을 장담하느냐."는 기자들 질문에 입을 다물었던 방위사업청이 "할 수 있다."는 근거 박약한 주장을 물밑으로 흘리고 있습니다.

2025년에 멋진 KF-X를 띄울 수 있기를 모두가 바라지만 현실과 역사는 부정적입니다. 플랜 A가 무너져 플랜 B와 플랜 C를 가동해야 하는 것이 현실이고, 지금까지 수많은 국산 무기를 개발하면서 기한을 준수한 사례가 드물다는 것이 역사입니다. 방위사업청은 "할 수 없다.", "그러니까 우리 사정에 맞는 개발 계획을 다시 세워야 한다."고 이실직고할 때입니다. 미적거리면 KF-X의 비행은 점점 더 멀어질지도 모릅니다.

'기한 준수'의 역사는 없다

프랑스의 샤를드골급 항공모함은 1994년 진수됐고, 2001년 전력화됐습니다. 진수 7년 만입니다. 1999년으로 잡혔던 전력화 일정이 2000년으로 한 번, 2001년으로 또 한 번 연기됐습니다. 유럽 전투기 라팔은 계획대로 1986년 최초 양산기가 나왔고, 15년 뒤인 2001년에야 전력화됐습니다. 아직도 목표 성능에 미달해 성능 개량이 진행 중입니다.

국방과학 선진국이 이럴진대 후발주자 한국은 말해 무엇하겠습니까. 국산 전차 K2 흑표의 전력화 계획은 당초 2012년에서 2년 연기됐습니다. 전차의 심장으로 불리는 엔진과 변속기의 복합체인 파워팩은 독일제로 장착됐습니다. 독일 심장을 사다 붙이고도 전력화 시점이 2년 밀린 것입니다.

다른 국산 무기들도 사정은 같습니다. 기한 맞춰 개발된 역사가 드뭅니다. 그런데도 최첨단 국방과학의 총화라는 전투기를 대한민국 무기 개발사에서 최초로 기한에 맞춰 개발하겠다고 주장하면 믿을 이가 얼마나 될까요. 항공업계 관계자는 "특히 핵심 기술을 개발하는 데 기간을 정하는 법은 방산 선진국에도 없다.", "무리한 국산화 욕심이 KF-X 사업을 망친다."고 지적했습니다.

플랜 A는 가고, 지금은 플랜 B와 플랜 C만…

AESA 레이더 등 4가지 핵심 기술의 체계통합을 위한 플랜 A는 미국의 기술 이전입니다. 플랜 A가 가동돼도 숨 가쁜 일정인데 플랜 A는 철회됐습니다. 플랜 B와 플랜 C 차례입니다. 독자 기술로 개발하든지, 새롭게 해외 파트너를 찾아야 합니다.

다른 기술은 몰라도 AESA 레이더의 체계통합은 순수 독자 기술만으로는 하늘이 두 쪽 나도 불가능합니다. 국방과학연구소 ADD와 LIG넥스원이 개발하고 있는 AESA 레이더 기술로 기한과 성능을 모두 충족시키는 KF-X 레이더를 내놓기는 불가능에 가깝습니다. 외국 기술을 제공받아야 AESA 레이더 체계통합이 가능합니다. 어떤 나라 도움이든 받아야 합니다. 현재까지 그런 나라는 나오지 않고 있습니다. 결단이 필요하지만 방위사업청은 아직도 어떤 방식으로 개발할지 가르마를 못 타고 있습니다.

외국, 특히 유럽의 유료 기술 지원을 받기가 영 껄끄럽다면 변형된 독자 개발밖에 방도가 없습니다. 방위사업청은 우선 AESA 레이더보다 성능이 떨어지는 기계식 레이더를 장착한 KF-X를 먼저 내놓겠다고 하든지, 국산 AESA를 장착한다면 개발 기한을 늦춰야 한다고 이실직고해야 합니다. 지금까지 윗선에 "KF-X 사업이 차질 없이 진행되고 있다."고 허위 보고했고, 이제 와서 고백하면 책임추궁당할 테니 두려울 테지요. 어쩔 수 없습니다. F-4와 F-5에서 '공군 주력' 이름표를 떼야 합니다. KF-X 만들어야 합니다. 매를 맞더라도 지금은 이실직고할 때입니다.

KF-X 성패 가를 한국형 AESA 레이더는 안녕한가
-2020년 4월 24일 보도-

2015년 9월 미국의 한국형 KF-X 핵심 기술 이전 거부 사태가 불거진 이래 근 5년이 지났습니다. 우여곡절 많았습니다. 절차가 어수룩했지만 AESA 레이더 개발도 시작됐습니다. 꾸역꾸역 나아가기를 다들 소망했는데 또 말썽이 벌어지는 것 같습니다.

당초 방위사업청은 4가지 핵심 기술을 미국으로부터 받으려고 했습니다. 정확히 이야기하자면 방위사업청은 미국으로부터 F-35A 40대를 구매하는 대가로 KF-X용 4대 핵심 기술을 이전받기를 희망했습니다. 미국은 핵심 기술 줄 생각 없었지만 방위사업청은 참 오랫동안 받을 수 있다고 거짓말을 했었습니다.

2015년 9월 언론 보도로 기술 이전이 안 된다는 사실이 밝혀지자 국방장관, 대통령까지 나서서 미국 기술 받을 길을 뚫으려고 애썼습니다. 미국은 등 돌렸고, 방위사업청은 그때부터 부랴부랴 4대 핵심 기술 독자 개발 방안을 찾아다녔습니다.

2016년 5월 국방과학연구소 ADD는 석연치 않은 절차를 거쳐 4대 핵심 기술 중 최고 난도의 AESA 레이더 체계 개발 사업자로 한화시스템을 선정했습니다. 10년 이상 ADD와 AESA 레이더를 개발했던 기술 우위의 LIG넥스원은 떨어졌습니다. 심사위원들 대다수가 자격미달로 드러나서 논란이 됐지만 유야무야 넘어갔습니다.

매 고비마다 은폐가 벌어졌습니다. 한발 늦게라도 알려져 바로 잡혔으니 망정이지, 방위사업청과 ADD 믿고 뒷짐 지고 있었다면 KF-X 사업은 벌써 고꾸라졌을지도 모릅니다. 이제 또 새로운 고비가 다가온 것 같습니다. ADD 주관으로 한화시스템이 AESA 레이더를 개발하는 과정에서 비정상적 행태가 속출하고 있습니다.

초과 제안하고도 무사통과

기자는 최근 ADD의 〈KF-X 탑재 AESA 레이더 개발 사업 관련 의혹 감사 중간보고〉라는 문건을 입수했습니다. AESA 레이더를 개발하는 가운데 잡음이 많다는 소식을 듣고 수소문 끝에 확보한 문건입니다. ADD 감사실이 AESA 레이더 개발 과정을 자체 감사한 결과입니다.

ADD 감사 보고 1번 항목은 '규격 완화 의혹'으로 초과 제안과 추가 제안의 문제점을 지적했습니다. 개발 사업자를 선정할 때 정부 기관은 제안요청서를 내놓고, 업체들은 그에 맞는 사업 제안서를 제출합니다. 정부 기관은 업체들의 제안서를 평가해 사업자를 고릅니다. 이때 높은 점수를 따기 위해 업체가 기술과 성능을 부풀리는 것이 초과 제안이고, 제안요청서에 없는 기술을 들이미는 것이 추가 제안입니다.

한화시스템은 이런 초과 제안을 2건, 추가 제안을 10건 했습니다. 초과 제안 2건은 AESA 레이더의 핵심 성능인 최대 추적거리와 최대 동시표적 추적 수를 과도하게 높게 잡은 것입니다. ADD의 조치는 사업비 1,300만 원 감액뿐이었습니다.

레이더 개발 전문가 A 씨는 "2018년 정찰위성 사업 때, LIG넥스원이 1건을 초과 제안했다가 사업권을 박탈당했다.", "초과 제안 2건에 사업비 1,300만 원 감액이면 누가 뭐라고 해도 특혜."라고 목소리를 높였습니다. ADD 감사실은 초과 제안 기술 2건뿐 아니라, 추가 제안한 기술 10건 중 5건에 대한 감액, 상계 등 징벌적 조치가 미흡하다고 봤습니다.

유례없는 9번의 수정 계약

감사 보고 2번 항목은 '빈번한 수정 계약에 따른 업체 특혜 의혹'입니다. ADD는 2016년 7월 한화시스템과 1,687억 원 규모의 AESA 개발 사업을 계약한 이래 9번이나 수정 계약을 했습니다. 물론 개발 중 난관에 봉착해 계약을 수정할 수 있지만 무기 개발 기간 중의 수정 계약은 극히 드물게 벌어집니다. 수정 계약하면 감사원이 눈여겨봤다가 감사하기 때문에 ADD, 방위사업청, 업체들은 수정 계약을 병적으로 싫어합니다. 그래서 작전요구성능 ROC가 강화되는 경우가 아니고는 어지간하면 수정 계약은 없다고 보면 됩니다.

AESA 레이더 개발의 경우 사업 개시 4년 동안 이뤄진 9번 수정 계약 중 특히 3차와 5차, 7차, 9차 수정 계약 때 사업비가 447억 원 증액됐습니다. AESA 레이더 개발 사업비는 이로써 1,687억 원에서 2,134억 원으로 26.5% 급등했습니다. 작년 12월 519억 원 규모의 신규 계약도 1건 추가돼 사업비는 2,654억 원이 됐습니다. 전체적으로 사업비는 계획보다 57.2% 늘어났습니다.

레이더 개발 전문가 B 씨는 9번의 수정 계약과 1번의 신규 계약을 두고 "전무후무한 일."이라고 단언했습니다. "개발 중에 성능, 기술, 돈 같은 데서 문제가 생기지 않고서는 이런 일이 벌어질 수 없다."고 꼬집었습니다.

ADD의 자체 감사 보고는 9번 수정 계약 중 가장 큰돈인 363억 원이 들어간 비행 시험 지원 증액을 위한 5차 수정 계약에 주목합니다. 감사 보고는 "개발실행 계획서 등에 (수정 계약으로 예산이 증액된) 비행 시험이 명시되지 않았다.", "(수정 계약에 따른) 비용 분담의 적절성을 검토할 필요가 있다."고 적시했습니다.

ADD의 AESA 개발팀은 "애초에 예정된 비행 시험이어서 사업비를 증액했다."고 주장했지만 ADD 감사실은 "최초 계획에 없었다."고 일축했습니다. 해당 팀 주장대로 처음부터 계획했던 일이라면 계약 단계에서 사업비를 책정했어야 했는데 안 했고, 또 그런 최초 계획 자체가 없었다는 것이 ADD 감사실의 판단입니다.

내부 고발에는 인사 불이익

감사 보고 3번과 5번 항목은 지형추적 모드 개발 관련 내부 고발과, 이에 대한 ADD의 대응입니다. ADD는 KF-X의 자동 저공비행을 위한 지형추적 모드라는 기능을 AESA 레이더에 추가하고, 한화시스템에 개발을 맡기기로 작년 11월 결정했습니다. 이런 과정에서 묵과할 수 없는 사태가 벌어진 것으로 감사실은 본 것입니다.

ADD의 AESA 레이더체계단 개발2팀 수석연구원이 한화시스템의 지형추적 모드 기능 추가 개발 결정에 이의를 제기했습니다. 2016년 한화시스템이 AESA 레이더 개발 사업자로 선정될 때 제안했던 지형회피 모드와, 추가로 개발하겠다는 지형추적 모드가 기술적으로 거의 같다는 것이 이의의 요지입니다. 한화시스템이 기존 사업비 안에서 개발하겠다고 제안했던 기술인만큼 유사한 기술에 추가 예산 투입은 낭비라는 주장이었습니다.

직속상관인 개발2팀장 역시 수석연구원과 같은 의견을 냈습니다. 최고 전문가들의 말인 만큼 타당한지 검토해볼 만했지만 ADD AESA 레이더체계단장은 작년 12월 2일 수석연구원을 업무 배제시켰습니다. 이어 519억 원 규모의 지형추적 모드 신규 계약이 체결됐고, 개발3팀장은 올 1월 체계단 전체회의 중 체계단장으로부터 교체, 보직해임 등 위협을 당했습니다.

ADD 감사실은 인사 조치된 수석연구원과 팀장의 주장처럼 지형추적 모드와 지형회피 모드는 기술적 관점에서 유사하다고 봤습니다. 감사 보고에 따르면 유럽 레오니르도사의 내뉴얼에는 "기술적인 핵심 개념은 동일 또는 유사함."으로 돼 있고, 저명한 항공레이더 기술 서적에는 "지형추적 모드는 빔을 수직 방향으로 전방 지형을 스캔하고, 지형회피 모드는 수직 방향과 함께 수평 방향으로도 전방 지형을 스캔하는데 두 모드는 유사하다."라고 기술됐습니다. 체계 성능 면에서 차이가 있지만 기술적으로는 같다는 결론입니다.

감사 보고에 따르면 수석연구원과 개발2팀장의 문제제기는 합당했습니다. ADD 감사실은 두 사람의 상관인 체계단장의 행위를 직장 내 괴롭힘, 즉 갑질 행위의 소지가 다분하다고 판단했습니다. 하지만 수석연구원은 여전히 업무 배제 상태입니다.

자체 감사 부정하는 ADD

이와 같은 감사 보고 내용이 지난 20일 보도되자 ADD는 이튿날 새벽 1시쯤 ADD 감사 보고의 대부분 지적이 잘못됐다는 입장자료를 냈습니다. 자체 감사를 스스로 부정하는 기괴한 일입니다.

ADD의 입장자료는 "수정 계약으로 사업비가 늘었지만 기확보한 총사업비 내에서 증액됐으니 업체 특혜가 아니다.", "초과 제안된 기술은 한화시스템의 과소 계산이었다.", "추가 제안한 기술은 한화시스템이 계속 개발하고 있다."고 밝혔습니다. 또 수석연구원을 업무 배제시킨 것은 맞지만 인사상 불이익은 아니라고도 했습니다.

ADD의 입장자료를 뜯어보면 의문이 생깁니다. 1,000억 원 가까이 사업비가 늘었는데 이미 확보한 총 사업비 내에서 해결할 수 있다고 문제될 바 없다면 ADD가 AESA 레이더 만든다며 챙긴 예산이 과도하다는 방증입니다.

ADD와 한화시스템이 계약한 AESA 레이더 개발 사업비는 1,687억 원입니다. ADD와 한화시스템이 머리 맞대고 협의한 결과 1,687억 원이면 개발할 수 있다고 합의한 것입니다. 주목할 점은 ADD는 정부로부터 AESA 개발 총사업비로 3,658억 원을 확보해 놓았다는 사실입니다. 한화시스템과 계약한 액수는 1,687억 원이지만 쌓아둔 총사업비가 3,658억 원이니까 2,000억 원 가까운 차액을 모두 사용할 때까지는 상관하지 말라는 것이 ADD의 주장입니다. 이렇게 돈을 펑펑 쓸 수 있는 무기 개발 사업은 21세기 대한한국에서 찾아보기 어렵습니다.

ADD는 초과 제안 기술에 대해 한화시스템의 과소 계산 탓일 뿐이라고도 했습니다. ADD가 한화시스템의 소소한 과소 계산이라고 해명해주는 최대 추적거리, 최대 동시표적 추적 수는 AESA 레이더의 존재 이유입니다. 한화시스템은 AESA 레이더의 핵심 성능조차 제대로 계산 못하는 실력으로 AESA 레이더를 개발하는 꼴입니다.

ADD는 또 수석연구원에 대한 업무 배제 조치가 인사상 불이익은 아니라고 주장했습니다. 연구원의 책상을 치워버린 것인데 인사상 불이익이 아니라면 인사상 이익이란 말입니까.

감사 보고도 ADD 소장의 승인을 거쳐 법률적 효력을 얻었고, 감사 보고를 부정하는 입장자료도 ADD 소장의 승인을 거쳐 기자들에게 배포됐습니다. ADD 소장은 한 사람인데도 이렇습니다. ADD와 한화시스템의 AESA 레이더 개발 사업이 다른 사업들과 비교하면 비정상적인 데다, ADD가 움직이는 모양새도 아주 이상합니다.

K2 파워팩 완전 국산화의 험로

폴란드 수출로 K-방산의 대표주자로 떠오른 K2 흑표 전차. 전차의 심장으로 불리는 파워팩은 현재까지도 완전 국산화를 달성하지 못했다. 당국이 유독 국산 변속기에만 독일제 변속기, 국산 엔진보다 가혹한 기준을 들이대는 바람에 양산 합격 도장을 아직 못 받은 것이다. 국산 변속기는 천신만고의 과정을 거쳐 이제 해피엔딩의 결말을 향해 나아가고 있다.

‘K2 전차' 국산 파워팩에만 가혹한 방위사업청

-2012년 11월 7일 보도-

오늘 오전 방위사업청 관계자들이 갑자기 국방부 기자실을 찾아와 예정에 없던 K2 흑표 전차 브리핑을 자청했습니다. 1시간 반에 걸쳐 K2 전차용 국산 1,500마력 파워팩(엔진, 변속기, 냉각장치 등의 복합체)이 지금까지 어떻게 고장 났는지 구구절절 설명했습니다.

독일제 파워팩을 쓰느냐, 국산 파워팩을 개발하느냐 논란이 벌어진 가운데 국산 파워팩의 개발 중 결함을 힘주어 발표한 것입니다. 독일제 파워팩의 평가 도중 불량 발생은 언급조차 안 했습니다. 한마디로 독일제 파워팩을 사들이기 위해 K2 전차용 국산 파워팩의 부실함을 웅변하는 브리핑 같았습니다.

방위사업청의 이런 의도와 달리 오늘 브리핑에서 부각된 것은 국산 파워팩만 가혹하게 평가했다는 사실이었습니다. 독일제 파워팩은 새 전차에 탑재해 평가했고, 국산 파워팩은 고물 전차에 넣어서 시험을 한 것으로 확인된 것입니다. 방위사업청은 괜히 브리핑 자청했다가 제 발등 찍었습니다.

'고물 전차'에 탑재해 평가받은 국산 파워팩

국산 파워팩 관련 업체들은 시험 평가를 위해 방위사업청으로부터 작년 11월 K2 선차 차체를 인수했습니다. 인수 시점의 전차 주행거리는 1만 228km였습니다. K2 전차의 한계수명 주행거리는 9,600km입니다. 방위사업청은 수명 다한 전차를 수리해서 국내 업체에게 넘긴 것입니다. 국내 업체들은 재생 전차에 파워팩 탑재해 갖은 가혹한 평가를 수행했습니다.

반면 독일제 파워팩은 새 전차에 탑재해서 평가받았습니다. 새 전차는 아무래도 진동도 덜하고, 모든 부품이 안정적일 테니 재생 전차보다 좋습니다. 평가를 해보나 마나 독일제가 유리하다는 것은 자명합니다.

방위사업청의 해명이 걸작입니다. "1만km 넘게 뛴 전차도 잘 고치면 괜찮다."입니다. 새 전차나 재생 전차나 똑같다는 논리입니다. 잘 고치면 괜찮기는 하겠지만 누가 뭐라고 해도 재생 전차는 새 전차만 못합니다. 방위사업청의 해명은 군색합니다.

양산된 적 없고 '8시간 연속 주행'도 안 한 독일제

　방위사업청이 독일제를 높게 평가하는 이유 중 하나가 '500대 양산 실적'입니다. 기자는 일찍이 "양산된 적 없다."고 주장했습니다. 500대 양산된 독일제 전차 엔진이 실제로 있지만 방위사업청이 도입을 추진하는 엔진과 부품 60%가 다릅니다. 방위사업청은 그동안 "확인해 보겠다."며 한발 물러섰다가 오늘 마침내 "양산된 적 없고, 부품이 많이 다르다."고 인정했습니다. 방위사업청은 A라는 모델과, 이 모델에서 부속 60%를 바꾼 B라는 모델을 같은 제품이라고 우겨온 것입니다.

　방위사업청이 선호하는 독일제 파워팩은 새로 개발되는 제품입니다. 양산 실적 없으니 국산과 똑같은 기준으로 가혹한 평가를 실시해야 합니다. 국산 파워팩이 했던 '8시간 연속 주행'을 독일제도 받아야 합니다. 그것도 반드시 수명 다한 고물 전차에 싣고 시험을 치러야 합니다. 그런 연후에 국산과 독일제의 성능 차이를 따져야 공정한 시험 평가입니다.

　독일의 전차 파워팩 기술은 압도적으로 세계 최고입니다. 정부와 방산 업체들은 독일제와 비교해 손색없는 국산 파워팩을 만드는 도전을 벌이고 있습니다. 다윗과 골리앗의 싸움입니다. 그냥 붙여 놓아도 다윗한테 불리한 싸움에서 방위사업청은 자꾸 골리앗 편을 들고 있습니다.

| 'K2 파워팩' 여당 단독 표결, 이의 있습니다!

-2012년 11월 29일 보도-

　차세대 전차 K2 흑표의 파워팩을 독일제로 사들이기 위한 예산안이 어제 국회 국방위를 통과했습니다. 여당 단독 표결이었습니다. 계수조정위와 본회의를 거치면 예산 2,597억 원이 태워져 독일제 파워팩을 도입하게 됩니다.

　앞서 나온 감사원의 K2 감사 결과를 보면 여당의 단독 표결을 이해하기 어렵습니다. 감사원은 방위사업청의 K2 파워팩 선정 과정에서 '독일제를 위한 편파 판정'이 있었다고 결론 내렸습니다. 방위사업청은 양산도 안 된 독일제 시제품을 500대 양산된 제품이라고 속였고, 독일제의 심각한 고장을 은폐했으며, 국산 파워팩에 적용한 가혹한 평가를 독일제에 면제해줬다는 것이 감사원 판단입니다. 감사원은 해당 업무를 총괄한 방위사업청의 육군 준장을 대령으로 강등하고, 핵심 관계자 2명은 중징계하라고 방위사업청에 통보했습니다.

여당 의원들은 감사 결과를 온몸으로 거부했습니다. 장성 출신 여당 의원들은 지난 19일 열린 국회 국방위 전체회의에서 "장군이 하루아침에 대령으로 출근하는 게 말이 되느냐.", "잘 알지도 못하는 감사원이 잘못된 감사를 했다.", "감사원 감사는 독일제에 냉엄했고, 국산은 손도 안 댔다."며 감사원을 몰아붙였습니다. 여당 의원들은 또 "현대로템의 협력 업체 1,100여 곳이 문 닫게 생겼다.", "파워팩 국산화에 매달리다가 시급한 K2 전력화 시기를 놓친다."고 목소리를 높였습니다. 맞는 주장인지 하나하나 따져보겠습니다.

협력 업체 주라고 내려간 691억 원은 어디로?

방위사업청은 작년과 재작년 현대로템에 691억 원을 지급했습니다. K2 전차 차체의 부품을 생산하는 협력 업체 주라고 내려 보낸 돈입니다. 기자는 "그 돈 어디 갔냐."고 현대로템에 몇 차례 물었습니다. 현대로템에서 온 대답은 "올해 방위사업청으로부터 받은 466억 원은 협력 업체에 제공했다."입니다. 세부적인 내용은 밝히지 않았습니다.

감사원은 이 돈의 일부만 협력 업체에 간 것으로 파악했습니다. 우선 691억 원 중 209억 원은 형편 나쁘지 않은 중견 협력 업체에 지급됐습니다. 155억 원은 삼성탈레스, LIG넥스원 등 대기업으로 갔습니다. 691억 원 중 204억 원은 현대로템이 보유하고 있습니다. 협력 업체들이 재료 사고 시설 갖추는 데 들어간 돈은 122억 원으로 나타났습니다. 즉 중소 협력 업체 주라고 정부가 보내준 돈의 상당액이 대기업과 중견기업에 머물고 있습니다.

"협력 업체 죽게 생겼다."는 현대로템과 방위사업청, 여당 의원들의 주장은 잘못됐습니다. 감사원도 대기업들이 정부 돈을 제대로 처리했으면 중소 업체의 어려움은 크지 않을 것으로 보고 있습니다.

독일 vs 한국 전력화 시간차는 3개월

감사원이 확보한 방위사업청 내부 서류 중에는 지난 4월 2일 방위사업추진위원회 관련 문건이 많았습니다. 바로 그 방위사업추진위원회에서 국산 대신 독일제 파워팩을 수입하기로 결정했습니다. 방위사업청 문건은 독일제 파워팩을 탑재한 K2 전차의 전력화 시기를 2014년 3월, 국산 파워팩을 탑재한 K2 전차의 전력화 시기를 2014년 6월로 적시한 것으로 확인됐습니다.

전력화 시기가 고작 3개월 차이입니다. "국산 파워팩을 채택하면 전력화 시기가 너무 늦어지기 때문에 독일제로 선정했다."는 방위사업청의 방위사업추진위원회 브리핑 발표는 거의 거짓말입니다. 여당 의원들의 전력화 시기 지연 걱정도 근거가 없습니다.

방위사업청 입장이 구차해졌습니다. 기자가 방위사업청 관계자들에게 이 '3개월 차이'를 문의했더니 지난 토요일 방위사업청 관계자 2명이 "국산 파워팩 탑재 전차의 전력화 시기는 2014년 6월이고, 독일제와의 차이는 3개월이 맞다."고 각각 확인했습니다. 이틀 뒤 말을 바꿨습니다. 이 두 사람은 기자한테 함께 찾아와 "실수였다.", "알고 봤더니 국산 전력화 시점은 2014년 말이다."라고 말을 바꿨습니다. 둘 다 어쩌다 보니 이틀 전에 똑같이 '2014년 6월'과 '2014년 12월'을 혼동했다는 뜻입니다. 그래 본들 전력화 시기 차이는 9개월입니다.

재생 전차는 온전했나?

얼마 전 독일제 파워팩은 새 전차에 탑재해 시험 평가를 받았고, 국산 파워팩은 낡은 전차에 탑재해 평가를 받는 불공정한 일이 벌어졌다는 기사들이 나왔습니다. 방위사업청은 "국산 파워팩을 탑재한 전차는 오버홀(Overhaul) 수준의 정비를 받았기 때문에 신차 탑재 평가와 다를 바 없다."고 설명했습니다. 오버홀이란 차체를 완전 분해해 낡은 부품을 거의 신품으로 갈아 끼우고 새롭게 조이고 닦고 기름 치는 정비입니다.

그렇다면 작년 11월초 이 오버홀된 K2가 국산 파워팩을 싣고 평가를 받을 때 어떤 일이 벌어졌을까요? 300km쯤 달리자 고장 났습니다. 그때부터 하루가 멀다 하고 고장 또 고장. 오버홀한 새 차라는데 이 정도 고장이 났다면 오버홀이 부실했거나 차체가 골조부터 썩은 것입니다.

하나 더! 시험 평가 중에 K2에서 발생한 고장 일수가 100이라면 파워팩이 75이고, 차체가 25였습니다. 그렇다면 방위사업청은 시험 평가 서류에 파워팩의 고장 일수는 며칠로 기록했을까요? 100입니다. 차체 고장 일수 25도 파워팩 고장 일수에 끼워 넣은 것입니다. 반칙이자, 횡포입니다.

방위사업청, 현대로템, 여당 의원들은 껄끄럽겠지만 최근 한국국방연구원 KIDA는 "국산 파워팩은 완성 단계이고, 독일제를 위협해서 독일 업체들이 긴장하고 있다."고 국방장관에게 보고했습니다. 국방부가 KIDA에 용역을 줘서 만든 보고서임에도 방위사업청 시각과 정반대입니다.

"독일제 엄정 평가하겠다"…명백한 규정 위반!!!

어제 여당 의원들은 독일제 파워팩에 대해 우선 K2를 전력화 시킨 뒤에 혹서기 시험을 치른다는 부대조건을 달고 예산안을 통과시켰습니다. 의원들은 마치 성과인 양 이 부분을 강조했습니다. 사실을 말하자면 독일제 파워팩이 혹서기 시험에서 탈이 생겨도 무를 수 없는 자충수입니다. 규정 위반 소지도 농후합니다.

혹서기, 혹한기 운영시험을 모두 통과해야 양산을 위한 평가를 진행할 수 있습니다. 운영시험 과정에서 각 부품과 성능에 대해 규격화, 목록화 작업을 합니다. 해당 무기의 족보가 탄생하는 절차입니다. 방위사업청이 제정한 방위사업관리규정이 이와 같습니다.

양산 평가를 하면서 혹한기 시험하고, 혹서기 시험은 전력화 이후 실시토록 한 국회의 부대조건은 자체로 규정 위반입니다. 또 독소 조항입니다. 혹서기 시험 전에 이미 규격화, 목록화가 끝나고 규격이 확정되면 혹서기 시험 중 독일 파워팩에 문제가 발생해도 우리는 벙어리 냉가슴이 됩니다. 규격이 따로 없어서 독일 업체에 책임을 물을 수 없기 때문입니다. 무더운 여름의 파워팩 불량으로 생기는 피해는 고스란히 우리 몫입니다. 이런들 저런들 방위사업청은 말이 없습니다.

K2 1,500마력 전차용으로 개발된 SNT다이내믹스의 변속기와 HD현대인프라코어의 엔진. 엔진 개발은 상대적으로 일찍 끝났고, 변속기는 2024년 안에 최종적인 양산 내구도 평가를 무난히 통과할 것으로 보인다. (SNT다이내믹스, HD현대인프라코어 제공)

무기의 진화적 개발과 K2 흑표 전차 국산화

-2017년 10월 14일 보도-

어제 방위사업청 국정 감사에서 K2 흑표 전차의 파워팩 국산화를 두고 국회 의원과 방위사업청, 업체가 참여한 공개 토론이 벌어졌습니다. "K2 흑표 전차의 1차 양산분 100여 대는 독일제 엔진과 변속기, 즉 순수 독일제 파워팩이 장착된 상황에서 2차 양산분의 파워팩을 어떻게 제작하느냐."가 토론의 주제였습니다.

1,500마력 국산 엔진은 양산 평가를 마치고 언제든 양산을 할 수 있는 단계입니다. 파워팩의 절반을 차지하는 1,500마력 국산 변속기는 양산 내구도 평가를 통과하지 못했습니다. 방위사업청은 2차 양산분에 국산 엔진과 독일제 변속기를 묶는 이른바 '하이브리드' 파워팩을 장착하는 방안을 추진하고 있습니다. 국산 변속기 채택 가능성이 점점 낮아지자 국회 의원들이 교통정리 차원의 토론을 벌인 것입니다.

"목표에는 못 미치지만 아쉬운 대로 국산 변속기를 달고 차츰 변속기의 수준을 높여가자."는 의원들이 있었는가 하면, "관계 기관과 업체가 합의한 성능 목표에 국산 변속기가 못 미친 만큼 국산 변속기를 채택할 수 없다."는 의원들도 있었습니다. 국산 변속기의 평가 기준이 외국제에 비해 가혹하다는 데에는 의원들 간에 큰 이견이 없었습니다.

어제 토론에서는 진화적 개발이라는 개념도 등장했습니다. 군 요구 성능에 다소 미치지 못하더라도 현 단계의 기술 수준에 맞춰 우선 전력화하고, 이후 차츰 성능 개량하는 방식입니다. 해외 유명 무기들은 대부분 진화적으로 개발됐지만 우리나라에서는 언감생심 꿈도 못 꿨습니다. 진화적 개발 필요성이 공론의 장에 올라온 것은 늦었지만 고무적입니다.

1,500마력 국산 변속기 탄생의 산고

무기는 개발을 마치면 양산을 위한 내구도 평가를 받습니다. 내구도 평가를 통과해야 양산할 수 있습니다. 국산 1,500마력 변속기도 작년 1월부터 1년째 양산 내구도 평가를 받고 있습니다. 전차 평균 수명 주기의 운행거리인 9,600km를 주행하며 어떤 결함도 발생해서는 안 된다는 것이 K2 전차 변속기의 내구도 평가 규격입니다.

국산 변속기는 지금까지 6차례 내구도 평가에서 모두 실패했습니다. 1차는 메인 펌프 구동기어 베어링 파손, 2차는 메인 하우징 크랙, 3차는 변속장치 유성기어 파손, 4차는 메인 하우징 크랙, 5차는 변속기 파손, 6차는 클러치 압력판 고정용 볼트 파손이 실패 원인이었습니다. 2차와 5차 실패는 변속기의 문제가 아니라, 각각 운반 중 취급 부주의와 시험장비 오작동에 따른 실패입니다. 6차 실패는 목표 거리인 9,600km에 2,490km 못 미친 7,110km에서 수입 부품의 볼트 하나가 부러져서 발생했습니다.

국민의당 김동철 의원은 "전차가 9,600km 달리도록 잔고장 한 번 없게 하라는 것은 가혹하다.", "'성능에 이상 없다'는 진술서 한 장으로 통과시킨 독일제 변속기와 9,600km 가동하며 잔고장 한 번 없어야 하는 국산 변속기의 평가 기준은 형평성에 안 맞는다."고 말했습니다. 자유한국당 김학용 의원은 "국산, 독일제 모두 결함이 있다고 하면 국산을 선택하는 것이 맞다."고 주장했습니다. K2 1차 양산분 100여 대 중 16대에서 독일제 변속기의 중대 결함이 발생했고, 현재까지 결함 원인을 찾지 못한 것을 두고 한 발언입니다.

정의당 김종대 의원은 "토마호크, 아파치 같은 명품도 최소 성능만 맞추고 초도 배치했다.", "미국뿐 아니라, 심지어 북한도 최소 60% 성능만 나오면 배치한다.", "국산 변속기를 장착해도 K2는 문제없이 굴러간다."고 목소리를 높였습니다.

이에 반해 이철희 더불어민주당 의원은 "업체와 기관들이 합의한 조건을 업체가 못 지킨 것이고, 그래서 독일제를 선택했다.", "애국 마케팅도 정도껏 해야 한다."며 독일제 변속기를 지지했습니다. 이종명 자유한국당 의원은 "업체가 애초에 내구도 평가를 위한 국방 규격에 이의를 제기했어야지 이제 와서 국방 규격을 문제 삼는 것은 옳지 않다."고 말했습니다. 방위사업청도 이철희, 이종명 의원과 같은 입장입니다.

이정현 자유한국당 의원으로부터 발언 시간을 얻은 국산 변속기 제조업체 대표는 "전차 차체와 엔진은 내구도 평가 기간 동안 '내구도 결함'만 없으면 되는데 유독 변속기에만 '결함'이 없어야 한다고 규정됐다.", "규격을 정할 때 항의했지만 받아들여지지 않았다."고 말했습니다.

차체와 엔진에 적용되는 내구도 결함은 중대 결함을, 변속기에 적용되는 내구도 결함은 모든 결함을 말합니다. 즉 엔진과 차체는 중대 결함이 나와야만 평가 탈락인데 반해, 변속기는 소소한 결함에도 탈락입니다. 업체 대표는 "엔진, 차체와 동일한 규격으로 평가받게 해주면 통과해서 우선 전력화를 하고, 각고의 노력을 경주해 무결함 변속기로 보답하겠다."고 호소했습니다.

뜻밖에 제기된 진화적 개발론

국감장에서 벌어진 뜻밖의 토론에서 뜻밖의 개념이 나왔습니다. 진화적 개발론입니다. 정의당 김종대 의원은 "300명 태우는 여객기에 승객 3~4명 안 왔다고 해서 그들이 올 때까지 기다릴 수 없다.", "안 온 승객은 대기자 명단으로 돌리고 비행기 띄워야 한다."고 말했습니다. 개발 목표를 100% 완수할 때까지 마냥 기다릴 것이 아니라, 일정 수준 이상 개발이 되면 우선 전력화하고 추후에 성능 개량을 통해 결함 제로에 근접하는 진화적 개발 방식의 다른 표현입니다.

김 의원은 "지금과 같은 완성형 개발 방식으로는 다음, 또 다음 차수의 무기 개발을 기대할 수 없다.", "사소한 결함이 전체 시스템을 마비시키는 격이고, 이런 경우가 파탄 기업과 파탄 국가의 전형이다."라고 강조했습니다. 우상호 더불어민주당 의원도 "목표를 정해 놓되 일정 수준 충족하면 전력화를 하는 것이 맞다."며 진화적 개발에 한 표 던졌습니다.

그동안 국산 무기들은 개발 중 난관에 봉착하면 결함 무기라고 지탄받기 일쑤였습니다. 제때에 목표 성능을 못 낸 것이 잘한 일은 아니지만 욕먹을 일도 아닙니다. 현재 우리의 국방과학 수준에서 원샷원킬은 불가능합니다. 사실 해외 유명 방위산업체들도 절대로 단번에 완벽한 무기 만들어내지 못합니다. 다들 진화적 개발을 채택해서 단계적으로 무기를 완성합니다. 우리도 완성형 개발 버리고 진화적 개발 따를 때가 됐습니다.

국산 파워팩의 탄생…'국산 심장' K2 전차 곧 나온다
-2023년 2월 23일 보도-

SNT중공업의 국산 1,500마력 변속기가 지난해 9월 방위사업청, 국방기술진흥연구소 등과 협의해 치른 내구도 시험 평가를 통과한 것으로 뒤늦게 확인됐습니다. 돌연 까다로워진 양산 내구도 평가의 벽에 가로막혀 몇 년째 창고 신세를 면치 못했는데 그동안 칼을 갈았나 봅니다.

UAE 아부다비에서 열리고 있는 국제방산전시회 IDEX에서도 SNT 부스에 중동의 군인과 무기상이 몰린다는 전언입니다. 중동의 강국 튀르키예가 차세대 전차 알타이의 파워팩으로 한국제를 선택했고, 튀르키예의 가혹한 시험 평가를 통과한 한국제 1,500마력 변속기가 바로 SNT중공업의 제품이기 때문입니다.

사실 튀르키예 알타이 전차의 차체도 K2 전차의 기술로 개발된 것입니다. 전차의 심장까지 한국제 변속기와 엔진으로 채운다고 하니 알타이 전차는 한국 전차 기술의 적자라고 해도 과언이 아닙니다. 아이러니하게 정작 K2 전차는 현대두산인프라코어 엔진과 독일 RENK 변속기의 변종 파워팩을 장착한 반쪽짜리 국산입니다. 마침내 국산 변속기가 국내와 튀르키예의 평가를 연이

어 통과했습니다. K2의 4차 양산분은 국산 파워팩이 장착된 완전한 국산 전차로 태어날 전망입니다.

쉼 없이 사막 수천 km 실주행 평가 통과

튀르키예는 실주행 방식으로 한국제 파워팩을 시험 평가했습니다. 전차에 SNT 변속기와 현대두산인프라코어의 엔진을 달고 작년 8개월 기간 동안 튀르키예 사막을 달리게 하면서 고장이 생기는지 정밀 검증했습니다.

한국과 튀르키예의 양측 합의에 따라 몇 km 달렸는지는 공개되지 않습니다. 방위사업청과 업계, 해외 매체 등을 통해 시험 평가의 윤곽이 조금씩 드러나고 있습니다. 수천 km를 달렸다고 합니다. 예정된 최소한의 일반 정비와 평가요원들의 휴식시간을 빼곤 계속 주행한 것으로 전해졌습니다. K2 전차의 수명 주기가 약 9,600km이니까 몇 달 만에 수명 주기의 50% 안팎을 집중적으로 돌린 것입니다.

다이나모라는 설비에 변속기를 집어넣어 돌리면서 고장과 성능을 파악하는 국내 시험 평가 방식과 달리, 실전과 똑같이 험난한 야전을 달리게 하는 튀르키예의 시험 평가 방식이 이채롭습니다. 국산 1,500마력 변속기는 사막 수천 km 주행 중 단 한 차례의 사소한 고장도 없었던 것으로 알려졌습니다. 방위사업청 고위직 출신의 한 인사는 "국내 다이나모 시험 평가 기준인 320시간, 9,600km 무고장 주행 이상의 성능이 입증됐다."고 평가했습니다.

조용히 치러진 국내 시험 평가도 통과

작년 9월 국내에서도 국산 1,500마력 변속기 내구도 시험 평가가 치러졌습니다. 방위사업청, 국방기술품질원, SNT중공업 모두 관련 사실을 함구했습니다. 비공개 방침이었지만 방위사업청 국감 질의답변을 통해 공개됐습니다.

작년 10월 13일 방위사업청 국감에서 안규백 민주당 의원이 "9,600km, 320사이클 다이나모 시험 평가를 성공적으로 끝냈다는 소식을 들었다."고

문자. 방위사업청장은 "320사이클에 대해 특별한 무리 없이 잘 진행된 것으로 알고 있다."고 답했습니다. 방위사업청장은 이어 "국방기술품질원과 국방과학연구소가 시험 결과를 꼼꼼히 따져 성능이 입증됐다고 판단되면 K2 4차 양산 계획을 수립할 때 국산 변속기가 적용되는 방안을 검토하겠다."고 말했습니다. 전차사업팀장 시절 변속기 개발을 직접 관리했던 방위사업청장의 답변이니 정확할 것입니다.

해당 시험 평가는 SNT중공업과 방위사업청, 국방기술진흥연구소, 그리고 K2 전차 체계업체인 현대로템이 함께 논의해 실시한 것입니다. 국방기술진흥연구소가 지정한 국가공인시험기관과 현대로템의 입회 하에 시험 평가를 진행한 결과, 결함 없이 323시간 내구도를 증명했습니다. 평가 기준 320시간보다 3시간 더 돌렸습니다.

국산 1,500마력 변속기는 튀르키예 모래바람 속 시험 평가와 국내 다이나모 시험 평가를 잇따라 무결점 통과했습니다. 유례없는 이중 검증의 고개를 넘었습니다. 국산 파워팩을 장착한 K2 전차가 등장할 날이 머지않았습니다. 남은 절차는 방위사업청장의 국회 발언대로 국방기술품질원과 국방과학연구소의 사후 검증입니다. 국내 시험 평가 과정과 결과에 이상이 없는 것으로 나오면 K2 전차 4차 양산분, 그리고 이후 수출되는 K2 전차는 국산 심장을 달고 달리게 됩니다. 험난한 길 돌고 돌아 K2 전차의 진정한 국산화 코앞까지 왔습니다.

한국형 항모의 꿈

　해군의 경항모 건조 사업은 2021년 말 예산 전액 삭감에서 전액 복구로 회생하는 드라마를 썼다. 제 항로를 타는 듯했지만 대선과 정권 교체의 정치 격변이 벌어진 2022년과 2023년을 거치며 다시 침잠했다. 그동안 한국형 전투기 KF-21의 네이비 버전 개발의 경제성이 있는 것으로 판정됐고, 중항모 건조의 필요성이 제기되면서 경항모의 덩치를 키운 중항모급 한국형 항모의 불씨가 되살아나고 있다.

경항모 '사전 검토' 모두 통과…"이왕 하는 거 '한국형 항모'로"
-2021년 11월 7일 보도-

해군 경항모를 건조할지 말지 사전에 검토하는 절차가 모두 끝났습니다. 기획재정부의 사업타당성 조사는 8월 "조건부 타당성 확보." 판정을, 국방부의 연구 용역은 이달 "경항모 건조 필요."의 결론을 각각 내렸습니다. 정부와 국회가 올해 계획한 사전 점검의 허들을 모두 뛰어넘었으니 다음은 경항모 본사업인 기본 설계입니다.

정부는 내년 기본 설계 착수 예산으로 72억 원을 요청했습니다. 국회가 동의하면 내년 중 사업자를 선정해 기본 설계에 들어갈 방침입니다. 작년 국회는 경항모의 군사적, 경제적 효용이 불분명하다는 이유로 1년 동안 사전 검토만 충실히 하자며 예산 1억 원을 태웠는데 올해 국회는 분위기가 많이 다릅니다. 사업타당성 조사, 연구 용역을 통과했기 때문에 경항모 기본 설계 착수에 찬성 또는 비판적 찬성의 의견이 우세합니다.

반대 여론도 분명히 있습니다. 경항모의 건조 비용이 2조 원을 넘는 데다, 함께 움직일 기동함대 구축 비용이 천문학적 수준이고, 함재기 도입에도 큰 돈이 들어간다는 것입니다. 항모도 아니고 대형 수송함도 아닌 어중간한 경항모의 효용, 취약한 방어 능력도 입방아에 오르고 있습니다.

찬반의 틈바구니에서 제3의 길이 등장했습니다. 경항모에서 탈피한 야무진 '한국형 항모'입니다. 덩치와 성능을 조금씩 키워 차돌같이 알찬 항모를 건조하자는 구상입니다. 미국·유럽의 핵 항모와는 다른, 한국의 전략·전술적 환경에서 적합한 한국형 항모의 교리도 확립하고, 최종적으로 한국형 비핵 디젤 항모를 수출해 돈을 벌자는 비전입니다. 비핵 디젤 항모를 원하는 나라들은 분명히 있을 텐데, 조선 강국 대한민국은 그런 항모를 합리적 가격에 건조해 팔 수 있는 지구상 거의 유일한 나라라는 점도 한국형 항모론을 뒷받침합니다.

차돌처럼 야무진 한국형 항모로…

"한국형 항모라고 하면 얼마나 좋아요. 경항모로 우리 군 자존심 상할 일 있어요? 이왕 하는 거 그냥 한국형 항모라고 하면 되는 것이지."

지난 8월 20일 국회 국방위원회 전체회의 중 안규백 더불어민주당 의원의 발언입니다. 한국형 항모라는 용어가 공식적인 자리에서 처음 나왔습니다. 반대론과 찬성론이 혼재하고 돈도 많이 들어가니까 이왕 하는 것 제대로 하자는 말입니다. 우리 해군 최초의 항모이자, 해군 전체를 선도하는 기함으로서 함종부터 번듯하게 한국형 항모로 규정하자는 뜻입니다.

군의 한 고위 관계자도 "돈이 많이 들지 않고 과도하지도 않다는 이미지를 강조하기 위해 정책적으로 경항모로 네이밍한 측면이 있다.", "정책적 판단이 좀 부정확했다.", "이제 내부적으로는 '경' 자를 빼고 항모로 부르려고 한다."고 말했습니다.

해군의 기함으로서 한국형 항모라고 불리려면 그에 맞는 규모와 성능이 받쳐줘야 할 터. 경항모는 3만 톤 급으로 건조된다지만 짓다 보면 더 늘어납니다. 대형 함정들이 거의 그랬습니다. 장담하는데 경항모도 최소 4만 톤 안팎까지 커질 것입니다. 규모는 걱정거리가 아닙니다.

사업타당성 조사에서 위험 요인으로 꼽힌 고난도 전투 체계와 핵심 기술들도 차질 없이 개발해야 합니다. 1차적으로 우리 국방과학과 조선 기술로 성취해야 하는 과제입니다. 인도태평양 항행의 자유와 역내 세력 균형을 지지하는 미국과 영국 등도 경제적 이윤에 더해 국제 정치·안보적 차원에서 적극적으로 기술을 지원할 것으로 전망됩니다.

한국형 항모란?

미국의 항모는 장거리 원정군의 기함입니다. 크고 작은 적들이 이곳저곳에서 공격할 것에 대비해 구축함, 호위함, 잠수함 등으로 구성된 기동함대를 대동합니다. 막강하고 거대한 항모전단으로 움직이는 것입니다.

한국형 항모는 이와 다릅니다. 한국형 항모의 제1목적은 대북 억제와 전쟁 조기 종결 기여입니다. 이달 초 나온 국방부 연구 용역에서 대북 억제와 전쟁 조기 종결 기여는 인정됐습니다. 대북 억제는 평시 역할로, 미국의 원정 항모처럼 대규모 전단으로 움직이지 않아도 됩니다. 별도 임무로 주변에 배치된 함정, 잠수함, 그리고 지상 기지와 유기적 네트워크로 적절한 호위를 받으며 임무를 수행할 수 있습니다.

전시에는 부산, 제주의 해군 기지와 가까운 안전 해역에서 함재기를 발진시키면 됩니다. 북한 미사일의 최우선 표적인 지상의 공군 기지와 비교할 수 없을 정도로 안전하게 전투기를 출격시킬 수 있습니다. 항모 교리에 정통한 모 해군 예비역 대령은 "북한의 남진 압력을 약화시키기 위해 동·서해의 공해에서 북한의 측·후방을 압박할 때도 함정과 잠수함 등 호위 세력을 최소화해 작전할 수 있는 것으로 분석됐다."고 말했습니다.

동맹 지원을 위해 먼바다로 떠날 때는 다국적 연합 함대의 일원으로 참여하는 방식이 될 것입니다. 각국이 십시일반으로 함정과 잠수함들을 내놓을 테니 한국형 항모는 홀로 가벼이 길을 나서면 됩니다. 결론적으로 한국형 항모는 전·평시를 막론하고 미국 항모전단처럼 거창하게 자체 기동함대를 거느리고 다닐 일이 많지 않습니다. 한국형 항모의 운용 교리와 합동 작전 교리, 작전 계획을 한국적 현실에 맞게 수립해 항모를 운용하면 요즘 이야기되는 것처럼 많은 돈이 들지 않습니다.

"경제성 논란은 수출로 해결"

한국형 항모는 '돈 먹는 항모'가 아니라, '돈 버는 항모'를 지향합니다. 지난달 경기 성남 서울공항에서 열린 항공우주 및 방위산업 전시회에서 만난 유럽 방산 업체 관계자는 "핵 항모는 초강대국들의 전유물이어서 엄두를 못 내지만 비핵 디젤 항모는 여러 나라가 갖고 싶어 한다.", "공군 기지 확보에 애를 먹는 도시 국가 싱가포르와 동남아 강국, 중남미의 대영토 국가들은 한국형 디젤 항모에 큰 관심을 가지고 있다."고 말했습니다.

조선업계의 생각도 비슷합니다. 무엇보다 항모 건조 조선소는 조선업 국가대표의 위상을 얻을 수 있어 현대중공업과 대우조선해양은 항모 설계와 건조 사업 수주에 사활을 걸 태세입니다. 우리 해군용 1~2척 건조에 그치지 않고, 몇 척 더 지어 수출한다는 구상도 업계에서 논의되고 있습니다. 규모의 경제와 기술 축적 덕에 항모 가격은 떨어지기 마련이어서 수출 경쟁력이 있다는 계산을 하고 있습니다.

대우조선해양 관계자는 "항모의 해외 수요 조사를 병행하며 사업을 장기적으로 바라보겠다."고 밝혔고, 현대중공업 관계자는 "적자를 각오하고 한국형 항모 1번함 건조 사업을 따내겠다."며 의지를 다졌습니다. 기밀 유출과 해킹으로 위신이 손상된 1, 2위 조선사들이 항모로 각성하고 있습니다.

최종 목표는 한국형 항모와 국산 유무인 전투기의 패키지 수출입니다. 꿈에서나 봄 직한 공상 같지만 불가능할 것도 없습니다. 지난달 항공우주 및 방위산업 전시회에서 한국항공우주산업 KAI와 현대중공업의 MOU 체결은 한국형 항모와 국산 유무인 전투기의 결합을 위한 첫걸음입니다.

한국형 항모의 부활…역대 해군총장들 일제히 환영 "부석종 잘 버텼다!"

-2021년 12월 3일 보도-

말 그대로 우여곡절이었습니다. 경항모 기본 설계를 위한 내년 예산안이 국회 국방위에서 대폭 삭감돼 본사업 착수가 무산된 것이 지난달 16일이었습니다. 국방위의 여야뿐 아니라, 정부 측도 삭감에 동의하는 바람에 예산 복구의 가능성은 '0'에 가까웠습니다. 지난달 25일 부석종 해군참모총장이 해군 페이스북에 "국민적 공감대를 이뤄 반드시 추진하도록 노력하겠다."며 경항모 건조의 의지를 표명해 꺼진 불씨를 살리는 반전의 전기를 마련했습니다. 그리고 오늘 국회 본회의에서 내년 경항모 예산 72억 원이 되살아났습니다.

지금도 미스터리인 삭감의 과정, 부석종 해군참모총장의 강단이 빛난 부활의 과정 모두 극적이었습니다. "이왕 하는 것 한국형 항모로 가자."는 국방위 안규백 의원의 말처럼 어렵게 살린 경항모를 한국형 항모로 제대로 건조해 해군의 기함으로 우뚝 세우고, 국산 유무인 전투기를 실어 해외에 수출하는 기념비적 방산 프로젝트로 발전하기를 기대합니다. 한국형 항모와 국산 전투기의 결합, 그리고 항모-전투기 패키지 수출은 꿈꿔볼 만한 도전입니다. "돈 먹는 경항모."라는 반대를 "돈 버는 한국형 항모."의 현실로 잠재울 수 있습니다.

역대 해군참모총장들은 "꼭 필요한 미래 전력을 도입할 수 있는 기회."라며 일제히 환영했습니다. 예산 삭감 한파에 움츠러들지 않고 "경항모를 반드시 지어야 한다."고 역설하며 예산 복구의 드라마를 쓴 후배 부석종 참모총장에게 "잘 버텼다."며 한목소리로 치하했습니다.

해군의 한국형 항모 전단 상상도. 2021년 말 예산을 복구해 설계에 나서는가 했더니 정권 교체로 항모의 꿈은 다시 사그라들고 있다. (해군 제공)

"본전 뽑고도 남는다"…"어려움 잘 버텼다"

황기철 30대 참모총장은 "좌고우면 할 것 없다.", "무조건 가야 한다.", "대한민국의 미래가 걸린 일."이라고 잘라 말했습니다. "앞으로 10여 년간 기술 개발 많이 하면 될 것을, 해보지도 않고 싹을 밟아서는 절대 안 된다.", "본전은 충분히 뽑고도 남는다."고 강조했습니다.

심승섭 33대 참모총장은 "대북 억제 전력으로 가장 역할을 할 수 있는 것이 한국형 항모."라고 단언했습니다. 심승섭 전 총장은 "현재 해군 전력으로도 충분히 항모를 방어할 수 있다.", "지상 활주로가 적 공격에 취약하기 때문에 한반도는 불침 항모가 될 수 없고, 한국형 항모는 반격의 시발이 된다."고 말했습니다. "우리는 독도함, 마라도함 등 대형 함정을 만들어 왔는데 거기에 조금만 더 노력을 기울이면 어렵지 않게 항모를 지을 수 있다."고 전망했습니다.

정호섭 31대 참모총장은 "중국이 20~30년 내 인도태평양의 해양 패권을 넘보며 해상 교통로를 좌지우지할 것."이라고 전제하고, "해상 교통로에 의존하는 무역 국가 대한민국은 해양 안보, 경제 안보를 위해 항모를 반드시 보유해야 한다."고 말했습니다. 그는 "해양 안보와 경제 안보는 엄청난 경제적 이익을 보장한다.", "항모는 그 자체로 해외 영토이자, 해상 교통로 보호의 억제 수단."이라고 역설했습니다.

최윤희 29대 참모총장은 "이지스함 건조를 추진할 때도 반대가 참 많았지만 그때 포기했다면 현재 대한민국 해군의 모습은 생각만 해도 아찔하다.", "항모도 지금은 반대가 있지만 2030년대가 되면 이야기가 달라질 것."이라고 내다봤습니다. 그는 "국제 갈등과 국가가 살 길 모두 바다에서 생기는데 이에 대한 대비와 준비는 하루아침에 되는 것이 아니다."라고 지적했습니다.

역대 참모총장들은 군이 제 목소리 내기 힘든 여건에서도 해군 페이스북에 경항모 추진 호소의 글을 올려 부하 장병들의 의지를 모으고 경항모 예산 반전의 밑불을 놓은 부석종 총장을 격려했습니다. 정호섭 전 총장은 "훌륭한 장교."라고 엄지를 세우며 "부석종 총장이 든든히 버텨준 덕에 예산 복구의 기회가 생겼다."며 후배에게 힘을 실었습니다. 황기철 전 총장과 심승섭 전 총장은 "우리 총장이 총장 역할을 참 잘했다."고 입을 모았습니다. 최윤희 전 총장은 "어려운 입장이었을 텐데 부석종 총장이 할 말을 했다.", "사업의 첫 단추를 잘 꿰기 위해 부석종 총장의 앞으로 역할이 더욱 중요하다."고 말했습니다.

"돈 버는 항모" 한국형 항모 프로젝트

군과 조선업계, 방산업계에서 논의되는 한국형 항모는 현재 알려진 경항모의 모습과 조금 다릅니다. 함정의 덩치는 건조하다 보면 커집니다. 한국형 항모의 실제 크기는 지금 계획인 3만 톤에서 1만 톤 안팎 증가할 것으로 봅니다. 조선업계는 적자를 각오하고 한국형 항모 1번함 건조에 뛰어들 태세이기 때문에 건조 비용은 2조 원을 크게 상회하지 않을 전망입니다.

미국 항모전단과 달리, 한국형 항모는 거창한 기동함대를 대동할 필요도 없습니다. 이미 공중, 해상, 수중에 대한 감시망과 방어망이 촘촘하기 때문에 별도의 대형 기동함대는 불필요합니다. 즉 기동함대의 규모는 최소화될 것입니다. 먼바다로 나아갈 때는 다국적 연합 함대로 편성될 공산이 커서 다른 나라 해군들과 십시일반 호위 세력을 분담하면 됩니다.

한국형 항모의 최대 매력은 경제성에서 찾아야 합니다. 비핵 항모를 원하는 나라들이 제법 되기 때문에 조선 강국 대한민국이 건조한 항모는 수출 경쟁력을 확보할 수 있습니다. 임현택 한국 스마트해양학회장은 "조선업계와 방산업계의 미래 먹거리를 담당할 국가적 프로젝트로 육성할 필요가 있다.", "바다는 대한민국의 생명줄이고, 한국형 항모는 우리의 미래를 세계의 바다로 이끄는 마중물이 될 것."이라고 말했습니다.

"KF-21N 독자 개발 가능"…'한국형 항모' 막힌 혈 뚫는다
-2023년 2월 15일 보도-

한국형 전투기 KF-21의 해군 항공모함 함재기용 모델인 KF-21N(네이비)의 독자 개발이 가능하다는 정부 기관의 판단이 나왔습니다. 방위사업청이 발주해 국방기술진흥연구소가 수행한 '함 탑재용 전투기 국내 연구 개발 방안' 연구 용역의 결과, 개발과 양산 포함 4조 1,000억 원을 투입해 10년 반 만에 전력화가 가능하다고 분석된 것입니다.

경항모 사업이 2년째 중단된 원인 중 하나가 함재기입니다. 미국의 최신 함재기 F-35B가 워낙 비싼 데다, 공군은 F-35B보다 공군 전용의 F-35A 추가 도입을 희망합니다. 정부는 공군의 손을 들어줬고, 해군은 함재기를 확보할 방법을 잃었습니다. 그런데 이번 연구 용역의 결과로 KF-21을 함재기 KF-21N으로 개발하는 대안이 해군 앞에 놓인 것입니다.

경항모 사업 중단의 또 다른 원인은 경항모에 대한 반대 여론이었습니다. 여론은 중항모를 선호했고, 현실적으로도 중항모의 쓸모가 많습니다. 연구 용역도 한국형 항모의 비전으로 중형 항모를 제시했습니다. 국방기술진흥연구소의 연구 용역이 경항모 사업의 막힌 혈을 뚫을지 주목됩니다.

"한국형 함재기 KF-21N 독자 개발 가능"

지난달 종료된 국방기술진흥연구소의 '함 탑재용 전투기 국내 연구 개발 방안' 연구 용역은 KF-21N 개발의 총사업비를 4조 1,000억 원으로 산정했습니다. 개발에 1조 8,000억 원, 양산에 2조 3,000억 원입니다.

개발 기간은 8년 6개월로 나왔습니다. 전력화 기간은 10년 6개월로 잡혔는데 개발 완료 후 해군 시험비행 기간을 2년으로 본 것입니다. 10년이 꽤 긴 시간 같지만 해군의 경항모 사업 기간도 대략 10년이니까 항모와 함재기 개발의 손발을 맞추면 10년 후 KF-21N이 탑재된 국산 항모를 볼 수 있다는 의미입니다.

연구 용역은 "국내 연구 개발시 기술적 제한 사항이 없다."고 판단했습니다. 착륙장치, 브레이크, 전기체 등에서 일부 해외 기술 협력이 필요하지만 KF-21 개발의 자산이 있으니 못 넘을 산은 아니라는 것입니다.

"중형 항모가 적합"

국방기술진흥연구소의 '함 탑재용 전투기 국내 연구 개발 방안' 연구 용역은 KF-21N의 필수 소요를 16대로 봤습니다. 공대함 교전능력을 고려하면 KF-21N 28대를 실어야 하고, 향후 항모전투단의 방어와 함재기 공중통제까지 감안하면 공중조기경보기 2대, 구조헬기 2대도 확보해야 한다고 내다봤습니다. 중형 항모는 돼야 수용 가능한 함재기 규모입니다.

함재기 이착함 방식은 사출, 스키점프, 수직 이착륙 중 중항모급 이상에 적용되는 사출이 적합한 것으로 나왔습니다. 함재기 최대이륙중량에 제한이 없고, 공대공·공대지·공대함 임무가 가능하며, 미래 무인 전투기 등 다양한 고정익 항공기에 적용할 수 있기 때문입니다. 연구 용역 결과는 사출 기술을 어떻게 구할지 의문을 제기했는데 한국항공우주산업 KAI와 현대중공업 측은 "사출기는 1척당 2개 정도 필요해 해외에서 구매하는 편이 경제적이고, 미국 측은 해외무기판매 FMS 방식으로 판매할 의향이 있다."고 설명합니다.

군 당국은 이번 연구 결과를 토대로 경항모 사업을 중항모 사업으로 변경하는 방안을 검토하고 있습니다. 이르면 이달 중 중항모 연구 용역 착수가 결정되는 것으로 알려졌습니다. 한국형 항모가 산 넘고 물 건너며 어떻게든 한 걸음씩 나아가고 있습니다. 이와 별도로 해군은 한국형 항모의 운용 교리도 새로 정립해야 할 것입니다. 보기 좋을 뿐, 반대 논리에 취약한 교리가 아니라, 한반도 전장 환경에 딱 들어맞는 한국형 항모 교리가 필요합니다.

6. 해외 무기 도입의 드라마

F-35A는 어차피 '답정너'

F-35A는 대한민국 영공수호의 창끝, 공군의 최고 전략자산이다. 이 자리에 오르는 과정이 참 고단했다. 록히드마틴과 미국은 노골적으로 갑질과 반칙을 저질렀다. 방위사업청은 질질 끌려 다녔다. 국방장관이 "정무적으로 판단해서 결정했다."고 고백했을 정도로 F-35A로 귀결된 F-X 3차 사업은 누가 뭐라고 해도 불공정의 전형이었다. 이후 KF-X 핵심 기술 이전이 미국의 거부로 파행을 겪은 것도 F-X 3차 사업의 불공정과 깊이 연루됐다.

차세대 전투기, 왜 비싸게 사려 하나

-2012년 6월 4일 보도-

차세대 전투기 F-X 3차 사업이 시동을 걸었습니다. 2주 후인 6월 18일이면 F-X 3차 사업의 참여 업체들이 방위사업청에 사업 제안서를 제출합니다. 10월 말 기종을 최종 선정합니다. 채 5개월도 안 돼 8~9조 원의 큰돈 쓸 데를 결정해야 합니다. 일정이 촉박한데 치밀하게 평가해서 제대로 선정할 수 있을까? 왜 이렇게 촉박하게 물건을 사려고 할까? 치열하게 '밀당'하면서 천천히 사면 안 되는 걸까? 이런 질문과 의문이 꼬리에 꼬리를 물고 있습니다.

기종 선정 10월 말…왜 서두르나

먼저 기종 선정 시기를 왜 10월 말로 정했는지 이해가 잘 안 됩니다. 우리가 전셋집을 구할 때 부동산 중개업자에게 "이 아파트 단지 안에 다음 주 월요일 입주해야 한다."고 말해버리는 상황을 예로 들어 비교해 보겠습니다. 시간이 촉박하다니까 부동산 중개업자는 전세 물건의 가격을 높일 공산이 큽니다. 이와 비슷하게 우리 정부는 10월 말까지 기종을 최종 선정한다고 공포했습니다. 전투기 제조업체들이 물건 싸게 내놓을까요? 상거래의 상식상 안 그럴 것 같습니다.

우리 정부는 왜 굳이 10월 말을 고집할까요? 군은 노후 전투기를 하루라도 빨리 교체하기 위해 기종 선정이 급하다는 입장입니다. 그렇다면 기종 선정 후 전투기 도입 일정도 속도감 있게 진행돼야 하는데 도입 일정은 느긋한 편입니다. 첫 해에 몇 대 들여놓고, 다음 해는 쉬고, 그 다음 해에 몇 대, 또 한 해 쉬고, 그 다음 해에 몇 대 도입하는 식입니다. 최종적으로 8년 후에 도입이 완료됩니다. 노후 전투기를 빨리 교체해야 한다면서 도입은 한가하게 하고, 기종 선정만 바쁘게 하는 상황이라서 머리를 갸웃하게 됩니다.

다른 나라는 어떻게 할까요? 일본과 인도는 기종 선정 시기를 못 박지 않고 차세대 전투기 사업을 했습니다. 전투기 제조업체들을 두고두고 괴롭혔습니다. 그 나라들이라고 시간적 여유가 많았을 리 없습니다. 기종 선정

날짜를 정해 버리면 구매자가 불리하니까 그렇게 했을 것입니다. 시장에서 갑은 구매자입니다. 차세대 전투기 사업에서 갑은 우리 정부와 군입니다. 우리 정부도 다소간 갑질해도 됩니다.

록히드마틴에 온정적이고

밀당하면서 좋은 조건을 챙길 기회가 있었습니다. 지난 2월 초 스티브 오브라이언 록히드마틴 부사장이 "한국이 록히드마틴 전투기 구매에 동의했다."고 '천기누설'급 발언을 했다고 미국의 한 지역신문이 보도해 논란이 됐습니다. 이유 여하를 불문하고 "어떻게 그런 기사가 났냐."며 방위사업청이 록히드마틴을 거세게 몰아붙일 여건이 조성됐습니다.

이 일이 있고 한두 달쯤 뒤에 방위사업청은 록히드마틴과 보잉, EADS(현 에어버스)의 임원을 소환했습니다. 방위사업청은 그 자리에서 유력 3사에게 "공정경쟁하라."고 준엄히 통보했다고 합니다. 군대에서 한 병사가 잘못했다고 동기들 모두 불러서 단체기합 주는 것도 아니고 방위사업청은 록히드마틴만 조준타격했어야 했습니다.

조준타격은커녕 록히드마틴을 감쌌습니다. 록히드마틴은 "기자가 실수했다."며 수정된 기사를 방위사업청에 제공했습니다. 방위사업청은 록히드마틴의 해명을 전면 수용함으로써 록히드마틴의 위기를 진화했습니다.

F-X 3차 사업의 선두주자인 록히드마틴은 F-35A의 가격, 기술 이전, 인도 시기 등의 조건을 까다롭게 내놓고 있습니다. 배짱 장사입니다. 그렇다면 록히드마틴이 명명백백 실수한 일이 있을 때 이를 계기 삼아 모질게 공격했어야 했습니다. "가격 한 푼이라도 더 내려라.", "기술 이전 한 톨이라도 더 하라."며 압박했어야 했지만 방위사업청은 애꿎은 업체들까지 불러다 단체기합 주고 끝냈습니다.

유럽 EADS에 고압적이고

록히드마틴을 긴장시킬 수 있는 기회는 또 있었습니다. 5월 말 주한 스페인 대사가 방위사업청의 공정경쟁 원칙을 지지한다며 방위사업청 방문을 희망했습니다. 방위사업청은 일언지하에 거절했습니다. 이유는 "방위사업청의 공정경쟁 원칙 지지는 감사하지만 유럽 국가 대사의 방문은 오해의 소지가 있다."였습니다. 스페인이 유로파이터를 만드는 EADS의 주주 국가여서 기피한 것입니다.

방위사업청은 스페인 대사의 방문을 받아들였어야 했습니다. 우리 군 무기가 미국제 위주로 짜였고, F-X 3차 사업도 그렇게 되리라고 보는 시각이 절대 우세한 상황에서 유럽 국가에 힘을 실어주면 미국 업체는 위축됩니다. 미국 업체를 코너로 몰면 가격 인하, 기술 이전의 폭을 키울 수 있었지만 방위사업청은 손을 놓았습니다.

공정경쟁은 사업 참여자를 위한 형식적 평등이 아닙니다. 초유력 주자 미국을 견제하는 것이 우리 입장에서 공정입니다. 8조 3,000억 원, 큰돈입니다. 차세대 전투기를 도입한 뒤에도 부품값, 훈련비가 또 천문학적 액수입니다. 요령껏 평가하고 협상하면 가격 많이 깎고, 기술 많이 챙길 수 있습니다.

F-35A '시험비행'도 못해…"테스트하려거든 한 대 사라"
-2012년 6월 7일 보도-

F-X 3차 사업 참여 기종 중 유로파이터와 F-15SE는 우리 조종사들이 직접 조종해보고 점수를 냅니다. F-15SE는 F-35A보다 실체가 더 모호하지만 우리가 60대나 갖고 있는 F-15K와 비슷하니까 벌써 타본 셈이고, 유로파이터도 우리 공군의 차세대 전투기 시험 평가단 중 일부가 이미 타본 적 있습니다. 9월 시험 평가할 때 다시 한 번 탑니다.

반면 록히드마틴 F-35A의 실탑승 시험비행은 없습니다. 시뮬레이터 평가로 대체합니다. 시뮬레이터 비행으로 차세대 전투기의 유력 기종을 평가한다는 것이 아무래도 찜찜합니다. 그래서 방위사업청은 미군이 조종하는 F-35A 뒤로 우리 조종사가 탄 추적기를 한 대 띄워 가까이서나마 실제 비행 모습을 구경하게 해달라고 미국에 요청해 놓은 상태입니다. 미국이 수용할지 모르겠습니다.

"차세대 전투기는 보나마나 F-35A."라는 말이 파다합니다. 록히드마틴은 특혜를 당연하게 여기는 눈치이고, 방위사업청은 무력하게 끌려다니고 있습니다. 이보다 더 노골적일 수 없는 불공정경쟁입니다.

"시험비행하려거든 한 대 사라"

현재까지 어느 나라 공군도 F-35A를 전력화하지 못했습니다. 시험적으로 개발한 시제기만 비행하고 있습니다. 시제기의 소유주는 록히드마틴이 아니라, 미국 정부입니다. 그래서 방위사업청은 미국 정부에 '직접 탑승 시험비행'을 요청했습니다.

미국의 답변은 "시험비행은 안 된다.", "테스트하고 싶으면 한 대 사라."였습니다. 시험비행 시간이 길지도 않습니다. 살지 말지 결정하기 위해 몇 시간 타보겠다는 부탁에 혈맹은 거부했습니다.

방위사업청은 우리 조종사가 F-35A를 직접 타볼 수 없는 다른 이유도 달았습니다. F-35A가 조종사 한 명만 타는 단좌기라서 조종사의 별도 훈련이 필요하고, 이 훈련에만 몇 달 걸린다는 것입니다. 경쟁 기종들은 복좌식이어서 우리 조종사가 먼저 뒷좌석에 타서 익힌 다음, 앞좌석으로 옮겨 앉아 조종간을 잡고 테스트합니다. F-35A만 단좌기여서 평가 조종사의 별도 훈련이 필요하니 테스트하는 데 시간이 너무 많이 걸린다는 논리입니다.

몇 달 더 걸리면 어떻습니까. 차세대 전투기는 비싼 무기입니다. 몇 달 더 걸려도 치밀하게 검토해서 기종을 결정하는 것이 합리적입니다.

호주 · 캐나다도 안 탔다?

방위사업청은 다른 나라도 F-35A 못 타보고 샀다고 설명합니다. 일본은 타보고 계약했는지, 안 타보고 계약했는지 아직 불명확합니다. 호주, 캐나다는 시험비행 없이 계약한 것이 맞습니다. 그렇다고 우리와 비슷하다고 보면 안 됩니다. 호주와 캐나다는 F-35A 개발을 위한 JSF 프로젝트에 참여한 투자국입니다. 일본은 현지 생산 조건으로 계약을 추진합니다. 전투기만 사는 우리와 차원이 다른 계약입니다.

F-X 3차 참가 기종 중 EADS의 유로파이터와 보잉의 F-15SE는 오는 9월 시험비행을 치릅니다. F-35A의 시험만 7월입니다. 시험비행 일정 정할 때 "록히드마틴만 왜 서둘러 평가받지?"라는 말이 많았다고 합니다. 다들 이것저것 막판까지 준비한 뒤 가능하면 늦게 평가받으려고 하는데 록히드마틴만 나홀로 7월을 고집한 것입니다. 태워줄 생각 없으니 준비할 것도 많지 않고, 그래서 일찍 시험 보고 끝낼 생각 같습니다.

"실제 비행 모습 구경만이라도…"

방위사업청은 결국 미군이 조종하는 F-35A 곁으로 추적기를 한 대 띄워 가까이서나마 실제 비행하는 모습을 구경하게 해달라고 미국에 부탁했습니다. 미국 측의 대답은 아직 없습니다. 미국이 수락해서 우리 공군이 F-35A의 비행을 직접 눈으로 목격한다고 해도 성능 평가에 얼마나 도움이 될지 의문입니다.

물건은 우리가 사는데 파는 쪽이 완전 갑입니다. 물건을 제대로 평가할 방법이 없습니다. 이렇게 비협조가 심해도 감점은 없는 것으로 알려졌습니다. 실제 비행과 시뮬레이터 비행의 점수 가중치는 똑같습니다. 전문가들은 가중치가 같은 평가에서 시뮬레이터 비행이 실제 비행보다 훨씬 유리하다고 입을 모읍니다.

방위사업청은 공정경쟁을 획득 사업의 모토로 내걸었습니다. 차세대 전투기 사업도 공정경쟁이 돼야 합니다. F-35A, F-15SE, 유로파이터 모두 시뮬레이터 비행하든가, 모두 실탑승 비행하든가 양자택일해 일관성을 유지해야 합니다. 혼자 특혜 달라는 업체는 탈락을 감수해야 합니다. 그래야 공정경쟁 됩니다.

F-X 3차 사업, 결국 차기 정부로…

-2012년 10월 29일 보도-

우리 영공을 앞으로 30년 이상 책임질 차기 전투기를 선정하는 사업이 결국 다음 정부로 넘어가는 것 같습니다. 호기롭게 10월 말이니, 11월 말이니 목표 시한을 내걸었던 방위사업청이 슬슬 "하늘이 두 쪽 나도 이번 정부에서 최종 기종을 선정하기는 어렵게 됐다."고 고백하기 시작했습니다.

애초부터 방위사업청의 목표 시한은 실현 가능성이 없었습니다. 괜히 시한 정해서 갑의 조급함만 내비쳤습니다. 협상의 주도권을 업체에 내준 꼴입니다. 이번 정부에서 최종 기종 선정하기가 어려워졌다니 다음 정부에서 시한 없이 신중하게 전투기 3종을 평가하길 기대합니다.

기적이 벌어지면 1월 중 최종 기종 선정

차기 전투기 사업의 앞으로 일정은 이렇습니다. 지난주까지 3차 협상이 끝났습니다. 계획대로라면 협상은 3차에서 끝입니다. 그런데 우리에게도, 전투기 제조업체에게도 협상 결과는 불만 그 자체였습니다. 따라서 예정에 없던 4차 협상이 11월 중순에 시작됩니다. 2주 정도 소요될 전망입니다.

4차 협상이 끝나면 12월입니다. 12월 중순에 가격만 놓고 밀고 당기는 가격 협상이 열립니다. 최소 2~3주, 길게는 몇 달이 걸릴지 아무도 모릅니다. 가격 협상까지 끝나면 대충 1월입니다. 다음 절차는 가격 입찰입니다. 절대 한 번에 끝나지 않습니다. 가격 맞을 때까지 끝장을 보는 절차입니다. 수십 차례까지도 갑니다.

가격 입찰이 기적적으로 한 차례로 끝난다 치면, 다음은 가격 맞는 업체들과 가계약 체결입니다. 이 또한 1주 이상 걸립니다. 이어서 방위사업청은 가계약 대상 업체들을 놓고 최종 기종을 결정하는 평가를 합니다. 또 1주일 이상이 흐릅니다. 방위사업청의 핵심 관계자는 이런 복잡한 시간표 때문에 "절차가 한 번에 착착 진행된다고 해도 최종 기종 선정은 1월 말이나 돼야 가능하다."고 말했습니다. 순조롭게 진행되는 절차란 우리가 후려치는 가격을 업체가 고분고분 받아들여 12월 가격 협상이 2~3주 만에 끝나고, 가격 입찰도 한 차례로 마무리되는 경우입니다. 불가능합니다.

록히드마틴, "가격 못 깎는다"

차세대 전투기의 유력 주자인 F-35A의 록히드마틴이 문제입니다. 가격을 못 깎겠다고 합니다. 한 발 더 나아가 가격이 얼마인지도 모릅니다. 록히드마틴의 주장은 "한국에 넘기는 F-35A의 가격은 미 공군 공급 가격이다.", "거기에서 한 발도 움직일 수 없다."입니다.

그렇다면 록히드마틴이 미 공군에 F-35A를 넘겨주는 가격은 얼마일까요? 미국 정부도, 록히드마틴도 모릅니다. 그들도 협상 중입니다. 우리는 F-35A를 얼마에 살 수 있을까요? 더더욱 알 수 없습니다. 이런 사정이니 11월 4차 협상, 12월 가격 협상, 1월 입찰이 원활하게 진행될 리 없습니다.

현실적으로 차기 정부에서 결정

현실적으로 차기 정부가 문을 여는 2월 말 이전에 최종 기종 선정한다는 계획은 물 건너 갔습니다. 방위사업청 핵심 관계자도 "어쩔 수 없이 차기 정부에서 결정하게 됐다."고 토로했습니다.

대선이 끝나면 방위사업청은 시어머니 두 분을 모시게 됩니다. 청와대와 인수위입니다. 양쪽에 따로 보고하면서 사업 추진하려면 시간이 두 배입니다. 보나마나 차기 정부 인수위도 이런 초대형 사업에 숟가락 얹고 싶은 욕심이 생길 수밖에 없습니다. 아마 인수위 보고에 시간 많이 잡아 먹힐 것입니다.

이제부터라도 시간에 구애받지 말고 차근차근 평가했으면 좋겠습니다. 우리는 물건 사는 갑입니다. 물건 파는 을이 간절하고 초조해야 합니다. 방위사업청은 국내 방산 업체 군기 잡듯 외국 방산 업체 군기 잡지는 못하겠지만 갑으로서의 적절한 횡포는 부릴 수 있습니다. 차기 정부로 공이 넘어가는 만큼 새 정부 방침 결정 기다린다는 핑계로 시한에 구애받지 말고 천천히 배짱부리면서 가격 더 깎고, 기술 더 많이 챙겼으면 좋겠습니다.

KF-X 기술 이전 파문의 시작 F-35A, 어떻게 선정됐나
-2015년 9월 27일 보도-

공군 차기 전투기 60대를 도입하기 위한 F-X 3차 사업은 2012년 1월 30

일 공고와 함께 시작됐습니다. 세기도 벅찰 만큼 많았던 협상과 시험 평가, 유찰, 재공고 등을 거쳐 2년 2개월 뒤인 2014년 3월 24일 군의 무기 도입 최고 결정기구인 방위사업추진위원회가 미국 록히드마틴의 F-35A를 차기 전투기로 최종 선정했습니다.

몇 문장으로 설명할 수 있는 과정이지만 2년 2개월 동안 해괴망측한 일들이 속출했습니다. F-35A를 위한, F-35A에 의한, F-35A의 사업이었습니다. F-35A 가격에 맞추느라 공군 소요 60대를 40대로 줄이는 과잉 친절을 베풀며 F-35A를 모셔오는 사업에서 반대급부로 한국형 전투기 KF-X 사업을 위한 밑천을 받아내 보겠다는 생각은 애초부터 잘못이었습니다. 청와대 민정수석실의 조사까지 이끌어 낸 KF-X 기술 이전 파문은 이미 그때 잉태했습니다.

F-35A를 지키기 위한 방위사업청의 눈물겨운 투쟁

사업 공고가 나기 전부터 F-35A가 차기 전투기 최종 기종에 선정될 것이라는 예상이 파다했습니다. F-35A의 록히드마틴, F-15SE의 보잉, 유로파이터 타이푼의 에어버스 등 3개 업체는 앞서거니 뒤서거니 제안서를 제출했습니다. 2012년 6월 록히드마틴과 에어버스의 서류 미비로 사업은 유찰되고 곧 재공고됩니다. 2012년 7월 초 방위사업청은 제안서를 다시 제출받아 제안서 평가와 시험 평가에 돌입합니다. 이때부터 이상한 일들이 벌어집니다.

시험 평가를 하려면 우리 공군 조종사가 대상 기종을 타봐야 하는데 록히드마틴은 F-35A의 탑승을 거부하고, 시뮬레이터 탑승만 허용했습니다. 방위사업청장은 트위터를 통해 "일본과 이스라엘도 시뮬레이터로 F-35A를 평가한다."며 노골적으로 록히드마틴 편을 들었습니다. 방위사업청장의 주장은 자기 영토 안에서 직접 F-35A를 제작할 일본, 이스라엘과 완제품을 받는 한국을 단순 비교한 것이라는 비판을 초래했습니다.

방위사업청은 F-35A 진면목의 일부라고 보겠다며 록히드마틴에 원격계측을 요구했습니다. 이때는 조금 단호했습니다. 원격계측을 거부하면 0점 처리한다고 엄포를 놓은 것입니다. 록히드마틴은 거부했습니다. 0점 처리는 없었습니다. 방위사업청은 록히드마틴이 다치지 않을 만큼 감점하고 말았습니다.

우여곡절 시험 평가 끝에 2013년 1월쯤 3개 기종 모두 '전투용 적합' 판정을 받았습니다. 2013년 내내 가격 입찰이 진행됐습니다. 가격 입찰도 록히드마틴에 일방적으로 유리했습니다. F-35A는 일반 상업 구매가 아니라, 해외군사판매 FMS 방식으로 거래됩니다. 구매국 정부 대신, 미국 정부가 무기 제조업체와 협상을 하는 방식입니다. 구매국인 한국 정부는 미국 정부가 업체와 합의한 가격을 군말 없이 받아들여야 합니다. 가격 협상은 FMS에서 존재하지 않습니다.

가격 협상 못하는데 가격 입찰한다는 방위사업청의 행태를 비판한 언론 기사에 방위사업청은 제소로 응수했습니다. 방위사업청의 청장 이하 모든 직원은 FMS가 뭔지 몰랐거나, 알면서도 국민들 눈치 때문에 거짓말을 한 것입니다.

엘리펀트 워크(코끼리 걸음)를 하는 공군 F-35A 전투기. 현재는 공군의 전략자산이지만 선정 과정의 잡음은 역대급이었다. (공군 제공)

뒤집어지는 평가 결과

노골적인 편파 판정에도 '재능 믿고 노력 안 한' 록히드마틴은 F-15SE의 보잉에 고배를 마셨습니다. 예상을 뒤엎고 보잉이 우리 공군 차기 전투기 사업의 승자가 된 것입니다. 보잉의 삼일천하였습니다. 2013년 9월 24

일 방위사업추진위원회는 F-15SE 선정안을 부결하고, 사업을 원점으로 되돌렸습니다. 무슨 수를 써서라도 F-35A를 사겠다는 의지가 읽혔습니다.

한 달 뒤 공군이, 또 한 달 뒤 합참이 차기 전투기의 ROC 즉 작전요구성능에 스텔스 성능을 집어넣어 대놓고 F-35A를 구매할 것임을 선언했습니다. 그때부터 경쟁은 사라지고 사실상 수의계약으로 갑니다. F-35A 앞은 탄탄대로였습니다. 이듬해인 2014년 3월 24일 방위사업추진위원회는 F-35A를 차기 전투기 최종 기종으로 선정했습니다. 가격이 너무 비싸서 당초 60대 사려던 것을 40대로 줄였지만 어떤 이들은 마침내 소원을 성취했습니다.

"오로지 F-35A."라는 굴욕적인 속마음 다 들키고 돌고 돌아 F-35A로 귀의했습니다. 이미 높은 콧대 더 높여줬는데 록히드마틴이 한국형 전투기 KF-X 개발을 성심성의껏 도와줄 리 만무합니다. 공동 생산도 아니고 완제품 40대 덜렁 사들이는데 기술 이전해 줄 턱이 없습니다. F-X 3차와 KF-X를 엮은 것 자체가 잘못입니다. 이런 사정 다 알면서도 일을 이렇게 꾸린 방위사업청과 공군의 책임이 큽니다.

유럽제의 약진, '시그너스' 날다

　공군의 숙원이던 공중급유기 획득 사업의 승자는 유럽 에어버스의 MRTT이다. '한미동맹 가점'에 의지해 낙승을 기대했던 미국의 보잉은 참패했다. 미국에 절대 유리했던 한국 무기 시장에서 벌어진 일대 사건이었다. 유럽제 MRTT 시그너스 도입을 계기로 "무기는 무조건 미국제."라는 공식이 깨졌다. 바야흐로 공정 경쟁의 싹이 튼 것이다. MRTT 시그너스는 전천후 작전 능력으로 국민들의 사랑을 받고 있다.

공중급유기 美 유력기종, 2017년 개발 난망…도입 어려울 듯
-2014년 11월 25일 보도-

우리 공군 공중급유기 사업에 뛰어들어 유럽 에어버스의 MRTT와 치열한 2파전을 벌이고 있는 미국 보잉의 KC-46A가 난관에 봉착했습니다. KC-46A의 배선 쪽에 결함이 발생했고, 해결에 애를 먹는 모양입니다. 당초 계획된 개발 완료 시점 2017년을 지키기 쉽지 않을 것 같습니다.

KC-46A의 개발 완료 시점이 2018년 이후로 늦춰지면 우리 공군의 공중급유기 사업도 영향을 받습니다. 우리 공군의 공중급유기 1호기 도입 시점은 2017년입니다. 만약 KC-46A가 우리 공군 공중급유기로 최종 선정될 경우 공군의 공중급유기 도입 일정이 어그러집니다. 방위사업청은 생각 잘 해야 합니다.

"KC-46A 개발 5~6개월 지연"

우리 군 소식통들의 말로는 KC-46A의 개발 일정이 최소 5~6개월 지연될 것이라고 합니다. 공중급유기의 기체는 여객기입니다. 여객기를 개조해서 공중급유기로 만듭니다. 여객기를 급유기로 개조하는 과정에서 가장 까다로운 작업이 배선 정리입니다. KC-46A의 경우 항전자전 능력을 높이다 보니 배선이 다른 공중급유기보다 훨씬 복잡해 배선 정리가 잘 안 된다는 전언입니다. 배선 정리가 신속하게 안 되면 KC-46A는 2017년이 아니라, 2018년이나 돼야 개발이 끝납니다.

KC-46A의 모든 계획이 1년씩 뒤로 밀리는 것입니다. KC-46A가 우리 공군의 공중급유기로 선정되면 우리 공군의 공중급유기 도입도 최소 1년 늦춰집니다. 애초 우리 공군이 공중급유기 사업을 구상할 때 1호기 도입 시점은 2016년이었는데 1년 연기돼 2017년이 됐습니다. KC-46A가 선정된다면 2017년은커녕 2018년 1호기 도입도 쉽지 않습니다.

"도입 지연…치명적 감점 불가피"

1호기 도입 지연은 보잉에 치명적입니다. 방위사업청 관계자는 "도입 시기 지연은 큰 감점 대상."이라고 밝혔습니다. 그러잖아도 이번 사업의 큰 가점 비중을 차지하는 국내 창정비, 절충교역 등에서 보잉은 소극적입니다. 보잉이 점수 쌓을 구석이 많지 않습니다. 특히 창정비는 국내 실시 조건을 수락하지 않으면 탈락이라고 군 당국은 못 박았습니다.

보잉이 미국 회사이다 보니 공중급유기 사업에서도 보잉에 미국 어드밴티지가 적용됩니다. 지금까지 대형 해외 무기 도입 사업에서 늘 그래왔습니다. 공군과 방위사업청도 그 점을 인정합니다. 그럼에도 이번에는 이전과는 좀 다른 기류가 감지됩니다. 보잉 주장이 곧이곧대로 받아들여지지 않는 것입니다. 보잉은 KC-46A 179대를 공급하기로 미 공군과 계약했다고 주장하는데 방위사업청은 허풍이라고 일축했습니다. 현재 시제기 4대와 2017년 공급분 18대 말고는 확정된 것이 없기 때문입니다. 2017년 미 공군 공급분 18대도 개발 일정 차질로 공급 기일을 맞추기 어렵게 생겼습니다.

공군 공중급유기 사업의 최종 승자는?

방위사업청은 우리 공군 전투기와의 상호운용성 면에서도 미국 기종, 유럽 기종 모두 적합하다는 입장입니다. 미군과 나토군이 서로 비슷한 공중급유 시스템을 채택하고 있어서 우리 공군 전투기에 대한 미국 KC-46A와 유럽의 MRTT의 상호 운용성이 비슷할 수밖에 없습니다.

게다가 유럽 MRTT의 에어버스는 절충교역, 국내 창정비 조건에 KC-46A의 보잉과 달리, 군말이 없는 편입니다. 연료 적재량과 병력 수송 능력은 대형기인 MRTT가 오히려 낫습니다. 이제 관전 포인트는 아직까지 본격적으로 시동을 걸지 않은 KC-46A의 미국 어드밴티지입니다. 이번에는 어떻게 작용할까요.

공중급유기 기종 선정 임박…'정치' 관문 뛰어넘나

-2015년 6월 25일 보도-

공군의 공중급유기 기종 선정일이 닷새 뒤인 오는 30일로 다가왔습니다.

공중급유기는 '하늘을 나는 연료 탱크'입니다. 우리 공군 숙원대로 공중급유기를 확보하면 공중에서 연료를 보충할 수 있어 전투기의 작전 시간을 대폭 늘릴 수 있습니다. 전투기 2대의 역할을 1대가 할 수 있게 돼 공군 전력이 배가됩니다. 독도 방어, 제주도 이남 방어 능력이 획기적으로 향상될 것으로 기대됩니다.

미국 보잉의 KC-46A와 유럽 에어버스의 A330 MRTT의 2파전입니다. 두 기종의 평가는 끝났습니다. 결과 발표만 남았습니다. 말이 안 되지만 결과가 바뀔지도 모릅니다. 성적만으로 순위를 결정해야 함에도 국제 정치역학적 고려가 가산돼 순위가 뒤바뀔 수 있습니다.

두 공중급유기가 받은 현재의 성적표는 각각의 급유기가 우리 하늘에서 작전하는 데 얼마나 적합한지를 객관적으로 측정한 것입니다. 성적에 의거해 기종을 선택하는 것이 옳습니다. 국제정치의 힘으로 순위가 뒤바뀌는 일이 없기를 바랍니다.

공군의 다목적 공중급유기 MRTT 시그너스. 혈맹 가점의 미국 공중급유기를 딛고 선정되는 파란을 일으켰다. (공군 제공)

대한민국 공중급유기 1~4호기의 기종은?

공군은 이번 사업을 통해 2017년부터 2019년까지 공중급유기 4대를 도입합니다. 기체 구매 예산은 1조 2,000억 원이고, 시설 구축 비용 등을 포함하면 총 사업비는 1조 4,000억 원입니다. 오는 30일 방위사업추진위원회에서 최종 기종이 결정됩니다.

평가는 끝났습니다. 어느 기종이 한반도 전장 환경에 더 적합한지, 가격과 후속 군수지원 및 유지운용비는 어떤지를 평가하고 협상해서 결론 냈습니다. 어느 기종이 앞섰는지 윤곽도 대충 알려지고 있습니다.

협상 시작 전 대체적인 전망은 보잉의 우세였습니다. 차기 전투기 F-X 3차 사업에서 록히드마틴에게 고배를 마신 데 대한 위로의 차원에서, 또 미국 회사가 늘 공짜로 얻어 가는 혈맹 프리미엄이 적잖은 가산점으로 작용해 보잉 KC-46A의 낙승이 점쳐졌습니다.

결과 발표 1주일도 채 안 남은 현재도 국제 정치역학적 요인에 주목하는 사람들이 많습니다. 성적이 어지간히 뒤지지 않는 한 보잉에 사업이 돌아갈 것이라는 시각이 여전합니다. 안타깝습니다. 미국제든 유럽제든 정무적 가산점 없이 성능만 평가해 무기를 샀으면 좋겠습니다. 대한민국의 국격이 그 정도는 됩니다.

보잉을 선택하거나 버리거나…필요한 건 용기?

우리 군은 지금까지 보잉으로부터 숱한 무기를 샀습니다. 공군은 F-15K 전투기와 장거리 공대지 미사일 슬램-ER 등을, 해군은 장거리 함대함 유도탄 하푼을 구매했습니다. 육군은 대형공격헬기 아파치를 36대 도입합니다. 물경 14조 원이 넘는 무기를 보잉으로부터 사들였습니다. 한국은 보잉의 큰 고객입니다.

보잉의 판매 후 처신은 야박했습니다. 우리 공군은 2011년 F-15K의 센서인 타이거 아이의 봉인을 뜯었다가 봉변을 당했습니다. 부품이 고장 나서 어찌 된 일인지 알아보려고 열어본 것뿐인데 미 측은 기술 절도를 의심하고 우리 군을 몰아붙였습니다. 또 F-15K 부품 가격은 천정부지로 올려 놨습니다. 슬램-ER 추진체 엔진 결함으로 대체 물량을 요구했지만 미 측은 거부했습니다.

미국 업체여서 누린 특혜입니다. F-X 1차 사업에서 보잉의 F-15가 기종 평가에서 프랑스 다쏘의 라팔에 뒤졌지만 최종 기종으로 선정된 것은 이미 널리 알려진 사실입니다. 보잉만이 아닙니다. F-X 3차 사업에서 록히드마틴은 노골적인 편파 판정 끝에 승자가 됐습니다.

한국은 그동안 미국에 안보 빚을 많이 갚았습니다. 앞으로도 두고두고 갚을 것입니다. 전력화 시점을 연기하면서까지 성적 안 되는 미국 급유기를 들인다면 이는 안보 빚을 갚는 것이 아니라, 국가적 비굴함을 키우는 것입니다. 좋은 무기를 제값 주고 약속 이행 받으면서 도입해도 누가 뭐라 하지 않을 때가 됐습니다. 공중급유기 사업이 무기 탈미국화의 시금석이 될지 주목됩니다.

해외 무기 도입의 단골, '불공정'

 공중급유기 사업에서 유럽 에어버스가 미국 보잉을 제치면서 미국의 한국 무기 시장 독식의 신화는 깨졌다. 에어버스의 승리는 해외 무기 도입 때마다 나타나는 '미국 바라기' 불공정에 금이 가는 대사건이었지만 이후 한국 무기 시장에 공정경쟁이 뿌리내린 것은 아니다. 조기경보기, 해상작전헬기, 해상초계기의 해외 도입 사업에서 매번 불공정의 잡음이 나왔다. 상례와 규정을 무시한 채 특정 국가의 특정 기종을 위한 절차가 진행됐다. 방위사업에 소소한 비정상이 나타나도 매번 경고음을 크게 울려야 한다. 야박하게 보여도 어쩔 수 없다. 그래야 방위사업의 신뢰를 단단히 세울 수 있다.

조기경보기 2차 사업, 공고도 안됐는데 불공정 논란
-2021년 9월 2일 보도-

우리 공군은 2011년~2012년 도입한 미국 보잉의 조기경보통제기 E-737 피스아이 4대를 운용하고 있습니다. 한반도와 그 주변을 감시하고 동시에 훈련하고 정비하기에 4대로 부족해서 방위사업추진위원회는 작년 6월 1조 5,900억 원을 투입해 차기 조기경보기 2대를 추가 도입하기로 결정했습니다. 방식은 실력으로 승부하는 완전 경쟁, 즉 해외 상업 구매로 정해졌습니다. 조기경보통제기 2차 사업이 시작된 것입니다.

현재까지 선행 연구, 사업추진기본전략 수립, 사업타당성 검토 등을 마쳤고, 앞으로 사업공고와 사업설명회, 입찰 등을 남겨두고 있습니다. 보잉의 E-737 개량형과 스웨덴 사브의 글로벌아이(Global Eye), 이스라엘 IAI의 ELW-2085 CAEW의 3파전이 예상됩니다. 보잉이 앞서가고 사브와 IAI가 추격하며 엎치락뒤치락 흥미진진한 경쟁이 기대됐습니다.

최근 들어 이상한 움직임들이 나타나고 있습니다. 차기 조기경보통제기가 반드시 구현해야 하는 군 작전요구성능 ROC를 이제 와서 수정하려고 한다는 웅성거림이 들리는가 하면, 방위사업청 조기경보기 사업팀 인사들이 스웨덴을 방문할 계획인 것으로 확인됐습니다. 또 방위사업청은 예비 사업설명회를 개최하려다 부랴부랴 연기했습니다. 하나같이 사브에 유리한 일들로 여겨져 조기경보기 2차 사업이 공고도 뜨기 전에 불공정 논란에 휘말리는 형국입니다.

ROC에 손대나

사브의 글로벌아이는 훌륭한 조기경보통제기입니다. 공중과 지상, 해상을 정밀 감시하는 전천후입니다. 그럼에도 한국 기준으로 보면 치명적 약점이 있습니다. 글로벌아이는 전후방 원거리 감시 레이더가 없습니다. 반면 우리 군 조기경보기 ROC에는 바로 이 전후방 감시 레이더 장착이 포함된 것으로 알려졌습니다. 즉 사브의 글로벌아이는 우리 군 ROC를 맞추지 못합니다.

사브는 글로벌아이의 ROC 미충족으로 조기경보기 2차 사업 참여 자체가 불가능한데도 사브를 사업에 끌어들이기 위해 전후방 감시 레이더 관련

ROC를 변경하려고 한다는 말들이 업계에서 돌고 있습니다. 조기경보기 2차 사업에 정통한 업계 관계자 A 씨는 "방위사업청이 공군에 ROC 변경을 요청했다고 들었다.", "공군은 받아들이지 않았다지만 앞으로 어떻게 전개될지 모르겠다."고 말했습니다.

한국의 방위사업 관행에서 ROC 변경은 성씨 바꾸는 것보다 어렵습니다. "ROC 변경은 곧 업체 특혜."라는 인식이 퍼져 있고, 감사원이 무기 사업 감사 시 반드시 집중 점검하는 항목이기도 합니다. 대단한 각오 없이는 손 못 댑니다.

방위사업청의 공식 입장은 "ROC는 군 소관으로 방위사업청이 관여할 수 없다."입니다. 그럼에도 아랑곳 않고 전후방 레이더 관련 ROC 수정을 시도한다는 이야기들이 흘러나오고 있으니 사업 과정을 유심히 지켜보지 않을 수 없습니다.

방위사업청 사업팀의 스웨덴 출장

방위사업청 조기경보기 사업팀 복수의 인사는 이달 중순 스웨덴을 방문합니다. 방위사업청은 "스웨덴 사브 방문은 이달 셋째 주이고, 세부 일정은 사브와 협의 중."이라고 밝혔습니다. 방위사업청 사업팀 인원들이 사업에 참여할 업체를 방문할 수는 있습니다. 전제가 있습니다. 형평에 맞게 다른 업체들도 고르게 찾아다녀야 합니다. 방위사업청은 "다른 업체도 방문할 것."이라고 말하지만 미국 보잉과 이스라엘 IAI 방문 계획은 현재까지 정해지지 않았습니다.

해외 항공기 업체 관계자 B 씨는 "업체를 방문하려면 선행 연구, 사업추진기본전략 수립 사이에 갔다 와야지 사업타당성 검토까지 다 끝난 시점에 해외 업체를 찾아간다니 의아하다."고 말했습니다. 방위사업청의 사브 방문은 자칫 방위사업청이 사브 편만 들어주는 행보로 받아들여질 수 있습니다. 경쟁사인 보잉과 IAI가 편파적이라며 들고 일어서면 방위사업청은 군색한 처지가 되기 십상입니다.

방위사업청의 한 관계자는 "사브가 ROC를 충족하려고 글로벌아이에 전후방 레이더를 달 수도 있다.", "그런 것들을 점검하기 위해 사브를 방문하는 것으로 이해할 수도 있지 않느냐."고 말했습니다. 그러나 사브는 "글로벌아이에 해당 장비를 장착하지 않겠다."는 의사를 우리 군 당국에 여러 차례 전달한 것으로 전해졌습니다. 방위사업청 인사들이 스웨덴으로 건너가는 성의를 보여도 사브가 수천억 원의 출혈을 감수하며 전후방 레이더를 달아줄지 의문입니다.

예비 사업설명회 한다더니 돌연 연기

방위사업청은 지난달 30일 조기경보기 2차 사업 예비 설명회를 개최할 계획이었습니다. 3개사에 ROC를 공개하며 사업 참여를 독려하는 자리입니다. 보잉, 사브, IAI 등 3개사를 모두 부른다니까 공정한 조치 같지만 실상은 그렇지 않습니다.

보잉과 IAI는 1차 사업을 완주했던 터라 우리 조기경보기 ROC와 사업 세부 내용을 속속들이 알고 있습니다. 사브는 1차 때도 ROC 미충족으로 중도 포기했습니다. 보잉과 IAI는 1차 사업 노하우를 기반으로 당락의 성패를 좌우할 제안서를 벌써 작성하고 있다고 합니다. 사브는 1차 사업 경험이 일천한 데다 설상가상 전후방 레이더 이슈에도 발이 묶여 있는 상태입니다.

사정이 이렇다 보니 보잉과 IAI는 예정대로 연말 사업공고, 본사업설명회 개최를 선호합니다. 연말보다 일찍 예비 사업설명회가 열려 ROC와 사업의 세부 사항이 다소 이르게 공개되면 사브는 사업공고에 앞서 보잉, IAI와 격차를 줄일 수 있는 절호의 기회를 잡게 될 것이라는 지적이 많았습니다. 방위사업청이 이런 여론을 감지했는지 개최일을 얼마 남기지 않고 갑자기 설명회 일정을 10월로 잠정 연기했습니다. 일단 연기라도 했으니 망정이지 보잉과 IAI한테 괜히 흠 잡힐 뻔했습니다.

조기경보통제기 2차 사업이 슬슬 달궈지는 시점에 터져 나온 ROC 변경설, 스웨덴 사브 방문과 예비 사업설명회 계획 등은 모두 '사브 편의'로 수렴됩니다. 1조 5,900억 원 규모의 대형 사업이 공고가 나기 전부터 이렇게 잡음과 구설에 휘말리면 곤란합니다. 공개경쟁의 묘미를 살릴 수 있는 유력

선수들의 참여는 환영받아 마땅하지만 그것도 공정성을 해치지 않는 범위 안에서만 그렇습니다.

▎軍 해상작전헬기 사업 원점으로…美 공문 한통에 중단
-2019년 1월 20일 보도-

당초 계획대로라면 지금쯤 해상작전헬기 2차 사업의 우선협상대상자가 선정돼 협상이 개시됐어야 했습니다. 두 차례의 공개경쟁 입찰이 모두 유찰돼 유일하게 응찰했던 한 업체를 대상으로 수의계약 검토 단계로 접어든 때가 작년 11월이었습니다. 두 달이 지난 현재 시점에는 본협상이 시작되고도 남습니다.

예상 밖의 일이 벌어지고 있습니다. 방위사업청이 돌연 해상작전헬기 2차 사업을 중단했고, 원점 재검토 방침을 확정한 것으로 확인됐습니다. 가격이 안 맞는다며 사업 불참을 공식 통보했던 미국 측이 2차 유찰에 맞춰 해외무기판매 FMS 방식으로 록히드마틴의 MH-60R 기종을 판매하겠다는 공문을 보낸 뒤 생긴 사태입니다. 방위사업청은 유일하게 공개경쟁 입찰에 참여했던 유럽 레오나르도의 AW-159, 일명 와일드캣의 수의계약을 검토하려다가 미국 정부의 공문 한 통에 사업을 원점으로 되돌렸습니다.

이제 2차 해상작전헬기를 국내 개발하느냐 해외 도입하느냐, 또 해외 도입한다면 상업 구매 방식이냐 FMS 방식이냐를 놓고 사업타당성 검토부터 다시 시작합니다. 전력화 시기는 멀찍이 연기됐습니다. 미국은 해상작전헬기 2차 사업에 관심이 있었으면 당당하게 공개경쟁 입찰에 참여했어야지, 밥상 차리려니까 뒤늦게 와서 상을 엎는 몽니를 부렸습니다. 방위사업청은 그런 미국을 타박하기는커녕 서둘러 새 밥상을 차려놓고 있습니다. 해군은 헬기 없는 반쪽짜리 신형 호위함을 띄우게 생겼습니다.

기막힌 타이밍의 美 공문 도착, 그리고 사업 중단

방위사업청은 추가로 차기 해상작전헬기 12대를 도입하는 해상작전헬기

2차 사업의 1차 공고를 작년 6월 18일 게시했습니다. AW-159의 레오나르도만 단독 응찰해서 유찰되자 방위사업청은 10월 31일 사업을 재공고했습니다. 역시 레오나르도만 나왔고, 11월 14일 또 유찰됐습니다.

방위사업청은 AW-159의 레오나르도 외에 NH-90의 NH인더스트리와 MH-60R의 록히드마틴에 사업 참여를 타진했었습니다. 두 업체의 반응은 차가웠습니다. NH인더스트리는 제안서를 제출하지 않았고, 록히드마틴은 "MH-60R의 가격이 높아 사업비를 맞출 수 없다."며 사업 불참을 선언했습니다.

방위사업 관련 규정에 따라 공개경쟁 입찰에 1개 업체만 참여해서 2회 유찰되면 단독 참여 업체와 수의계약을 할 수 있습니다. 레오나르도의 AW-159는 기왕 1차 사업을 통해 8대가 도입됐기 때문에 2차로 12대를 들여도 정비, 조종사 교육 등에 별도 투자가 필요 없어서 수의계약이 유력했습니다.

또 AW-159는 무장으로 LIG넥스원의 청상어 국산 어뢰를 채택했습니다. 와일드캣 추가 도입시 국산 무기 수요가 부가적으로 생기고, 사업비 9,500억 원의 절반에 달하는 절충교역 혜택도 챙길 수 있었습니다. 절충교역의 핵심은 해상작전헬기 기술 이전으로 알려졌습니다.

그런데 2차 사업이 두 번째로 유찰된 11월 14일 바로 그날, 기다렸다는 듯 미국 정부의 P&A(Price and Availability) 공문이 방위사업청으로 날아들었습니다. 록히드마틴의 MH-60R을 FMS 방식으로 도입하라며 대강의 가격과 성능을 기재한 서류입니다. FMS도 일종의 수의계약입니다. 미국이 자국 무기를 수혜적 차원으로 해외에 판매하는 대신, 가격은 미국 정부가 알아서 정하는 식입니다. 절충교역은 없습니다.

두 번 유찰되고 우선협상대상자로 레오나르도가 떠오르는 순간 록히드마틴이 막무가내로 들이닥쳐 "그동안 과정은 모두 무효."라며 억지 부리는 꼴입니다. 항공업계에서 "미국이 갑질을 많이 한다지만 이런 경우는 처음 본다.", "힘으로 사업 빼앗아 가겠다는 심보여서 말문이 막힌다."는 반응이 나오고 있습니다.

방위사업청 "사업 중단하고 원점 재검토"

　미국의 무례에 방위사업청은 '사업 중단 및 원점 재검토'로 화답했습니다. 방위사업청 핵심 관계자는 "록히드마틴이 가격을 낮춰서 P&A를 보내 왔다.", "상황이 변했으니까 원점에서 재검토하게 됐다."고 말했습니다. 미국 눈치 보기, 미국 무기의 검은 커넥션 작동 여부에 대해서 물었더니 말꼬리를 흐렸습니다. 해상작전헬기 전력화 지연을 걱정하는 목소리는 소요군인 해군에서만 아주 조금 나오고 있습니다.

　시호크라고 불리는 MH-60R이 좋은 해상작전헬기라는 데는 이견은 없습니다. 가격은 비싼 편입니다. 12대 도입에 9,500억 원이 책정된 해상작전헬기 2차 사업 한도에 맞추기 어렵습니다. 우리 정부가 사업비를 넉넉히 책정해주면 좋으련만 여유가 없었는지 증액도 하지 않았습니다.

　또 해상작전헬기가 앉을 차기 호위함이 큰 배가 아니라서 대형 헬기인 MH-60R의 착함이 쉽지 않은 것으로 알려졌습니다. 해상작전헬기 착함을 위해 배를 뜯어고쳐야 할지도 모릅니다. 후속 군수지원, 정비, 조종사 교육도 새로 준비해야 합니다.

　좋은 헬기 들이면 전력이 강화되니 돈이 얼마가 들든 감내할 수 있습니다. 다만 그렇게 단순한 공식으로 지금 사태를 볼 수 없어서 답답합니다. 남의 나라 절차를 무시하는 미국의 전횡과 방위사업청의 저자세는 분명히 문제가 있습니다.

'와일드캣 죽이기'와 '시호크 띄우기'의 상관관계는

　재작년부터 작년까지 노골적으로 MH-60R를 지지하며 AW-159를 공격하는 힘센 자들이 있었습니다. 와일드캣 즉 AW-159가 비리 헬기이기 때문에 2차 사업에서 배제해야 한다는 것이 그들의 논리였습니다. 1차 사업에서 헬기를 제때 못 댔기 때문에 지체상금을 내야 한다는 주장도 합니다.

　삿된 주장과 논리들입니다. 와일드캣 비리 의혹은 작년 고등법원과 대법원 판결을 거치며 부실 수사, 누명이었던 것으로 거듭 확인됐습니다. 지난 정부 방산 비리 합수단의 무리한 기소로 숱한 현역 장교들이 억울한 옥살이하며 돈과 명예, 세월을 잃은 뒤에야 무죄 석방됐습니다. 1차 사업을 통해 들어온 와일드캣 8대는 해군 조종사들의 호평을 받으며 제 임무를 백분 수행하고 있습니다. 1차 와일드캣 도입 지연은 오롯이 합수단의 수사 탓입니다. 와일드캣은 책임 없습니다.

갑작스러운 미국의 끼어들기와 방위사업청의 사업 중단, 원점 재검토 결정이 MH-60R 수의계약 시나리오의 시작 아니냐는 의구심을 불러일으키고 있습니다. 록히드마틴의 의도가 궁금합니다. 방위사업청의 호응과 의사결정의 내막이 궁금합니다. 공개경쟁을 통해 좋은 무기 사고팔기 위한 선의만 있기를 바랍니다.

文 정부 첫 대형 무기 도입 사업…수상한 갈지자 행보
-2018년 6월 16일 보도-

문재인 정부의 첫 대형 해외 무기 도입으로 기록될 해상초계기 사업이 묘하게 돌아가고 있습니다. 보잉의 포세이돈 P-8만 단독으로 참여시켜 구매하는 방식에서, 다른 기종들도 불러 경쟁시키는 입찰 방식으로 돌아서더니, 군 지휘부에 수의계약과 경쟁 입찰 중 하나를 고르도록 선택을 맡기는 유례 드문 초식까지 등장했습니다. 이제는 다시 포세이돈 수의계약 움직임이 나타나고 있습니다.

갈지자 행보의 중심에는 포세이돈이 똬리를 틀고 있습니다. 방위사업청은 이전 정부에서부터 포세이돈 수의계약을 선호했습니다. 방위사업청의 윗선이 포세이돈을 유독 선호했던 터라 다른 기종은 눈에 들어오지도 않았습니다. 정권이 바뀌고 한국국방연구원 KIDA의 사업타당성 조사에서 경쟁 입찰을 권고하자 분위기가 좀 바뀌는 것 같았지만 잠시뿐이었습니다. 방위사업청은 사브와 에어버스의 해상초계기는 안중에도 없고 포세이돈 수의계약에 일방적으로 힘을 싣고 있습니다.

경쟁을 붙여 기술 이전 받거나, 적어도 가격을 낮출 수 있는 기회를 방위사업청이 스스로 걷어차고 있다는 비판이 쏟아지고 있습니다. 방위사업청은

"법대로 한다."고 주장합니다. 방위사업청의 말과 달리, "편법으로 특정국의 무기 도입하는 것 아니냐."는 정반대의 반론도 나옵니다. 해상초계기 사업 방식은 오는 25일 방위사업추진위에서 결정될 예정입니다.

돌고 돌아 결국 수의계약?

방위사업청은 "경쟁 입찰을 해야 한다."는 작년 KIDA의 사업타당성 조사 결과에도 불구하고 수의계약을 고집했습니다. 포세이돈의 유력한 경쟁 상대인 사브의 소드피시(sword fish)가 실물이 없는 기종이라는 이유를 들

스웨덴 사브의 글로벌아이와 미국 록히드마틴의 시호크, F-35A에서 끝날 줄 알았던 해외 무기 선정 과정의 불공정은 최근까지도 종종 벌어지고 있다. (사브, 해군 제공)

없습니다. 개발 중이어서, 또는 향후 개발할 계획이어서 실물이 없던 무기를 사업에 참여시킨 사례가 많은데도 방위사업청은 사브 소드피시의 실물 없음을 탓했습니다. 보잉도 방위사업청과 같은 주장을 펴고 있습니다.

포세이돈 수의계약에 대한 반대 여론이 거세지자 방위사업청은 올 들어 양보하는 척 경쟁 입찰로 눈을 돌렸습니다. 방위사업청 핵심 관계자들도 이런 저런 자리에서 "똑같이 기회를 주고 국익에 최선인 방안을 고르는 경쟁 입찰로 가야 하지 않겠나."라고 언급했습니다.

이달 초 희한한 사업 방식이 나타났습니다. 국방부 관계자는 "방위사업청이 단독 수의계약 방식과 경쟁 입찰 방식 두 가지를 방위사업추진위에 동시에 올려 방위사업추진위가 선택하도록 하는 방안을 상부에 보고했다."고 말했습니다. 방위사업추진위는 통상 한 가지 안이 올라오면 가부를 결정합니다. 복수의 안 중에 하나를 고르는 사례는 희귀합니다. 여권의 전 방위사업추진위원은 "방위사업추진위원으로 6년여 동안 활동했지만 방위사업추진위에서 복수의 안 중 하나를 선택해 본 적이 없다.", "방위사업청의 의도를 모르겠다."고 꼬집었습니다.

이번 주부터는 아예 경쟁을 원천 배제한 포세이돈 수의계약안이 유력하게 떠올랐습니다. 방위사업청 관계자들이 "이번 사업의 경우 법적으로 경쟁 입찰 방식이 성립하지 않는 것 같다."는 말을 흘리기 시작했습니다.

경쟁 입찰이 불법?

방위사업청 측이 말하는 경쟁 입찰의 불법성이란 무엇일까요? 앞서 언급했듯이 사브 소드피시의 실물이 없다는 점입니다. 해상작전헬기 1차 사업 때 레오나르도의 와일드캣, 차기 전투기 사업 때 보잉의 F-15SE도 딱 떨어지는 실물이 없었기는 마찬가지입니다. 보잉과 방위사업청이 한목소리로 사브의 소드피시가 실물이 없다고 트집을 잡고 있지만 보잉과 방위사업청은 F-15SE를 올려놓고 차기 전투기 사업 경쟁 입찰을 치른 전례가 있습니다. 해상초계기만 문제 삼는 것은 내로남불입니다.

방위사업청 관계자는 "경쟁 입찰 참가 기종은 적어도 개발이 시작돼야 한다."고 주장하고 있습니다. 사브 측은 지난 3월 기자 간담회에서 "이미 개발된 공중경보기 글로벌아이와 소드피시는 78%가 같다.", "나머지 22%만 새로 개발하면 된다."고 설명했습니다. 경쟁 입찰을 통해 사브의 주장을 검증하면 될 일입니다.

방위사업청 논리의 부실은 경쟁에 나서겠다는 업체가 사브 한 곳이 아니라는 데서 명백해집니다. 에어버스는 지난달 기자 간담회를 열고 수송기 C295 기반의 해상초계기 C295MPA로 도전장을 내밀었습니다. 이스라엘 IAI와 한백항공이라는 업체도 사업 참여를 희망하는 것으로 알려졌습니다. 사브의 소드피시가 불참해도 경쟁 입찰 조건은 됩니다.

사브의 소드피시는 포세이돈의 유일한 경쟁 기종이 아닙니다. 해상초계기뿐 아니라 공중경보기의 기술 이전과 한국형 전투기 KF-X의 에이사 레이더 기술 이전을 약속해 포세이돈의 유력한 대항마가 됐을 뿐입니다. 사브 측은 "소드피시의 소노부이 성능과 작동 시간이 포세이돈을 능가한다.", "캐나다, 뉴질랜드, UAE 등 6개국과 공급 협상을 하고 있다."고 밝혔습니다.

그런데도 방위사업청은 포세이돈 수의계약을 고집하니 저의를 의심받을 수밖에 없습니다. 방위사업청 고위직 출신이 보잉의 고문으로 일하고 있어 논란을 빚은 지가 엇그제인데 방위사업청은 아랑곳 않고 보잉 포세이돈 앞이를 하고 있습니다. 2조 원 가까이 투입하는 문재인 정부의 첫 해외 무기 도입 사업입니다. 방위사업청은 이랬다 저랬다 스스로 어려운 길을 가고 있습니다. 어렵지 않습니다. 순리대로 경쟁 입찰을 통해 제일 좋은 초계기 선택하면 됩니다.

▮▮▮ **조기경보기 2차 사업은 2024년 5월 현재까지도 갈지자 행보를 걷고 있다. 사업공고와 유찰을 2번 연속해서 3차 재공고까지 실시했다. 항공기 도입 사업에서 3차 재공고는 유례가 없다. 해상작전헬기 2차는 미국의 몽니가 통해서 시호크로 결정됐다. 차기 해상초계기 역시 포세이돈으로 선정됐다.**

Ⅲ. 파사현정(破邪顯正)의 국방과학
삿됨을 깨쳐 바름을 드러내다.

7. 방위사업청의 존재 이유는?

획득인가, 수출인가

　방위사업청의 제1임무는 무기의 도입과 개발, 즉 획득이다. 수출은 방위사업청의 2, 3순위 임무이다. 방산 수출이 늘어나고 국민들의 호응이 커지자 방위사업청은 획득보다 수출에 열중하는 모습을 종종 보였다. 최고 권력 기관이 방산 수출을 정치적으로 활용하는 데 편승해 방산 수출은 선이고, 방산 수입은 악이라는 잘못된 이분법을 선보이기도 했다. 방위사업청은 수출이 아니라, 획득의 성공을 통해 존재 가치를 입증해야 한다.

방위력개선비, 사상 최대 삭감…참사인데 담담한 그들은 누구인가?

-2021년 11월 22일 보도-

지난 16일 국회 국방위원회 전체회의에서 내년 국방 예산 중 방위사업청이 담당하는 방위력개선비 6,122억 원이 삭감됐습니다. 정부가 제출한 방위력개선비 17조 3,365억 원에서 연구 개발 관련 예산 407억 원이 증액된 데 반해, 각종 무기의 도입 및 성능 개량 관련 예산 6,529억 원은 삭감돼 전체 감액 규모가 6,122억 원에 달했습니다.

2006년 1월 방위사업청이 개청한 이래 최대 규모의 삭감입니다. 방위사업청은 정부로부터 돈 타서 무기 획득하는 기관인데 본연의 업무 추진을 위한 내년 예산 농사에 실패했습니다. 왜 삭감됐는지 내역을 따져 보면 말문이 막힙니다. 방위사업청의 준비 소홀로 감액해 마땅한 예산이 수두룩한 가운데 긴요한 무기 개발 및 도입 계획에 제동이 걸렸습니다. 소요를 제기한 군은 부글부글 끓고 있고, "국방은 진보."를 추구하던 청와대도 다소 충격을 받은 것 같습니다. 참사라고 부를 만합니다. 정작 방위사업청은 아무렇지 않은 듯 별 동요가 없습니다.

불요불급한 곳에 혈세를 쏟아부어선 안 된다는 전제 하에 국회가 매의 눈으로 과잉 예산을 찾아내는 절차를 거친 합당한 결과이지만 그에 앞서 방위사업청은 도대체 어떻게 예산을 편성했길래 이런 일이 벌어졌는지 묻고 싶습니다. 방위사업청은 "개청 15년 만에 가장 엉터리로 예산을 짰다."는 비판에서 자유로울 수 없습니다.

어떤 예산 어떻게 삭감됐나

수직이착륙형 무인정찰기 사업은 31억 3,500만 원 전액 삭감입니다. 사업타당성 조사가 나오기도 전에 예산을 올렸고, 곧이어 "사업타당성이 없다."는 결론이 났습니다. 전술정보통신체계 성능 개량은 사업 분석에서 연구 개발 방식보다 기술 변경 방식으로 하면 기간은 16개월, 예산은 32억 원 줄어드는 것으로 나타났지만 방위사업청은 비경제적인 연구 개발로 밀어붙였습니다. 47억 8,400만 원 전액 삭감입니다.

방위사업청은 전력화 시기가 5년 후인 이동형 장거리 레이더의 주장비를 사겠다고 일찌감치 청구서를 들이밀었습니다. 관련 부지 매입도 안 했으면서 공사 착수금을 받으려고 했습니다. 180억 원 감액됐습니다. 지상 전술 C4I, 소화기 음향탐지기도 각각 내년 전력화와 계약 체결이 난망한데도 예산 요청했다가 거절당했습니다.

K1E1전차 성능 개량은 민관 공동 투자 연구 개발로 진행되기 때문에 정부의 사업비 분담 비율은 75%입니다. 그럼에도 방위사업청은 분담 비율 100%에 해당하는 예산을 달라고 했습니다. 8억 8,000만 원 깎였습니다. 494억 5,900만 원 요청한 신속획득사업 예산은 절반으로 줄었습니다. 무엇을 살지 소요도 확정하지 않고 돈부터 내놓으라고 했기 때문입니다.

특수작전용 기관단총은 개발업체 대표 및 임원들의 기밀 유출 혐의 기소로 올해 사업이 중단됐습니다. 올해 예산은 내년으로 전액 이월됩니다. 이월액 11억 6,800만 원을 감안하지 않은 채 예산 신청했고 고스란히 깎였습니다. GPS화물낙하산, KUH-1비행훈련 시뮬레이터 예산도 같은 이유로 감액됐습니다.

하나같이 어디다 말하기 창피한 사례들입니다. 이런 사례들은 한참 더 있습니다. 방위사업청은 할 말 없습니다. 방위사업청의 민낯입니다. 황당한 예산안으로 국회에 밉보였는지 각 군의 핵심 장비 증강 사업도 국회 국방위에서 줄줄이 제동이 걸렸습니다.

패트리엇 팩3 도입, F-35A 성능 개량, 대형 공격헬기 2차, 대형 수송기 2차, 경항모, 조기경보기 2차 등의 사업 예산이 상당액 깎였습니다. 국방부 고위 관계자는 "방위사업청이 1차원적인 가감승제 계산에서부터 고차원적인 국방 전략에 이르기까지 총체적인 부실을 드러냈기 때문에 이번 삭감을 참사라고 부르는 것."이라고 논평했습니다.

그럼에도 태평성대 방위사업청

개청 15년 만의 최대 삭감. 그것도 남부끄러운 삭감이라는 대형 사고가 벌어졌으면 방위사업청은 백번 근신해야 합니다. 국회와 합참, 각 군에 사죄의 뜻을 전하는 것이 도리입니다. 방위사업청장은 직원들에게 "나부터 반성한다.", "다 같이 심기일전하자.", "기본으로 돌아가자."고 참회와 호소의 이메일이라도 보냄직 합니다.

그런 일은 일어나지 않았습니다. 대신 지난 주말 방위사업청 직원들에게 이상한 문자 메시지가 한 통씩 전달됐습니다. 방위사업청과 모 경제 전문 케이블채널이 함께 제작한 항공 기술 관련 프로그램의 시청을 독려하는 내용이었습니다.

군의 한 소식통은 "방위력개선비 최대 삭감이라는 참사로 기운 빠지는데 방위사업청이 휴일에 자기 홍보나 다름없는 프로그램을 보라는 한가한 문자를 보냈다니 말문이 막힌다.", "누가 이런 지시를 했는지 참 궁금하다."고 말했습니다. 모 방산 업체의 고위급은 "혈세로 외주 제작한 방위사업청 홍보성 프로그램일 텐데 지금 분위기에서 다 함께 보자는 생각은 어디에서 나오는지 모르겠다."고 지적했습니다.

이러다 방위사업청 문 닫을라

방위사업청은 존재 이유와도 같은 방위력개선비 확보 임무에서 큰 잘못을 저질렀습니다. 군의 전략과 전술, 무기 소요에 대한 전문성, 안보에 대한 사명감이 심각하게 떨어진다는 지적이 쏟아지고 있습니다.

문민화한다며 군인들 몰아내고 공무원들 위주로, 공무원들 중심으로 방위사업청 조직을 꾸렸더니 무기 획득 과정에서 안보적, 전략적, 전술적 판단이 사라졌다는 것입니다. 1,600명 직원 중 400명으로 쪼그라든 군인들은 목소리를 잃은 지 오래입니다. 비대해진 문민은 관성에 빠지고, 초라해진 군인은 의지를 상실하는 '방위사업청 문민화의 함정'입니다.

반면 절차와 규제를 늘려 권한 확대하는 공무원 특유의 생존 방식은 기가 막히게 공고화됐다는 웅성거림이 여기저기에서 들립니다. 도입이든 개발이든 사업의 기간과 장애물은 점점 늘어나고 효율성은 추락하는 가운데 공무원들의 방위사업청 근무 선호도는 치솟는 역설적 상황이 회자되고 있습니다. 열과 성을 다해 좋은 무기 획득하는 안보의 디딤돌이 아니라, 강남 생활권을 향유할 수 있는 경기도 과천의 쾌적하고 매력적인 직장이 된 것은 아닌지 걱정입니다.

방위사업청은 노무현 정부에서 '소명을 각인한 공직자의 치열한 일터'로 탄생했습니다. 15년 만에 '복지부동 공무원의 안락한 일자리'로 퇴락하지 않았기를 바랍니다. 2006년 1월 출범할 때 내걸었던 비전과 목표를 다시 꺼내 정독할 필요가 있습니다. 각성 못 하면 방위사업청 개청 20년의 미래는 없을지도 모릅니다.

방위사업청 '예산' 반성은 진심?…'KF-21 2호기 명명' 놀음은 무엇

-2021년 12월 5일 보도-

내년 예산이 확정된 그제, 방위사업청은 '2022년 방위력개선 예산 국회심사 결과 관련'이란 제목의 입장자료를 냈습니다. 방위사업청은 입장자료에서 "방위력개선비가 이례적으로 대규모 감액된 현실을 무겁게 받아들이고, 국방을 위해 불철주야 노고를 아끼지 않는 군 관계자들에게 송구함을 전한다."고 밝혔습니다. 사상 최대 방위력개선비 삭감에 대한 방위사업청의 반성문으로 풀이됐습니다.

방위사업청답지 않습니다. 방위력개선비의 기록적 감액에 대한 비판이 비등할 때 아랑곳 않고 한국형 전투기 KF-21 시제 2호기에 방위사업청 사업단장 이름을 붙이던 방위사업청입니다. 예산 감액의 사유를 묻는 질문에 반성의 빛이라고는 없는 해명을 내놓던 방위사업청입니다. 인도네시아로부터 KF-21 공동 개발 분담금의 상당분을 현지 특산물로 받는 전근대적 계약을 체결해놓고 쾌거인 양 여기저기에 자랑했던 방위사업청입니다. 그래서 방위사업청의 이번 예산 삭감 사과는 정치인들이 카메라 앞에서 흘리는 악어의 눈물과 다르지 않아 보입니다.

예산 삭감 한파에 'KF-21 명명' 놀음

그제 국회 본회의에서 내년 예산이 확정되기에 앞서 지난달 16일 국회 국방위 전체회의에서 방위력개선비 삭감의 윤곽이 잡혔습니다. 국방위가 방위력개선비 정부안 중 삭감한 액수는 6,122억 원이었습니다. 방위사업청 개청 이래 최대의 삭감이라며 놀라는 이들도 많았고, 이 모양으로 일을 처리한 방위사업청을 탓하는 목소리도 많았습니다.

정상적인 공무원들이라면 이런 분위기에서 자중하고 성찰합니다. 하지만 국방위 삭감 참사 6일 만인 지난달 22일 방위사업청장은 확대간부회의에서 "KF-21 2호기에 방위사업청의 한국형 전투기 사업단장의 이름을 붙이는 방안을 추진하라."고 지시했습니다. 기록적 국방비 삭감의 와중에 전투기 개발 역사상 유례없는, 살아있는 공무원의 이름을 전투기에 붙이는 기행입니다.

한국형 전투기 사업단장의 헌신적 노력을 기억하자는 취지라는데 KF-21 개발의 주역 한국항공우주산업 KAI와 KF-21의 주인 공군뿐 아니라 방위사업청에서도 그런 취지에 동의하는 이를 찾기 어렵습니다. 관련 보도가 나온 뒤에야 상황 파악이 된 방위사업청은 지난 1일 2호기에 사업단장 이름 붙이는 계획을 철회하고, "관련 규정 및 사례 등을 고려해 검토한 결과 시제기에 명칭 부여보다는, 모형 항공기에 이름을 새겨 사업단장에게 증정하기로 결정했다."고 밝혔습니다.

2023년 7월 대전에 신청사를 연 방위사업청 (방위사업청 제공)

반성보다는 자화자찬의 방위사업청

지난 22일 기자는 삭감된 방위력개선비 중 8개 항목의 구체적 사유를 방위사업청에 물었습니다. 방위사업청은 장황하게 제도적 한계라는 투로 해명하면서 이를 기사에 반영해줄 것을 요청했습니다. 삭감에 방위사업청의 잘못과 책임이 있다는 자성은 전혀 없었습니다.

KF-21 인도네시아 공동 개발 분담금 재협상 결과도 심각한 반성의 대상이지만 방위사업청은 자화자찬입니다. 방위사업청은 재협상에서 미납 분담금 8,000억 원에 대한 이자를 얼마로 매길지 손도 못 댔고, 분담금 1조 6,000억 원의 30%를 팜유와 같은 현물로 받기로 했습니다. 둘 다 시한폭탄입니다. 특히 현물 납부는 두고두고 다른 수출 건에 악영향을 미칠 가능성이 큽니다. 인도네시아와 잠수함 3척 건조를 계약하고 2년이 넘도록 계약금을 못 받은 대우조선해양은 계약금을 현물로 받게 될까 봐 벌써 근심입니다.

이런 사정인 데도 지난달 11일 방위사업청장은 재협상 결과에 대해 "120% 만족한다."고 말했습니다. KF-21 2호기의 이름이 될 뻔한 한국형 전투기 사업단장은 며칠 뒤 기자들에게 "방위사업청장이 차장 때부터 열심히 뛰어줘서 신속한 결과가 있었다."고 말하며 방위사업청장 띄우기에 힘썼습니다.

방위사업청장과 한국형 전투기 사업단장의 자화자찬, KF-21 시제 2호기 이름 붙이기 놀음을 보면 방위력개선비 삭감에 대한 방위사업청의 반성문은 진심으로 읽히지 않습니다. 겉으로 미안한 척하며 속으로는 "내 잘못 없다."고 투정하는 것 같습니다. 방위사업청 탓에 무기 획득 계획 어그러진 군만 벙어리 냉가슴입니다.

朴 소통수석의 '文 정부 안보 자화자찬'…맞는 주장일까

-2021년 12월 26일 보도-

청와대 국민소통수석이 오늘 SNS에 이번 정부의 방산 수출과 안보 예산 증가 등을 홍보하는 글을 올렸습니다. 이번 정부 기간 진행된 개별 무기 체계의 수출과 개발 성과도 늘어났습니다. 방점은 대통령의 방산 협력 업적에 찍혔습니다.

정부의 홍보 책임자로서 정부 광고하는 글을 SNS에 쓸 수 있습니다. 하지만 정부의 홍보 책임자의 글인 만큼 팩트 체크와 맥락 확인, 분석의 정교함이 뒷받침돼야 하는데 이번 SNS 글은 팩트의 왜곡, 맥락과 분석의 부재가 좀 심한 편입니다. 청와대 홍보 책임자의 근거 없는 자랑은 정부 당국자들에게 부질없는 자찬을 유도하는 잘못된 본보기가 될 뿐 아니라, 안보에도 도움 안 됩니다.

이번 정부 사람들은 '천궁-II'를 입에 올리지 마라

2017년 11월 국방장관과 청와대의 모 수석은 개발을 마친 천궁-II의 양산 계획을 방해했습니다. 청와대 모 수석은 현 국민소통수석의 전임자들 중 한 명입니다. 그는 천궁-II를 "5년 이내에 폐기될 노후 무기 체계."라고 폄하했습니다. 국방장관은 양산 보류를 강요했습니다. 국방장관과 청와대의 유력 수석이 반대하니 천궁-II는 사장되기 일보 직전까지 갔었습니다.

청와대와 국방부의 눈치를 무릅쓰고 많은 이들이 천궁-II를 양산시키려고 애썼습니다. 끝내 천궁-II를 살려냈고, 올해 실전배치와 UAE 수출 임박이라는 쾌거를 이뤘습니다. 국민소통수석은 SNS에 천궁-II의 실전배치를 이번 정부의 성과처럼 썼는데 그렇지 않습니다. 이번 정부의 당국자들은 염치가 있다면 천궁-II를 입에 올려선 안 됩니다.

국민소통수석은 '장사정포 킬러'로 불리는 전술지대지유도무기 개발 완료와 양산 착수도 홍보했습니다. 전술지대지유도무기가 극비 '번개사업'이라는 이름으로 잉태될 때 거세게 반대하며 저격했던 사람들은 모두 현재 여당의 전현직 국회 의원들입니다. 그들의 공격에 연연하지 않고 국방과학자들이 꾸역꾸역 10여 년간 노력한 덕에 지난 2020년 빛을 봤습니다.

국민소통수석은 KF-21 시제기 출고와 3,000톤 급 잠수함 취역, 그리고 SLBM 수중 발사 성공, 군 통신위성 배치 등도 이번 정부의 공인 양 홍보했습니다. 운 좋게 때를 잘 만나서 과실을 수확했을 뿐입니다. 씨 뿌리고, 잡초 뽑고, 풍수해 넘긴 것은 이전 정부들의 역할이었습니다. 어떤 무기든 우리 모두의 오랜 노력의 결실로 개발됩니다. 일개 정부가 잘해서 할 수 있는 일이 아닙니다.

방산 수출 증대도 이번 정부의 공?

국산 무기의 수출은 출발점에서 종착역까지 길게는 10년 넘게 소요됩니다. 해외 유명 방산 업체들이 개발한 무기들과의 경쟁을 뚫고 팔아야 하니 대단히 어려운 일입니다. 수출이 성사되면 박수는 오롯이 업체와 국방과학자들에게 돌아가야 합니다.

그런데 국민소통수석은 "대통령의 호주 국빈 방문을 통해 1조 원 규모의 K9 자주포와 K10 탄약운반장갑차 수출 계약을 성사시켰다."고 SNS에 썼습니다. 대통령 방문으로 성사된 계약이 아닙니다. 대통령 순방에 맞춰 꽃길을 깔아주려고 업체가 호주 정부와 계약 일정을 조정했을 뿐입니다.

이런 일 많습니다. 업체들은 대통령 순방 일정에 맞춰 계약일을 늦추거나 당기기 위해 상대국과 실랑이를 벌이기 일쑤입니다. 이 때문에 겪는 업체들의 수고로움이 작지 않습니다. 정부가 방산 수출을 돕는 길은 대통령이 외국 나갈 때 수출 계약일 억지로 맞추는 것이 아니라, 상대국 원수 만나서 열심히 무기 세일즈를 하는 것입니다.

그리고 지난 10월 서울 아덱스(국제항공우주 및 방위산업 전시회) 때 대통령 방문 일정을 갑자기 변경해서 업체들의 수출 상담이 대거 꼬였던 일을 상기하기 바랍니다. 보다 못해 기자도 청와대 안보실 고위 관계자에게 대통령 일정 변경 재고를 부탁했었는데 허사였습니다. 국내 업체들이 외국군 장성들, 외국 수입업체 측과 사전에 정한 미팅 일정이 숱하게 취소됨으로써 국산 무기 마케팅 기회를 많이 놓쳤습니다.

방산 수출은 善, 방산 수입은 惡?

국민소통수석은 오늘 SNS에 "올해는 방산 수출 규모가 방산 수입을 훨씬 초과했다."는 방위사업청장의 말도 옮겨 적었습니다. 어떤 기준으로 방산 수출이 방산 수입을 초과했으며, 진정 초과했다면 왜 초과했는지 따져봐야 합니다. 방산 수출이 방산 수입보다 커진 것이 자랑거리인지도 따져봐야 합니다.

방산 수출은 환영해 마땅함에도 안보, 국방과 직결되지 않습니다. 방산 수출은 본질적으로 기업이 돈 버는 행위입니다. 방산 수입은 우리 군이 첨단 무기를 들여오거나 기존 무기를 성능 개량하는 일입니다. 안보와 직결되기 때문에 방산 수입이 상대적으로 줄었다고 마냥 반길 사안이 아닙니다.

즉 방산 수출 증대는 안보와 별 상관없지만, 방산 수입이 줄면 우리 군사력이 약화됩니다. 방산 수출은 선(善)이고, 방산 수입은 악(惡)이라는 이분법은 성립하지 않습니다. 방위사업청장이 무슨 의도로 방산 수출과 방산 수입을 함께 놓고 비교했는지 모르겠습니다.

청와대 국민소통수석이 방산 자화자찬을 자주 해서 그런지 요즘 방위사업청은 신났습니다. 인도네시아의 KF-21 분담금 중 30%를 현물로 받는 참 난처한 계약을 체결해 놓고도 방위사업청장은 "120% 만족한다."며 혼자 기뻐했습니다. 방위사업청의 한국형 전투기 사업단장은 인도네시아와 수정계약 체결한 데 방위사업청장의 노력이 컸다고 띄워주더니, 방위사업청장은 KF-21 2호기에 사업단장의 이름을 붙이는 기행을 벌이기도 했습니다.

칭찬은 고래도 춤추게 한답니다. 돈 안 드는 칭찬 많이 할수록 좋습니다. 그런데 고래를 칭찬하는 것은 고래가 아닐 터. 자화자찬하며 실속 없이 혼자 우쭐대지 말고, 남의 칭찬을 듣도록 노력해야 할 것입니다. 특히 안보와 국방을 놓고 주고받는 헛된 칭찬은 우리 군과 적의 오판을 초래할 수 있습니다.

새 방위사업청장 일성은 "획득 강화"…방위사업청 제자리 찾나
-2022년 6월 24일 보도-

방위사업청 제12대 청장이 어제 취임했습니다. 신임 청장은 취임사에서 방위사업청의 임무에 대해 "두말할 필요도 없이 양질의 전투 장비를 적기에 공급하는 것."이라고 단언했습니다. 군의 전력증강을 위한 무기 체계의 적시 개발 또는 도입, 즉 획득을 방위사업청의 제1임무로 강조한 것입니다.

방위사업법 등에 따르면 방위사업청은 방위력 개선 사업과 군수품 조달 및 방위산업 육성을 하는 기관입니다. 첫 번째 임무는 각 군이 소요 제기한 무기 체계를 적시에 조달하는 방위력 개선 사업입니다. 획득이라고 부르는 업무로 방위사업청이 존재하는 이유입니다. 두 번째 임무는 총기와 방탄복 등 무기류부터 의복류에 이르는 군수품의 조달입니다. 세 번째는 방산업계와 방산 수출을 지원하고 육성하는 것입니다.

방위사업청장은 취임 일성으로 방위사업청의 획득 임무에 방점을 찍었습니다. 당연한 말입니다. 하지만 방위사업청은 최근 들어 본연의 목적보다는 겉으로 화려할 뿐, 안보에 별 도움 안 되는 제3의 임무에 몰두하는 경향이 강했던 터라 신임 청장의 취임사는 신선했습니다. 취임사를 철저히 실천하면 방위사업청은 제자리를 찾고 군의 전력은 단단해질 것으로 기대됩니다.

어제의 방위사업청은 어떠했나

작년 12월 3일 방위사업청은 방위력개선비 삭감에 대한 입장자료를 냈습니다. "국방을 위해 불철주야 노고를 아끼지 않는 군 관계자들에게 송구함을 전한다.", "향후 계획된 군사력 건설에 필요한 예산 확보에 빈틈이 없도록 노력하겠다."고 밝혔습니다. 방위사업청의 개청 목적이자 제1의 임무인 획득에 큰 구멍을 낸 데 대해 고개를 숙인 것입니다.

반성은 잠시였습니다. 방위사업청은 곧바로 방산 수출 드라이브를 걸며 전화위복에 나섰습니다. 작년 처음으로 방산 수출액이 방산 수입액을 추월했다고 자찬하며 청장 등 고위직들이 수출 현장을 누볐습니다. 방산 수입은 무기를 도입하고 개량함으로써 안보와 직결되는 사안인데 단순한 소비로 치환했고, 방산 수출은 업체를 살찌울 뿐, 전력 강화와 무관한데도 자주국방의 쾌거라고 홍보했습니다. 그래놓고 지난 5월 제2차 추경에 방위력개선비 5,550억 원을 또 내주는 수모를 겪었습니다.

방위사업청은 제1임무인 획득에 연거푸 실패하면서도 수출 홍보로 분식에 심혈을 기울였습니다. 권력과 대중은 국산 무기 수출 찬가에 현혹됐지만 군과 방위사업청 내부에서는 "방위사업청이냐, 방위산업수출청이냐."는 비판이 들끓었습니다. 방위사업청의 사활은 획득에 달려있습니다. 방산 수출도 중요하지만 획득의 다음 순서입니다.

신속하고 효율적 획득, 첨단 기술의 빠른 적용

신임 방위사업청장은 취임사에서 세 가지의 약속과 다짐을 내걸었습니다. 첫 번째는 "반드시 필요한 국방기술과 무기 체계를 신속하게 계획하고 효율적으로 획득하자."입니다. 취임사 모두에서 "양질의 전투 장비 적기 공급."이라는 방위사업청 제1의 임무를 확인한 데 이어, 세부 지침 격인 약속과 다짐의 첫 대목도 신속한 획득에 할애했습니다.

두 번째 약속은 첨단 국방과학기술을 빨리 받아들여 전력화 시키겠다는 것입니다. 뉴욕에 자동차가 등장한 뒤 마차를 밀어내는 데 10년도 걸리지 않은 사실을 예로 들며 첨단 국방과학기술 활용의 승패는 속도에 달렸음을 분명히 했습니다.

군과 방산업계가 공통적으로 신임 청장의 말에 동의하는 분위기입니다. 각 군이 제기한 소요가 방위사업청에 들어가면 예산 삭감 또는 계획 변경, 기간 연장의 수난을 겪기 일쑤이고, 국방과학연구소는 여전히 일반 무기 체계 개발을 첨단·핵심·비닉 기술 개발보다 앞세우는 실정이어서 새 정부 방위사업청의 획득 능력과 첨단 국방기술의 활용 능력 강화 방침은 환영받을 수밖에 없습니다. 한 고위 장성은 "언제부터인가 방위사업청은 군의 파트너 자격을 포기한 것 같았다.", "신임 청장의 취임사를 잘 실천하면 방위사업청은 군의 진정한 파트너가 될 것."이라고 말했습니다.

적극적 업무 수행을 위한 조직문화 개선

신임 방위사업청장의 세 번째 약속은 일하는 방식과 조직문화의 개선입니다. "수사, 감사, 조사가 두려워서 업무 자세가 소극적으로 변해가고, 장애물을 만나면 극복하기보다는 피하려 한다."고 방위사업청의 현실을 진단했습니다. 그리고 "적극적으로 업무를 수행한 직원이 과도한 책임을 져야 하는 관행과 제도를 과감하게 개선하겠다."고 밝혔습니다.

첫 시도부터 세계 최고 수준의 작전요구성능 ROC를 세워놓고 한 치라도 어긋나면 냉정하게 손 털었던 방위사업청입니다. 소요군은 전력화가 급하다고 아우성인데 방위사업청은 엿가락처럼 늘려 놓은 획득 절차에 걸터앉아 세월을 낚았습니다. 무기 체계 개발에 문외한이지만 규정과 절차 따지는 데는 고수인 감사원이 주시하고 있으니 방위사업청의 소극적 입장도 더러 이해는 됩니다.

어찌 보면 맹목적인 문민화가 빚은 폐해입니다. 방위사업청 절대 다수의 문민은 방위사업청의 책임 있는 자리를 독식하고 있습니다. 문민들은 군이 전력화 시기의 준수를 얼마나 간절히 원하는지 모릅니다. 대신 거미줄처럼 꼬인 규정의 준수에 목을 맵니다. 이런 구조에서 방위사업청은 결코 군의 소요에 호응할 수 없습니다. 대형 방산 업체의 한 임원은 "무기 개발과 도입의 의미와 중대성, 특수성에 대한 공무원들의 이해가 심각하게 떨어진다.", "무기를 일반 공산품처럼 여긴다."고 꼬집었습니다.

뒷방살이 신세로 전락한 방위사업청의 현역 장교들을 중용하는 긴급 처방을 고려할 필요가 있습니다. 방위사업청 소속이라도 현역 장교들은 모군의 사정을 잘 압니다. 모군 무기의 석기 전력화를 위해 적극적으로 일할 수 있습니다. 그동안 문민화의 파도에 방위사업청의 구석진 곳으로 밀려나 그럴 권한이 없었을 뿐입니다. 각 군으로 하여금 방위사업청의 현역 장교들을 적극 이용하도록 길을 터주는 것도 방법입니다.

참 어려운 도전입니다. 그럼에도 성취했을 때 대단한 성과로 평가될 것입니다. 신임 방위사업청장이 취임사에서 밝혔듯이 "2006년 후암동의 낡고 먼지 쌓인 사무실에서 오직 새로운 국방 획득의 장을 열겠다는 신념 하나로 똘똘 뭉쳐서 밤 늦게까지 치열하게 토론하고 일했던 그때를 잊지 않으면." 충분히 해볼 만합니다.

방위사업청의 오락가락 잣대

2023년 하반기, 한국형 초음속 전투기 KF-21의 초도 양산을 당초 계획 40대에서 20대로 줄이라는 사업타당성 조사 결과가 나와 큰 논란이 벌어졌다. 장거리 공대지 미사일 없는 전투기를 처음부터 40대나 양산하는 것은 비경제적이라는 것이 사업타당성 조사의 논리이다. 장거리 공대지가 KF-21의 발목을 잡으리라는 관측은 몇 년 전부터 나왔다. 방위사업청은 이를 모를 리 없었지만 미사일 개발 주관기관을 놓고 오락가락하며 허송세월했다. 또 방위사업청은 종종 엄격과 관대의 정책을 거꾸로 사용하곤 했다. 엄격해야 할 때 관대하고, 관대해야 할 때 엄격한 것이다. 방위사업 실패의 길이다.

'주관기관 조정' ADD 개혁, 국민·국회에도 약속…그런데 없던 일로?

-2021년 9월 24일 보도-

　방위사업청은 재작년 하반기부터 국방과학연구소 ADD, 방산 업체들과 숱한 협의를 벌여 연구 개발 주관기관 조정 방안을 마련했습니다. ADD는 첨단과 비닉(秘匿), 비익(秘益) 기술의 연구 개발에 집중하고, 일반 무기의 연구 개발은 방산 업체들에 이관해 ADD와 방산 업체의 경쟁력을 동시에 높이겠다는 구상입니다. 작년 6월 국방장관 주재 방위사업추진위에 보고돼 사실상 정책으로 확정됐습니다. 이른바 'ADD 재구조화' 개혁에 본격 돌입한 것입니다.

　올여름부터 방위사업청이 딴소리를 하고 있습니다. "연구 개발 주관기관 조정 방안은 결정된 바 없다.", "설명을 잘못했고, 의사소통에 오해가 있었다."고 말을 바꿨습니다. ADD 재구조화 개혁을 되돌려 놓겠다는 것 같습니다. ADD 전임 소장은 1년 전 연구 인력이 부족해서 첨단·비닉 연구 개발하기에도 버겁다고 했는데 방위사업청은 아랑곳 않고 ADD에 첨단·비닉 연구 개발과 일반 무기 체계 연구 개발을 동시에 떠맡기겠다는 투입니다.

　방위사업청은 딱 부러진 이유를 설명하지 못하고 있습니다. 그도 그럴 것이 그동안 방위사업청은 ADD 재구조화 개혁 방안을 국회에 보고하고, 국민에게 약속까지 했습니다. 국방장관의 육성 명령도 있었습니다. ADD 재구조화 개혁을 뒤집는 것은 대국민 약속을 저버리고, 장관에게 항명하는 행위입니다. 무엇보다 국방과학의 첨병 ADD를 고사시키는 퇴행입니다.

국민에게 약속하고, 국회에 보고하고

　작년 10월 20일 국회 국방위의 방위사업청 등에 대한 국정 감사 때 방위사업청과 ADD는 업무 보고 자료에 연구 개발 주관기관 조정 방안을 명시했습니다. 방위사업청의 업무 보고 자료는 '첨단 기술 중심의 연구 개발 체계 개편'이라는 소제목을 내걸고, △첨단 기술 개발과 비닉·비익 사업에 역량을 집중하기 위한 ADD 재구조화 추진 △무기 체계 연구 개발 주관기관을 ADD에서 업체로 전환하고(8개 중 4개 사업), 업체의 연구 개발 역량 강화를 위한 ADD 기술 지원 및 연구시설·장비 활용 방안 마련이라고 자세히 설명했습니다.

국민의 대표에게 ADD 재구조화 개혁 방향을 보고한 것입니다. 국방위원들은 "말만 하지 말고 제발 실천하라."는 반응이었습니다. ADD와 방산 업체의 업무 분담의 필요성이 제기됐던 것은 어제오늘 일이 아닙니다. 마침내 방위사업청과 ADD가 그것을 하겠다고 하니 국방위원들은 반가움 반, 의심 반이었던 같습니다.

여기에서 그치지 않았습니다. 작년 말 국방장관 명의로 발간된 국방백서는 "기관별 역할 분담을 통해 ADD는 미래 도전 국방기술 개발을 포함하여 미래 핵심·신기술 개발을 위한 연구 역량에 집중할 것."이라고 적시했습니다. 기관별 역할 분담이란 ADD와 업체의 연구 개발 주관기관 조정을 의미합니다. 연구 개발 주관기관을 조정해서 ADD는 어려운 신기술의 연구 개발에 매진하겠다는 개혁안을 국방백서에 간명하게 한 문장으로 표현했습니다.

국방백서는 한 해의 국방정책을 국민들에게 선포·약속하는 국방의 바이블입니다. 국방백서에 ADD의 재구조화, 즉 연구 개발 주관기관 조정 방안을 명기한 것은 방위사업청의 대국민 약속과 다름없습니다.

장관이 명령하고, 국회에 세부 계획 보고하고

ADD는 작년 8월 5일 창설 50주년을 맞았습니다. ADD 대전 본원에서 열린 기념식에서 국방장관은 축사를 통해 "국방개혁 2.0의 일환으로 추진하고 있는 ADD의 재구조화를 반드시 완성해 세계 6위권의 국방과학기술력 확보라는 목표를 달성해주기를 기대한다."고 말했습니다. 연구 개발 주관기관 조정을 통한 ADD 재구조화 개혁을 완수하라는 국방장관의 명령입니다. 방위사업청과 ADD는 수명했습니다.

방위사업청은 지난 4월과 5월 국회에 연구 개발 주관기관 조정 방안에 대한 세부 계획을 보고했습니다. 4월 보고에서는 주관기관을 조정하기로 한 4개 연구 개발 사업의 총 사업비와 사업 일정을 세세하게 소개했습니다. 업체 주관 연구 개발시 비용과 기간이 늘어날 것이라는 일각의 우려에 방위사업청은 사업비와 기간 분석을 통해 증가분을 최소화하기 위한 청사진을 제시한 것입니다.

5월 국회 보고에서는 ADD의 기술을 방산 업체에 지원하는 방안을 내놨습니다. 기술 자문, 기술 용역, 기술 이전의 형태로 ADD의 기술을 방산 업체로 이전하겠다는 구체적 방법이 나왔습니다. 업체로 연구 개발이 이전되는 4개 사업별로 작년부터 올해 상반기까지 여러 차례 기술 검토 회의를 거친 결과입니다.

국민 약속도, 장관 명령도 저버리나

정리하면 연구 개발 주관기관 조정이라는 ADD 개혁안은 방위사업청이 국방백서로 국민들에게 약속하고, 국정 감사 때 국회 의원들에게 보고한 사안입니다. 장관이 방위사업청과 ADD에 명령했고, 방위사업청은 국회에 세부 계획까지 보고했습니다. 이에 앞서 방위사업청, ADD, 업체가 십 수 차례 긴밀하게 협의했고, ADD 최고 책임자들은 방산 업체를 찾아가 연구 개발 참여를 종용하기도 했습니다.

연구 인력이 부족한 ADD로 하여금 첨단·비닉에 몰두하고, 그동안 기술적으로 성숙해진 방산 업체들이 일반 무기 체계를 개발함으로써 세계 2등이 아니라 세계 1등을 추구하는 국방과학의 일대 개혁은 불가역적 정책이 됐습니다.

이렇게까지 정책을 굳혔던 방위사업청이 갑자기 여름부터 "결정된 바 없다."는 입장을 흘리기 시작했습니다. 연구 개발 주관기관 조정 방안은 여전히 검토 중일 뿐, 확정된 정책이 아니란 것입니다.

방위사업청은 "설명을 제대로 못 했다.", "의사소통에 오해가 있었다."며 개혁의 후퇴를 꾀하고 있습니다. 과거 50년 그랬던 것처럼 ADD가 첨단·비닉·비익 기술과 일반 무기 체계를 모두 함께 연구 개발하겠다는 뜻입니다. 이는 방위사업청이 국민과 국회에 한 약속을 저버리고, 장관의 명령을 무시하는 처사입니다. 역대 어느 정부에 이런 기관이 있었는지 모르겠습니다.

'장거리 공대지 개발' 기한 준수의 난제…그 후과는?

-2022년 12월 13일 보도-

한국형 초음속 전투기 KF-21에 장착할 장거리 공대지 미사일의 본격적인 개발이 시작됐습니다. 국방과학 당국이 독자 개발 가능성을 검토하는 탐색 개발을 마치고 실제로 무기를 만드는 체계 개발에 착수한 것입니다.

어제 방위사업청이 제시한 국산 장거리 공대지의 개발 목표는 독일제 타우러스입니다. 500km 이상 날아가 창문 크기의 표적을 정확히 때린 뒤 수 미터 두께의 강화콘크리트를 뚫고 폭발하는 성능을 구현한다는 구상입니다. 장거리 공대지 미사일의 개발 및 KF-21 체계통합 완료 기한은 2028년입니다.

불안한 기운이 돕니다. 방위사업청과 국방과학연구소 ADD의 고위 당국자들조차 '2028년 개발 완료'를 확신하지 못하고 있습니다. 전투기가 완성되지 않은 상태에서 10년 미만 기간에 실패 없이 장거리 공대지를 개발한다는 것은 불가능에 가까운 도전입니다. 도전 자체는 가치가 있겠지만 문제는 KF-21입니다. 장거리 공대지 개발이 늦어지면 KF-21은 우리 공군과 해외 큰손들로부터 외면 받습니다. 방위사업청장의 표현처럼 꼬리(미사일)가 몸통(KF-21)을 흔들게 됩니다.

'2028년 개발 완료' 자신 못하는 당국

작년 10월 19일 ADD 국정 감사에서 하태경 국민의힘 의원은 "(ADD 관계자로부터) 2028년까지(장거리 공대지의) 개발이 불가능하다고 보고를 받았다."고 밝혔습니다. 이에 ADD 소장은 "2028년도에 연동해서 나가는 것은 (장거리 공대지 미사일이 아닌) 유도폭탄류가 의논됐다.", "2028년도 장거리 공대지에 대해서는 공군에서는 그렇게 요구하고 있고, 방위사업청은 거기에 맞게 어떤 형태이든지 정책 결심을 할 것."이라고 말했습니다. 이어 "스케줄에 대해서는 추후에 검토해 봐야 되겠지만 그것은 별도로 보고하겠다."며 즉답을 피했습니다.

ADD 소장의 발언은 유도폭탄이야 2028년까지 되겠지만, 장거리 공대지 2028년 개발 기한은 모종의 정책적 판단에 따라 변경될 수 있다는 뜻으로 풀이됩니다. 하태경 의원실 관계자는 "장거리 공대지 미사일 개발을 위한 중요한 시험 스케줄을 잡지도 못했고, 잡을 수도 없다.", "개발 우선순위에서 밀린 것 같다."고 설명했습니다.

1년이 지난 어제 국방부 정례 브리핑에서 "2028년까지 장거리 공대지를 못 만들면 어떻게 할 것인가."라는 기자 질문에 방위사업청 관계자는 "이 자리에서 '2028년에 반드시 완료하겠다' 이렇게 말하는 것은 적절치 않다.", "관련 기관과 협조하고 리스크를 최소화하면서 적기에 추진할 수 있도록 노력하겠다."고 밝혔습니다. 1년 전 ADD 소장의 자신 없는 발언에서 한발도 더 내딛지 못했습니다.

KAI의 KF-21과 함께 전시된 공대지 미사일 모형. 당국은 장거리 공대지 미사일 개발 주관기관을 선정하는데 오락가락해 몇 년을 허송세월했다. (KAI 제공)

2028년까지 개발 못하면 어떤 일 벌어지나

2028년 기한을 넘겨 개발에 성공해도 미사일만 떼어놓고 보면 큰 성과입니다. 다만 장거리 공대지 개발이 늦어졌을 때 곤궁해지는 KF-21의 처지가 걱정입니다. 장거리 공대지 없는 4세대, 4.5세대 전투기는 무력합니다. 한반도 전장 환경만 놓고 봐도 북한의 핵 시설을 멀찍이서 때리지 못하는 최신형 전투기는 존재 이유가 없습니다. 수출 시장에서도 힘 못 씁니다.

주목할 것은 4.5세대 KF-21뿐 아니라, 5세대 F-35를 능가하는 6세대 전투기 개발을 위한 국방과학 강국들의 잰 걸음입니다. 일본(미츠비시중공업)과 영국(BAE시스템즈), 이탈리아(레오나르도)가 2035년 6세대 전투기 개발 완료를 목표로 글로벌 항공 전투 프로그램(Global Combat Air Programme · GCAP)을 출범시켰습니다. 프랑스(다쏘), 독일(에어버스), 스페인(인드라)의 미래 전투 항공 시스템(Future Air Combat System · FACS)은 전투기와 항공무장 개발 능력 면에서 일본·영국·이탈리아의 6세대 동맹보다 강력합니다.

FACS와 GCAP의 6세대 전투기와 4.5세대 KF-21의 시장은 다르지만 동시에 중첩 시장이 존재합니다. 동·중부 유럽과 중동 등입니다. KF-21이 무장 개발 지연으로 수출 시장에 늦게 진입하면 규모의 경제로 가격을 낮춘 6세대 전투기에 중첩 시장을 내주기 십상입니다.

우리 국방과학 당국이 반신반의하는 목표 기한인 2028년에 장거리 공대지 개발을 마친다고 해도 여러모로 늦습니다. KF-21의 양산 기체는 2026년부터 나옵니다. 그 이후 몇 년 동안 장거리 공대지가 없으니 KF-21 수출 마케팅을 공격적으로 못합니다. 이에 비하면 KF-21 1차 양산분 40대는 포기하고, 2028년 이후 2차 양산분 80대부터 장거리 공대지를 장착하는 불합리함은 사소하게 보일 정도입니다. KF-21을 개발하는 한국항공우주산업의 한 임원은 "KF-21의 수출을 서둘러 최소 300~400대를 양산해야 KF-21 사업의 성공을 논할 수 있다.", "우리 공군용과 수출용 KF-21의 무장을 별도로 생각할 필요가 있다."고 지적했습니다.

바꾸고 또 바꾸며 허송세월

국방부와 국방과학 당국은 장거리 공대지 체계 개발의 주관을 어디에 맡기는가를 놓고 몇 년 동안 같은 자리를 맴돌았습니다. ADD가 한다고 했다가, 돌연 방산 업체에 맡긴다더니, 다시 ADD로 넘겼습니다. 방위사업청은 재작년만 해도 "돈과 시간이 많이 든다."는 반론을 배척하고, 업체 주관을 밀어붙였습니다. 작년부터는 염치없이 "돈과 시간이 많이 든다."는 반론을 역이용해 업체 대신 ADD 주관으로 180도 입장을 바꾼 것입니다.

국방부와 방위사업청이 오락가락 의사 결정을 한 이유는 지금까지도 미스터리입니다. 이리저리 질문해도 당국은 대답을 피합니다. 책임자들 대부분은 무책임하게 공직을 떠났습니다. 그동안 버린 시간과 노력이 아까울 뿐입니다.

또 돌고 돌아 주관기관이 된 ADD는 개발 사업을 오래 끄는 경향이 있습니다. 감사원이 2018년까지 무기 연구 개발 과정을 들여다본 결과, 사업 지연은 업체 주관의 경우 36%에서 평균 10.8개월인데 반해, ADD 주관은 64%에서 평균 22.6개월로 나왔습니다. ADD가 주관하면 개발 사업 지연 가능성은 커지고, 지연 기간도 대폭 늘어났습니다.

이미 시간 까먹은 장거리 공대지 미사일 개발입니다. ADD가 주관해 시간을 더 허비하면 KF-21 사업은 위기에 직면합니다. 국방부, 공군, 방위사업청, ADD의 어떤 이라도 나서 장거리 공대지 개발 지연에 경종을 울릴 법도 하건만 그런 일은 일어나지 않고 있습니다.

'불법 수출' 눈 감고, '성실실패'에 가혹…기울어진 방산 운동장

－2023년 10월 14일 보도－

모름지기 행정은 공정해야 합니다. 방산을 관장하는 방위사업청의 행정도 공정해야 하는 것은 두말하면 잔소리입니다. 그런데 방위사업청의 행정이 업체에 따라 들쑥날쑥하다는 말이 들리고 있습니다. 그것도 엄격해야 할 불법에 관대하고, 관대해야 할 성실실패에 엄격한 사례들입니다. 구설에 아니 오를 수 없습니다.

총기류 제조업체 D사가 1~2년마다 총기와 부품을 불법 수출했어도 방위사업청은 적절히 제재하지 않았던 것으로 드러났습니다. 반면 한화오션이 1조 원에 달하는 한국형 3,000톤 급 잠수함을 건조하는 과정에서 수십억 원짜리 부품 하나 좀 늦게 개발됐다고 방위사업청은 한화오션에 1,000억 원에 육박하는 벌금을 물렸습니다.

방산 비리 차단하고 국산 무기 개발 독려하려면 불법에 엄격하고, 성실실패에 관대해야 합니다. D사의 불법 수출과 한화오션의 성실실패에 대한 방위사업청의 조치는 그 반대입니다. 국산 무기 개발 의욕 꺾고, 방산 비리 장려할까 걱정입니다.

업체의 불법 수출과 방위사업청의 무사통과

경찰과 국정원은 현재 D사의 불법 수출 위반 혐의를 수사하고 있습니다. 수년간 UAE에 총기류를 수출했는데 UAE 외 제3국으로 D사의 총기가 유출된 것으로 보입니다. 대외무역법상 '최종 사용자 승인' 조항 위반의 가능성이 큽니다. UAE의 정보 당국도 D사의 UAE 협력사인 C사를 들여다보고 있다고 정부 소식통은 말합니다.

D사의 불법 수출은 또 있습니다. 2019년 방위사업청은 폴란드를 최종 사용자로 지정한 D사의 총기류 수출에서 불법 혐의를 포착하고 경찰에 신고했습니다. 경찰은 D사의 유럽 지사 직원 2명에게 각각 수천만 원, 수백만 원의 벌금을 물렸습니다.

불법 수출은 선의의 제3국 안보를 해칠 수 있는 중대한 사안이라 방위사업청은 사법 당국의 처벌과 별도로 업체를 제재해야 하지만 D사 폴란드 불법 수출은 손대지 않았습니다. D사의 유력한 소식통은 기자에게 "한 임원이 '처리'했고, 유야무야 끝났다."라고 털어놨습니다. 기자의 취재가 시작되자 방위사업청은 "경찰에서 사건 처분 통보가 오지 않아서 몰랐다."고 해명했습니다. 그리고 뒤늦게 경찰에 D사의 2019년 처분 자료를 요청해 제재를 검토한다는 입장을 내놨습니다.

한 번이 아니었다

더 있습니다. D사는 2016년 8월 정부로부터 방산 업체로 지정받기 2개월 전, 대법원에서 미국 불법 수출 확정 판결을 받았습니다. 산자부, 방위사업청, 국군방첩사령부 등은 방산 업체 지정에 앞서 업체의 보안 조건을 정밀 점검했어야 했지만 2016년 6월 D사 불법 수출 판결을 놓쳤습니다.

D사는 업체 최대 규모의 기밀 유출 사건의 주범으로도 유명합니다. D사의 기밀 유출과 불법 수출은 같은 시점에 벌어졌습니다. 그럼에도 방위사업

청은 D사 불법 수출에 별다른 조치를 취하지 않았습니다. 의혹의 시선이 드리워지는 것은 당연지사입니다. 군의 한 관계자는 "불법 수출은 큰돈이 되기 때문에 한번 맛 들이면 깊이 빠져든다.", "강력해야 하는 방위사업청의 제재가 없었다는 것은 방위사업청의 단순 실수로 보기 어렵다."고 지적했습니다.

1조 잠수함에 30억 부품 개발 지연…948억 물렸다

성실히 개발했지만 역부족이어서 벌어진 작은 실패에 방위사업청은 가혹했습니다. 한화오션이 8년간 건조한 3,000톤 급 잠수함 도산안창호함에 방위사업청은 948억 원의 지체상금을 물렸습니다. 협력 업체가 어뢰기만기를 110일 늦게 개발했다고 잠수함 전체 건조 비용의 10%에 달하는 돈을 환수한 것입니다. 어뢰기만기를 외국에서 구입했다면 30억 원으로 충분했지만 돈 더 들여 독자 개발한 것이 화근이었습니다.

"협력 업체 귀책사유 또는 도전적 연구 개발에 따른 기술적 한계로 개발이 지연됐을 때 지체상금을 면제한다."는 방위사업청 훈령 조항이 신설됐어도 방위사업청은 요지부동입니다. 한화오션의 한 임원은 "이런 식이면 외국에서 사다 쓰지, 무슨 영화 누리겠다고 도전적 개발을 하겠나."라고 한탄했습니다.

대한항공의 해상초계기 성능 개량 사업, HJ조선의 검독수리-B batch-Ⅰ 건조 사업도 수백억 원의 지체상금을 맞았습니다. 대한항공은 소송을 벌여 기납입한 725억 원 지체상금 중 473억 원을 돌려받을 수 있는 판결을 이끌어냈습니다. 방위사업청은 473억 원에 더해 혈세로 막대한 이자를 뱉어내야 합니다. HJ조선도 지체상금 무효 소송을 검토하고 있습니다. 행정과 사법, 그리고 돈의 낭비가 이만저만 아닙니다.

어떤 업체는 큰 잘못 저질러도 무탈하고, 어떤 업체는 작은 잘못에도 벼락을 맞습니다. 방위사업청이 깔아 놓은 국산 무기 개발의 운동장이 기울어졌다는 업계의 반발이 나올 수밖에 없습니다. 방산 비리 근절하고, 국산 무기 개발 권장하려면 방위사업청이 많이 바뀌어야 할 것 같습니다.

비리와 정상 사이

방위사업청은 한때 비리의 상징이었다. 아주 많이 나아졌지만 여전히 방위사업청을 바라보는 국민의 시선은 불안하다. 큰돈 들고 무기를 도입함으로써 로비의 타깃이 된다는 태생적 조건이 엄연하고, 최근까지도 방산 비리의 기미가 짙은 사건들이 종종 터졌으니 방위사업청을 향한 눈길은 날카로울 수밖에 없다. 방위사업청이 비리의 이미지를 완전히 털어내는 날이 빨리 오기를 기대한다.

방위사업청, '뇌물 직원' 이름 적어 내랬더니…

-2012년 9월 17일 보도-

방위사업청이 작년에 '비리 직원 이름 적어 내기'를 했다가 결과를 보고 깜짝 놀라 덮은 것으로 뒤늦게 밝혀졌습니다. 방산 비리는 장병들의 생명을 뒷돈과 바꾸는 극악한 행위이고, 방위사업청에 많이 퍼져 있으니 극단적 처방을 내렸다가 엉거주춤 발을 뺀 것입니다.

방산 비리가 아무리 기승이라고 해도 조직원들의 상호 신뢰를 흔드는, 초등학교에서나 함 직한 '나쁜 사람 이름 써내기'를 한 것이라 입맛이 씁니다. 심지어 추후 조치도, 결과 발표도 없이 흐지부지 덮었습니다. 방위사업청 신뢰를 떨어뜨리고, 직원들 기분만 상하게 했습니다. 득은 없고, 실만 남았습니다.

'비리 직원' 이름을 적어 내시오!

방위사업청은 작년 8월말 방위사업청 직원 청렴도 평가를 하겠다고 밝혔습니다. 당시 보도자료 내용은 "동료 간 청렴도를 평가하고, 최하위 등급을 받은 직원에 대해서는 특별교육을 한다.", "교육 후에도 개선의 여지가 안 보이면 퇴출한다."였습니다. 대국민 약속이었습니다.

열흘쯤 뒤인 9월 9일 방위사업청 계약본부는 직원 412명을 대상으로 파격적인 설문조사를 했습니다. 비리 직원과 비리 연루 가능성이 큰 직원의 이름을 적어 내라는 설문조사였습니다. 설문 항목은 이렇습니다. △업체로부터 금품 향응을 제공받았거나 개연성 있는 자 △과다채무자, 사생활 문란자, 사행성 오락을 즐기는 자 △팀 내 분쟁이 잦은 자, 출퇴근 불량자 △일과 시간 과다 이석자 등등…….

설문 항목 참 살벌합니다. 대놓고 돈 받은 직원을 색출하겠다는 의지도 읽히고, 더 나아가 금품수수 가능성이 높거나, 뇌물을 받아야 할 개인적 사유가 있는 '비리 상비군'이 누군인지도 묻고 있습니다. 설문 결과는 어땠을까요.

쏟아져 나온 실명들

직장인들은 충분히 경험하고 있겠지만 상향 평가나 팀원 평가를 할 때

용기가 필요합니다. 좋게 평가하는 일이야 즐겁게 하면 그만인데 악평을 하려면 미안하기도 하고 자신 없기도 해서 소신을 발동하기가 쉽지 않습니다. 하물며 동료 가운데 비리 직원 이름을 적어 내라고 하면 고민이 깊어져 손이 떨립니다.

놀랍게도 방위사업청의 비리 설문조사에서 실명이 우수수 쏟아져 나왔습니다. 모 국회의원실이 입수한 자료를 보면 이름이 4회 이상 거론된 직원이 5명 안팎이었고, 3회나 나온 직원이 8명이었습니다. 2번 거명된 직원은 수십 명인 것으로 알려졌습니다. 한 번이라도 적힌 사람은 더 많습니다.

동료의 직장생활을 끝장낼 수도 있는 민감한 설문조사에서 부끄러운 실명들이 쏟아져 나왔습니다. 방위사업청은 당황했습니다. 고심 끝에 방위사업청은 설문조사 결과를 폐기했습니다. 계약본부는 방위사업청장한테 보고도 하지 않았습니다. 물론 최하위 등급을 받은 직원을 솎아내지도 않았고, 특별교육도 하지 않았습니다. 국민들한테 "비리를 없애겠다."고 한 방위사업청의 약속이 공허하게 들립니다.

덮을 조사 굳이 왜 했나

도대체 방위사업청은 폐기할 설문조사를 거창하게 홍보까지 하면서 왜 했을까요? 이 질문을 방위사업청에 했더니 대답이 가관이었습니다. "해서 안 될 짓을 했고, 그래서 폐기했다."였습니다. 개인적으로 미운 직원 이름을 적어 낼 수도 있기 때문에 정확한 자료가 아니라는 것입니다. 방위사업청이 조사해서 처벌할 권한도 없고, 그렇다고 검찰이나 경찰에 신고하기도 그렇고······. 그렇다면 보도자료 내면서까지 해서 안 될 짓을 왜 했는지 모르겠습니다.

또 하나의 대답은 "육군사관학교, 신병교육대에서도 피어 리뷰(peer review)라는 제도가 있어서 동료를 평가한다.", "그런 맥락인데 결과가 시원치 않았다."입니다. 육사나 신병교육대에서도 비리 생도, 비리 신병 색출하려고 설문조사를 한다? 벤치마크 대상을 잘못 골랐습니다.

파기는 왜 했을까요? 방위사업청의 누군가는 설문조사 결과를 기억하고 있습니다. 그런데도 결과를 공개하지 않자 차마 거론돼서는 안 될 묵직한 이름이 적혀 나왔다는 흉흉한 설들이 난무하고 있습니다.

방위사업청, 돈 많이 씁니다. 9조 원이 넘는 차세대 전투기 사업, 또 수조 원이 들어가는 현무 미사일 사업 등등 천문학적 액수의 사업이 수두룩입니다. 국내외 방산 업체를 휘두르는 갑 중의 갑입니다. 유혹이 많을 수밖에 없습니다. 비리 가능성도 그만큼 큽니다. 투명해도 심하게 투명해야 하는 조직인데 투명해지겠다며 한 일이 투명하지 못해서 걱정입니다.

방위사업청 前 고위직과 美 보잉…'고문 계약' 타당한가
-2018년 3월 9일 보도-

예비역 공군 중장이자 방위사업청 사업관리본부장 출신의 P 씨가 미국의 세계적 방산 업체 보잉을 위해 일하고 있다는 사실이 알려져 방위사업청과 국방부 주변에서 많은 말들이 나오고 있습니다. 공직자는 퇴임 후 일정 기간 직무와 관련된 업체에 취업할 수 없음에도 무기 도입 사업을 총괄하는 방위사업청 사업관리본부장 출신이 퇴임 1년 만에 보잉과 고문 계약을 맺었습니다. 현행법 위반 또는 고위직의 꼼수 취업일 가능성이 높습니다.

P 씨는 공직자윤리위원회의 취업 심사 절차를 거치지 않았습니다. 보잉은 "법적 하자가 없다."고 주장하고 있습니다. 방위사업청에서는 "외국계 업체라고 해도 직전 업무와 밀접히 관련돼 있으면 문제의 소지가 있다."는 지적이 나오고 있습니다. 그도 그럴 것이 무기 사업 관리를 총괄하던, 얼마 전까지 직장 상사였던 사람이 다니는 보잉에 대해 방위사업청 직원들은 부담을 느낄 수밖에 없습니다.

보잉은 단기적으로는 해군의 해상초계기, 중장기적으로는 공군의 조기경보기 등 각각 수조 원 단위의 굵직한 사업에 도전하고 있습니다. 보잉은 전 방위사업청 사업관리본부장을 품은 것과 한국에 대한 무기 판매 사업은 절대적으로 무관하다는 입장입니다. 그럼 보잉은 무슨 목적으로 P 씨를 데려갔을까요.

'오락가락' 보잉 해명

　P 씨는 공군과 합참의 핵심 직위를 거친 예비역 중장입니다. 2015년 말까지 1년간 방위사업청 사업관리본부장이었습니다. 사업관리본부는 해외 무기 도입 사업, 국산 무기 개발 사업을 주관합니다. 국군이 전력화하는 모든 무기를 책임지는, 방위사업청의 핵심 중 핵심 직위입니다.

　P 씨는 사업관리본부장의 직을 내려놓고 1년쯤 뒤인 2016년 말 미국 보잉 본사와 고문(adviser), 용역 공급자(service provider) 계약을 맺었습니다. 공직자윤리법은 퇴직 후 3년 동안 퇴직 공직자의 업무 관련 기관 취업을 제한하고 있습니다. 취업이 전면 제한되는 것은 아닙니다. 공직자윤리위원회의 심사를 통해 취업 승인을 받으면 취업할 수 있습니다. P 씨는 공직자윤리위원회의 취업 심사를 받지 않은 것으로 확인됐습니다.

　보잉은 이에 대해 "변호사들이 철저히 법리 검토를 한 결과 아무 문제가 없었다.", "P 씨의 보잉 고문 계약은 적법하다."고 밝혔습니다. 보잉은 P 씨가 한국에 있는 보잉 코리아가 아니라, 미국의 보잉 본사와 고문 계약을 맺었다는 점을 강조합니다. 국내 기업인 보잉 코리아와 계약했으면 100% 규정 위반이지만 미국 보잉과의 계약이라면 규제를 피할 수 있다는 뜻입니다.

　방위사업청 관계자는 "공직자윤리위원회의 심사 잣대가 점점 엄격해지고 있다.", "외국 기업이건 한국 지사건 같은 기준이 적용되고 있다."고 말했습니다. 보잉 본사나 보잉 코리아나 한국에서의 활동 목적은 한 가지입니다. 같은 잣대를 들이대는 것이 타당해 보입니다.

　법리 공방보다 석연치 않은 것은 보잉의 말 바꾸기입니다. 보잉 관계자는 기자들의 질의에 처음에는 "P 씨는 보잉 직원이 아니라, 고문이기 때문에 공직자 취업 규정과 상관없다."라고 답했습니다. "고문도 취업 심사 대상."이라는 기자들의 재질의에 보잉 관계자는 "고문이 아니라, 용역 계약이니 괜찮다."고 말을 바꿨습니다. 계약서 내용을 직접 확인한 뒤에는 다시 "고문으로 계약됐다."며 돌고 돌아 원위치 했습니다. 그러면서도 거듭 "법리 검토를 충분히 했다."고 힘주어 말했습니다.

방위사업청의 청렴 제고를 위한 대회. 방위사업청의 청렴성은 점점 나아지고 있다는 것이 군과 방산업계의 전반적인 평가이다. (방위사업청 제공)

보잉이 P 씨를 선택한 이유는?

보잉은 현재 1조 9,400억 원 규모의 해상초계기 사업을 노리고 있습니다. P-8A 포세이돈을 한국 해군에 팔겠다는 계획입니다. 중장기적으로는 조기경보기를 포함해 여러 사업들이 보잉 앞에 줄을 서고 있습니다. 포세이돈을 비롯한 보잉 항공기의 판매를 위한 방위사업청 사업관리본부장 출신의 고문 영입 아니냐는 의혹이 아니 나올 수 없습니다.

보잉은 P 씨의 임무를 '방위산업 동향 파악'이라고 했습니다. 보잉 관계자는 "무기 판매와는 아무런 관계도 없다.", "P 씨는 포세이돈 영업을 위해 어떤 일도 하지 않았다."고 선을 그었습니다. 순수하게 산업 동향만 파악할 요량이었다면 왜 굳이 위험을 무릅쓰고 방위사업청 사업관리본부장 출신을 고문으로 뽑았을까요.

최근 들어 방위사업청이 해상초계기 사업을 바라보는 시각이 보잉과 똑같아서 의혹을 더 키우고 있습니다. 한국국방연구원 KIDA가 경쟁 입찰 방식으로 해상초계기를 선정해야 한다는 결론을 내렸는데도 방위사업청은 노골적으로 보잉 수의계약을 주장하고 있습니다. 보잉 역시 수의계약을 선호합니다. 미국의 FMS 방식으로 포세이돈을 들이는 방향으로 수렴됩니다. 이렇게 되면 기술 이전 같은 절충교역 기회와 입찰을 통한 가격 경쟁은 포기해야 합니다.

보잉은 공군 주력 전투기 F-15 도입 사업에서 보여줬듯이 유난히 기술 이전에 인색합니다. 한국 최고의 국방 싱크탱크 KIDA가 이런 이유로 방위사업청에 경쟁 입찰을 제안했고, 경쟁 기종이 없는 것도 아닙니다. 방위사업청의 보잉 편애와 전 방위사업청 사업관리본부장의 보잉 고문 계약이 오버랩 돼 보이는 것은 당연합니다.

전투식량 195만 개 불량…방위사업청 방조했나
-2020년 11월 13일 보도-

　　경북 영천 육군 제5보급대에는 현재 전투식량 II형 약 70만 개가 먼지를 뒤집어쓴 채 방치돼 있습니다. 이 중 50만 개는 유통기한이 지났을 텐데 버리지도 못합니다. 유통기한이 도래하지 않은 것도 병사들에게 먹일 수 없습니다. 마냥 묵혀둘 뿐입니다.

　　전투식량 구성품 가운데 참기름과 옥수수기름이 화근입니다. 전투식량의 유통기한은 3년인데 생산업체가 집어넣은 참기름과 옥수수기름의 유통기한은 2년입니다. 전투식량과 기름 유통기한의 불일치하는 당혹스러운 상황입니다. 식품 관련 가장 권위 있는 기관인 식약처는 일찍이 식품위생법 위반이라고 했고, 업체 소재지인 나주시청은 괜찮다며 다른 판단을 했습니다.

　　처음에 방위사업청은 식품 관리에 권위가 인정되는 식약처 대신, 나주시청의 손을 들어줬습니다. 식약처가 사건을 검찰에 송치하고, 검찰이 업체의 피의사실을 인정하고, 야당 국회 의원이 이의를 제기하니까 그제야 방위사업청은 해당 전투식품에 하자 판정을 내렸습니다. 급식도 금지했지만 납품된 전투식량 195만 개 중 125만 개는 이미 장병들이 먹은 뒤였습니다. 유통기한 지난 기름도 많이 먹었습니다. 5보급대에서 먼지 뒤집어쓴 채 상하고 있는 전투식량은 병사들이 먹고 남은 70만 개입니다.

　　전투식량 II형을 생산한 A사는 방위사업청의 입찰 정보 유출 사건에도 연루됐습니다. 방위사업청이 관리하는 경쟁사의 입찰 정보가 A사로 흘러가서 경찰이 수사를 벌이고 있습니다. A사가 훔쳤다기보다는, 방위사업청에서 내

줬을 가능성이 높습니다. 업체들한테 가혹하기로 소문난 방위사업청이 식약처와 검찰의 판단을 물리치고 A사의 전투식량을 애틋하게 챙기는 모습을 보이고, 방위사업청 서류가 A사로 흘러가는 상황이다 보니 입길에 아니 오를 수 없습니다.

식약처 "전투식량 Ⅱ형, 식품위생법 위반"

영천 5보급대에 쌓여 있는 전투식량은 2017년 하반기부터 A사가 생산한 물량입니다. 총 195만 개, 금액으로 따지면 91억 원 상당입니다. 전투식량의 유통기한은 3년인데 전투식량 안에 든 참기름과 옥수수기름의 유통기한은 2년이라는 사실이 납품 후에 드러났습니다. 재작년 3월 이에 대한 민원이 제기됐습니다. 국방기술품질원은 민원 제기 보름 만에 "식품위생법 위반이 아니다."라고 전격 판정했습니다.

식약처가 들여다봤더니 "식품위생법 10조 위반으로 해당 식품 회수 후 폐기."라는 결론에 닿았습니다. 이 같은 사실은 재작년 6월 방위사업청과 국방기술품질원에 통보됐습니다. 한 달여 뒤 방위사업청과 국방기술품질원은 전투식량 Ⅱ형의 급식을 중지하라고 군에 알렸습니다. 이때 가부 간에 분명하게 정리했으면 깔끔했을 텐데 방위사업청과 국방기술품질원은 갈지자 행보에 들어갑니다.

나주시청 OK 사인에, 식약처·검찰 판단은 휴지조각

A사의 소재지인 전남 나주시청이 재작년 11월 식약처 결정을 뒤집고 행정 불처분 통보를 했습니다. 나주시청은 참기름과 옥수수기름의 유통기한이 짧은 것은 별 문제가 안 된다고 본 것입니다. 방위사업청과 국방기술품질원은 나주시청의 통보를 받자 단 며칠 만에 전투식량 Ⅱ형의 급식을 재개했습니다.

식약처의 생각은 달랐습니다. 작년 4월 A사의 식품위생법 위반 사건을 검찰에 송치했습니다. 방위사업청과 국방기술품질원에도 알렸습니다. 두 달 뒤 검찰은 "피의사실이 인정된다."고 결론 내렸습니다. 방위사업청은 꿈쩍하지 않았습니다.

보다 못한 한 국회 의원이 작년 8월 "전투식량 Ⅱ형을 하자 판정하고 급식을 중단하라."고 이의를 제기하자 방위사업청은 10여 일 뒤 급식 중지를 결정했습니다. 국방기술품질원은 작년 9월 전투식량 Ⅱ형에 대한 하자 판정을 내리고 A사에 통지했습니다.

방위사업청과 국방기술품질원은 9개월간 나주시청 판단에 편승하며 식약처와 검찰의 뜻을 물리쳤습니다. 그동안 장병들에게 전투식량 Ⅱ형을 먹였습니다. 전투식량은 재고 중에 오래된 것부터 부대로 보냅니다. 장병들이 유통기한 지난 참기름과 옥수수기름을 상당량 소비했다는 뜻입니다.

식품 위생에 대한 법적 판단을 식약처나 검찰이 아니라, 지방자치단체에 의존한 방위사업청과 국방기술품질원의 처사가 의아합니다. 급식 중지 결정은 몇 달씩 걸리더니, 급식 재개 결정은 단 며칠 만에 쾌속으로 내린 점도 수상합니다. 무엇보다 장병들이 유통기한 지난 참기름, 옥수수기름을 먹는데도 늑장을 부린 자들을 이해할 수 없습니다.

국방기술품질원은 작년 9월 A사에게 하자 처리를 요구한 상태입니다. A사는 하자 판정이 부당하다며 버텼습니다. 사건은 법원으로 넘어갔습니다. 시간은 걸리겠지만 시비는 가려질 것입니다. 방위사업청은 내부적으로 하자에 대한 금전적 보상을 받기 어려울 것으로 판단하는 것으로 알려졌습니다.

설익은 전투식량 S형…"물 더 넣고 오래 기다렸다 먹어라"

작년 1월부터 A사의 전투식량 S형 190만 개가 군에 공급됐습니다. 뜨거운 물 붓고 10~15분 기다린 뒤 양념을 넣고 비벼 먹는 신형이었습니다. 보급 한 달쯤 지나니까 육군 부대들에서 불만이 제기됐습니다. 15분 기다려도 쌀이 안 익어 딱딱하다는 호소였습니다.

기자는 작년 5월 육군의 장교, 병사들과 함께 직접 실험을 했습니다. 병사들은 한 숟갈 뜨더니 대번에 딱딱하다고 말했습니다. 방위사업청과 국방기술품질원이 내놓은 대책이 가관이었습니다. "뜨거운 물 더 넣고 더 오래 기다렸다가 먹어라."였습니다.

전투식량의 생명은 신속과 간편입니다. 방위사업청과 국방기술품질원은 신속과 간편 둘 다 포기하라고 주문한 것입니다. 느리고 불편한 전투식량은 이미 전투식량이 아닙니다. 업체에 단호하지 못한 당국의 자세가 그때도 께름칙했습니다.

심지어 A사로 서류 유출까지

경찰은 현재 방위사업청과 A사 간에 이뤄진 것으로 보이는 서류 유출 사건을 수사하고 있습니다. 경쟁업체의 입찰 상세 정보가 담긴 방위사업청의 서류가 A사의 마케팅 담당 업체 대표에게 넘어간 것으로 드러나 시작된 수사입니다. A사의 마케팅 대표가 방위사업청 서류를 훔쳤거나, 방위사업청이 마케팅 대표에게 서류를 내줬거나 둘 중 하나같습니다. 후자의 가능성이 높습니다.

해당 서류는 방위사업청의 로고와 문서 일련번호가 워터마크로 찍힌 방위사업청 공식 문서입니다. 경쟁업체가 전투식량 Ⅱ형 입찰에 참여했을 때 제출한 입찰 가격, 납품 실적, 기술과 품질관리 능력, 신용 등급 등에 방위사업청이 매긴 점수가 적혀 있습니다. A사 입장에서는 경쟁사의 속살을 모두 파악해서 맞춤형 가격을 정할 수 있는 절대적 기준입니다.

방위사업청도 유출자를 색출할 책임이 있습니다. 방위사업청은 정부의 어떤 기관보다 보안이 중요하고, 그래서 감사관실과 정보보호 부서를 두고 있습니다. 기자가 방위사업청에 이 사건의 내용을 문의한 이래 열흘 이상 지났습니다. 방위사업청은 뾰족한 대답을 못 하고 있습니다. 경찰이 다룰 형사 사건이기에 앞서, 방위사업청 자체의 보안 사고인데도 별도의 조사가 이뤄지지 않는 것으로 알려졌습니다.

방위사업청이 A사의 편을 든다는 말이 나올 수밖에 없지만 어쨌든 방위사업청은 아래와 같은 단호한 입장을 견지하고 있습니다. "전투식량 납품 시 관련 법규의 적법한 절차에 따라 업무를 처리하였으며, 어떠한 업체에도 특혜를 준 적이 없고, 방위사업청 내부자가 특정 업체를 비호하지도 않았다."입니다.

8. 한국에서 국방과학은…

낙하산 근절을 위하여

국방과학은 전문가의 영역이다. 국방과학 관련 기관의 수장은 국방과학 전문가가 맡아야 한다. 너무나 당연해서 상식처럼 들리는 명제이지만 한국의 국방과학계에서는 실현하기가 참 어렵다. 한국항공우주산업 KAI의 대표 이사는 늘 정권의 낙하산 차지이다. 항공산업 아마추어 낙하산들의 성적표는 예상대로 신통치 않다. 국방과학연구소 ADD에도 종종 낙하산들이 얼씬거린다. 통탄할 현실이다.

무기 개발 3대축 수장 인선…"통반장도 이렇게는 안 뽑아"
-2017년 8월 20일 보도-

지난 3월 18일 북한은 80톤포스의 힘을 지닌 백두산 엔진의 지상연소 실험에 성공했습니다. 대륙간탄도미사일의 1단 추진체 엔진을 개발한 것입니다. 김정은 지상연소 실험 현장에서 엔진 개발에 공헌한 과학자를 들쳐 업었습니다. 7월 4일 백두산 엔진을 장착한 대륙간탄도미사일급 화성-14형 시험발사에 성공했을 때는 미사일 개발자를 와락 껴안았습니다.

김정은에게 업히고 안긴 북한 과학자들은 물론이고, 옆에 있던 동료 과학자들도 눈물을 펑펑 쏟았습니다. 김정은의 얼굴은 더없이 밝았습니다. 핵과 미사일은 체제 유지의 절대 동력인 만큼 김정은은 핵과 미사일의 개발을 맡은 과학자들을 이렇게 우대합니다. 북한의 두뇌들은 앞다퉈 명예와 돈, 보람이 뒤따르는 과학을 전공하고 핵과 미사일 개발에 투신합니다.

무기 개발자들이 최고 존엄에게 극진한 사랑을 받는 북한과 우리나라의 현실은 극명하게 대비됩니다. 방위사업청, 국방과학연구소 ADD, 한국항공우주산업 KAI. 국산 무기를 개발하는 자주국방의 3대 메카라고 해도 과언이 아닙니다. 정권이 바뀌면 수장도 바뀝니다. 정권 공신들이 추천한 인물이 발탁되거나, 공신들 중 적임자가 있으면 이른바 낙하산을 타고 내려가는 경우가 대부분입니다.

누가 됐든 무기를 알고 연구와 개발을 해본 전문가라면 환영하겠습니다. 그렇지 않고 무기 개발과 도입을 꿰뚫어 보지 못하는 인물들에게 전리품 마냥 3대 무기 개발 기관을 넘기면 보통 문제가 아닙니다. 정권 눈치 보며 제 딴에는 정무적 판단을 해대는 통에 돈만 허투루 쓰고 똑바로 된 무기 하나 못 건질 우려가 큽니다. 우려가 현실이 되는 것 같습니다. 소속 과학자들은 허탈해서 웅성거리고 있습니다.

ADD 소장 공모 기간 또 연장…소장에 누구를 앉히려고

ADD는 소장을 공개 모집하면서 벌써 두 차례나 공모 지원서 제출 기간을 연장했습니다. 당초 지난 4일이 공모 지원서 제출 마감일이었습니다. 그제로 2주 연장했습니다. 제출 시한을 한두 시간 남겨둔 그제 오후 다시 2주가 늘어났습니다. ADD 속사정에 정통한 군 관계자는 "청와대가 미는 사람이 바뀐 것 같다.", "대통령이 임명하는 유일한 군 연구 기관의 장을 뽑는데 이 모양."이라고 혀를 찼습니다.

처음 지원서 제출 기간을 연장할 때에는 아예 소장 응시 자격을 바꿨습니다. 4가지 응시 자격 가운데 민간인 관련 조항은 그대로 둔 채 군인에게만 문호를 넓혔습니다. 군인의 응시 자격을 장성급에서 영관급 이상으로 낮춘 것입니다. 대선 캠프에서 일했던 모 예비역 대령을 위해 제도를 변경한 위인설법(爲人設法)이라는 반발이 국방부 안팎에서 나왔습니다.

분위기가 이렇게 되자 청와대로서는 해당 예비역 대령을 ADD 소장에 앉히기가 부담스러웠습니다. 국방부가 그제 오후 갑자기 접수 기간을 2주 연장한 이유도 여기에 있습니다. 방산 업체의 한 임원은 "그 예비역 대령을 뽑을 수 없으니까 급히 새로운 인물을 찾은 것으로 안다.", "이런 저런 증명서 떼고 지원서 작성하는 데 1주일 정도 걸리니 접수 기간을 넉넉히 연장했다."고 귀띔했습니다. 그는 "동네 통반장도 이렇게는 안 뽑는다."고 비꼬았습니다.

군 이외 국책 연구 기관의 수장은 전문 연구인들이 주로 맡습니다. ADD는 자주국방의 상징과도 같은 곳입니다. ADD 소장은 전리품이 될 수 없습니다. 그럼에도 종종 이렇게 정권 공신들의 전리품으로 처분됩니다.

낙하산 관료가 무기 개발?

KAI는 국영 기업이나 다름없어서 정권이 바뀌면 정권이 새로 사장을 뽑아 앉혔습니다. 이번에도 예외는 없습니다. 청와대 수석에 내정돼 일주일간 일을 하다가 인사검증에 걸려 내정이 철회된 인물이 KAI 차기 사장 물망에 올랐나 봅니다. 청와대 수석의 길이 막히니 KAI 사장으로 보내는 '돌려 막기 인사'를 한다는 소문이 파다하더니 "일을 기막히게 잘한다."는 기사가 보도됐습니다. 이 인사가 KAI 사장에 유력하다는 기사도 나왔습니다. 경제부처 차관 출신입니다.

해당 기사들은 그를 일자리 창출에 적격이라고 평가했습니다. 그렇다고 전투기 만들어서 해외에 수출하는 일도 잘할까요. 전투기를 본 적이나 있는지 의문입니다. 전투기를 모른다고 해서 전투기 개발업체 CEO 하지 말라는 법은 없지만 임기가 3년이어서 어지간한 두뇌 아니고는 전투기 공부하다 임기 마치기 십상입니다. 전문지식이 없으니 해외 사업 파트너 만나면 말문 막히기 일쑤이고, 낙하산이라서 정권 눈치 보기 바쁩니다. 관료들은 전투기의 생산 및 영업관리, 구조조정에 대한 이해도 모자랍니다.

방위사업청장으로는 전 국방부 정책실장이 임명됐습니다. 국방부 정책실장 출신일 뿐, 군인은 아닙니다. 22회 행정고시에 합격한 관료입니다. 몇 년간 국방품질관리소 같은 곳에서 근무했다지만 무기 개발 및 도입 전문가도 아니고, 기술자나 과학자는 더더욱 아닙니다.

방위사업청은 KAI보다 훨씬 다양하고 복잡한 무기의 도입과 개발을 주관하는 기관입니다. 방위사업청장은 관료의 정무적 판단과 별도로 기술적, 과학적 판단을 할 줄 알아야 합니다. 무기 획득의 경험도 필수입니다. 기술 한 톨 모르고, 획득 경험 없는 방위사업청장이 정무적 판단만 믿고 무기 개발, 도입 사업 밀어붙이다 망친 사례가 여럿입니다.

진보 정권이든 보수 정권이든 통제 불능의 북한과 맞서야 합니다. 강력한 국산 무기는 필수입니다. 진보냐, 보수냐 따질 일이 아닙니다. 무기 개발 책임자는 정권의 색깔과 아무 관계도 없어야 합니다. 훌륭한 국방과학자, 무기 및 획득 전문가면 족합니다.

ADD 소장 선정 2차 파행…靑 결정도 거스르나

-2021년 2월 10일 보도-

국방과학연구소 ADD의 책임자인 소장의 선정을 놓고 또 파행이 벌어지고 있습니다. 1차 파행은 전 방위사업청 차장이 ADD 소장에 도전했던 작년 10월 말~12월 말의 황당 사건입니다. 국방부, 방위사업청, ADD, 방산업계가 다 함께 술렁였습니다. 정리가 되고 순리대로 가는가 싶더니 지난주부터 2차 파행이 시작됐습니다. 1차 파행 못지않은 기이한 현상들이 나타나고 있습니다.

1차 파행은 대략 다음과 같습니다. 지난해 10월 29일 전 방위사업청 차장이 자진해서 방위사업청에 사표를 던졌고, "ADD 소장으로 간다."는 소문이 돌았습니다. 11월 2일 ADD 소장 모집공고가 떴고, 공교롭게도 응모자격에 '방위사업청 고위공무원급'이 추가됐습니다. 아니나 다를까 '방위사업청 고위공무원급' 방위사업청 전 차장은 ADD 소장에 지원했습니다. 낙하산 인사라는 비판이 비등하는 가운데 인사혁신처는 '5년간 직무 연관성 심사' 규정을 무시한 채 1년 반 기간만 심사하려다 들통났습니다. 전 방위사업청 차장은 논란 끝에 ADD 소장에 임명되지 못했습니다. 대신 방위사업청장으로 기사회생했습니다.

2차 파행은 방위사업청 전 차장이 ADD 소장직을 포기한 뒤 진행되고 있는 공모 절차입니다. 청와대는 인사검증과 인사위원회를 거쳐 최종 후보자에 대한 적격 판정을 내린 것으로 알려졌습니다. 공모 절차가 마무리된 셈인데 어떤 힘에 의해 제동이 걸렸습니다. 정부와 군, ADD 고위 관계자들 여럿이 지난달 말부터 재공모 이야기를 하고 있습니다.

즉 적격자가 나왔는데도 모두 없던 일로 하고 공모를 처음부터 다시 하겠다는 것입니다. 전례가 없는 상황입니다. 재공모가 있을 것이라고 말하는 고위직들은 있지만 재공모를 추진하는 측은 모습을 드러내지 않고 있습니다. 여기저기 물어봐도 모르쇠입니다. 재공모는 인사검증과 인사위원회 판정이라는 청와대의 결정을 거스르는 작지 않은 일인데도 영 불투명하고 수상합니다.

ADD 핵심 관계자는 1차 파행을 관찰하고 "ADD 소장에 반드시 특정인을 시켜서 뭔가 얻고자 하는 어떤 세력이 있는 것은 확실해 보인다."라고 말했습니다. 그런 관측이 국방부와 ADD, 방산업계에서 파다했습니다. 2차 재공모 추진 파행도 같은 맥락으로 이해하는 시각들이 많습니다.

靑 결정 뒤집고 재공모 추진

재공모, 할 수도 있습니다. 고위 공직자 모집할 때 종종 재공모합니다. 조건이 있습니다. 공모 결과, 적격자가 나오지 않아야 합니다. 적격자가 나왔는데도 은근슬쩍 재공모한 사례는 없다고 봐도 무방합니다.

정부 고위 관계자는 "청와대 인사위원회에서 지난주 초 ADD 차기 소장에 대한 심사를 마무리했다.", "적격 판정을 받은 이가 있다."고 말했습니다. 여당 관계자도 "지난주까지 검증과 심사가 모두 잘 끝났다."라고 확인했습니다. 청와대가 ADD 차기 소장을 선정했고, 임명만 하면 된다는 뜻입니다.

청와대가 의사 결정을 했다는 지난주부터 갑자기 ADD 소장 재공모 이야기가 돌았습니다. 국방부의 핵심 관계자는 "재공모 움직임이 있는 것은 맞다."라고 인정했습니다. ADD 연구원들은 "재공모한다는 소문이 나면서 ADD가 뒤숭숭하다.", "한 달여 만에 또 낙하산 홍역을 치러야 하나."라고 토로했습니다.

청와대 인사위원회가 적격 결정을 하자마자 어떤 이들이 기다렸다는 듯 재공모를 밀어붙이는 모양새입니다. ADD 소장 인사라면 청와대 안보실 정도가 관여할 수 있을 것 같습니다. "안보실에서 재공모를 추진하는가."라는 기자 질문에 안보실 고위 관계자는 "안보실은 인사를 하는 곳이 아니다.", "관련 부서에 문의하라."고 말했습니다. "안보실은 재공모를 고려하지 않았나."라고 좀 달리 물었더니 답을 하지 않았습니다. 여운이 짙었습니다.

안보실 고위 관계자가 말한 관련 부서는 국방부입니다. 국방부가 스스로 재공모를 준비한다? 국방부가 청와대 인사위의 결정을 거역하고 독단적으로 재공모를 한다는 것은 상상이 안 됩니다.

누가 무엇을 얻고자 하는가

재공모는 청와대의 결정을 뒤집는 것입니다. 청와대 안보실은 짐짓 선을 그었습니다. 재공모가 정당하다면 재공모를 추진하는 쪽이 그 이유를 밝히면 그만입니다. 아무도 "여기서 재공모 추진한다."라고 말 못 하는 것을 보면 이번 재공모는 정당함과 거리가 먼 것 같습니다.

선뜻 나서지 못한다면 그만한 곡절이 있을 터. 짚이는 데가 있습니다. 재공모를 시도하는 이들이 누구인지 이름이 하나둘씩 나오고 있습니다. 재공모를 통해 ADD 낙하산 소장이라는 은혜를 입을 자의 이름도 들립니다. 연관된 특정 방산 업체도 집중적으로 거론되고 있습니다.

ADD 소장 공모가 이렇게 지지분하고 말이 많은 적은 지금까지 없었습니다. "ADD 소장에 반드시 특정인을 시켜서 뭔가 얻고자 하는 어떤 세력이 있다는 것은 확실해 보인다."는 ADD 핵심 관계자의 1차 파행 관찰 후 진술을 곱씹어 볼 필요가 있습니다. 이들 세력이 자신들을 위해 복무할 심부름꾼을 다시 찾았고, 그를 ADD 소장에 앉히기 위해 청와대 결정을 뒤집으려는 것 아니냐는 의심을 지울 수가 없습니다. 다른 기관도 아니고, 한국 국방과학의 본산 ADD에 어떻게든 낙하산을 내려 보내려는 것 같아 걱정입니다.

최첨단 KAI만 왜 항상 '낙하산 사장'…23년 악습의 뒷걸음질
-2022년 5월 13일 보도-

한국항공우주산업 KAI의 차기 사장 후보군이 10명 이상이라는 말이 돌고 있습니다. 정권이 교체되면 정부와 공공기관의 수장들도 바뀌는 상례에 따라 윤석열 캠프의 공신들이 KAI 사장 자리에 출사표를 낸 것입니다. KAI 임직원들은 술렁입니다. 언제나 그랬듯 항공우주산업 문외한인 낙하산 사장이 내려와서 회사를 또 얼마나 헤집어 놓을지 걱정입니다.

KAI는 국방과학기술의 정수인 전투기 만드는 회사입니다. 최첨단 기술이 집약된 항공우주기업이자, 글로벌 비즈니스 업종입니다. 정부 주도의 항공방산업계 통폐합의 결과로 국책은행인 수출입은행이 최대 주주이지만 공기업도 아닙니다. 한국형 전투기 KF-21 사업의 성패를 가를 비행 시험을 앞두고 있습니다. 앞으로 3~4년에 KAI와 KF-21의 사활이 걸렸습니다.

근본적인 의문이 듭니다. 정치권력은 왜 KAI 사장 자리를 아무 거리낌 없이 자기들 몫으로 여길까요? 낙하산 사장의 법적 근거는 있을까요? 낙하산 사장이 KAI에 도움은 될까요? KAI 사장은 정치권력의 소유가 아닙니다. 낙하산의 법적 근거도 없습니다. KAI에 도움도 안 됩니다. KAI 사장 낙하산 투입은 전근대적 권력의 횡포에 불과합니다. 그동안 익숙해져서 당연하게 받아들였을 뿐입니다. 캠프의 공신들은 부디 다른 자리를 알아봤으면 좋겠습니다.

KAI의 조립동과 ADD의 전경. KAI와 ADD는 전문적인 국방과학 조직이지만 정권의 공신들이 이른바 '낙하산 기관장'으로 내려가곤 한다. (KAI, ADD 제공)

KAI 낙하산 사장의 흑역사…공신들 경력 관리처인가

KAI의 초대 사장부터 현재 7대 사장까지 모두 여권의 낙하산입니다. 초대 임인택 사장은 교통부 장관 출신으로 1999년~2001년 KAI 사장을 맡았습니다. 퇴임 후 건설교통부 장관에 임명됐습니다. 2대 길형보 사장은 육군 참모총장 출신입니다. 3대 정해주 사장은 김영삼 정부의 통상산업부 장관, 김대중 정부의 국무조정실장을 역임했습니다. 2차례 총선에서 고배를 마신 뒤 KAI 사장 자리를 얻었습니다.

4대 김홍경 사장은 산업자원부 차관보 출신입니다. 5대 하성용 사장은 내부 승진 인사로 보는 시각도 있지만 중소 규모 조선소 대표를 하다가 KAI 사장으로 픽업된 인물입니다. KAI의 한 중견 간부는 "하 사장 임명에는 박근혜 대통령과 먼 인척 관계라는 점이 결정적으로 작용했다."고 말했습니다. 역시 낙하산으로 분류됩니다. 6대 김조원 사장은 공직의 대부분을 감사원에서 보냈습니다. KAI 사장을 마치고 민정수석으로 영전했습니다. 현재 7대 안현호 사장도 산업자원부와 지식경제부의 관료였습니다.

행정고시에 합격해 산업 관련 공직자의 길을 걷다가 정치권과 줄이 닿아 KAI 사장이 된 경우가 많았습니다. KAI 실적 저하에 아랑곳 않고 사장 퇴임 이후 영전의 길을 걷기도 했습니다. 하성용 사장을 제외한 6명이 항공우주산업과 무관합니다. KAI는 글로벌 비즈니스가 중요한데 영어 능통자도 드뭅니다.

낙하산의 성적표는?

낙하산 사장들의 실적이라도 좋으면 위안이 될 텐데 그것도 아닙니다. 스톡홀름국제평화연구소(SIPRI)가 2002년부터 발표한 세계 100대 방산 기업 매출 규모 순위에 따르면 KAI는 2002년 59위에서 슬슬 추락하더니 2008년과 2009년 100위권 밖으로 밀려났습니다. 2010년 93위를 찍고, 2016년 58위로 복귀했다가, 2017년 또 100위권 밖으로 떨어졌습니다. 2018년부터는 60위권을 유지하고 있습니다.

59위에서 시작해 100위권을 찍고 겨우 60위권으로 돌아온 것이 낙하산 사장들의 성적표입니다. 강산이 두 번 바뀌도록 뒷걸음질 끝에 겨우 원위치 근처입니다. KAI 협력사의 임원은 "KAI는 한화에 국내 1위 자리도 내줬다.", "낙하산 사장은 정부, 여당에 목소리를 내는 장점이 있다는데 그것은 권력에 빌붙어 회사를 경영하는 후진적 발상."이라고 꼬집었습니다.

KAI는 미국 기술과 부품 사와서 훈련기, 경공격기 조립하다가 이제야 제대로 된 전투기를 개발하고 있습니다. 세계적 항공우주기업으로 발돋움

할 수 있는 기회이자, 실패하면 나락으로 떨어질 위기입니다. 전투기도, 글로벌 비즈니스도 모르는 낙하산 사장이 또 임명되면 후자의 미래를 면치 못할 것입니다.

왜 KAI만?

유독 KAI만 낙하산입니다. 대우조선해양도 KAI처럼 정부 지분이 높습니다. 법정관리하는 산업은행의 지분율이 55%입니다. 수출입은행의 KAI 지분율 26%의 2배 이상입니다. 그럼에도 대우조선해양의 사장은 내부에서 발탁됩니다. 수출입은행도 올해 사상 최초로 내부 승진으로 행장이 선임돼 낙하산 역사에 종지부를 찍었습니다.

유럽의 글로벌 항공우주기업인 에어버스도 프랑스, 독일 정부의 지분이 상당합니다. 수십% 수준으로 알려졌습니다. 에어버스 경영진에 낙하산은 꿈도 못 꿉니다. 초절정의 전문가들 중 최고를 엄선해 경영진으로 임명합니다. 영국 BAE그룹도 비슷합니다. 미국의 록히드마틴과 보잉은 정부 지분이 없지만 있다 해도 우리와 같은 정치 개입은 없을 것입니다.

KAI 낙하산 사장의 역사와 성적표를 보면 후보군 스스로 염치를 차릴 것도 같은데 사람의 욕심이란 끝이 없어서 모를 일입니다. 윤석열 정부는 공정의 가치를 추구한다고 했으니 KAI 낙하산 사장 고질병을 근절해야 합니다. 고액 연봉과 임기 보장의 사장 근무 여건이 캠프 공신들을 유혹한다면 계약 기간 단축, 연봉 삭감이라도 단행해야 합니다. 치열한 경쟁과 심사를 통한 내부 승진이나 글로벌 항공 비즈니스맨, 고도의 항공 기술 전문가의 영입만이 KAI와 KF-21의 비상을 보장합니다.

무기와 정치

북한 신형 미사일의 실체를 폄하했다가 망신당하고, 엉뚱한 영상 삽입해 국산 무기 홍보하고, 개발 중의 설익은 무기를 대선 기간에 공개하고, 왜곡이 뻔한 정치적 비판에 입 다물고…… 이렇게 방위사업과 국방과학 당국은 종종 권력에 호응하는 정치적 행동을 했다. 하면 안 되는 일이다. 정치 이익과 안보 이익은 유별하고, 국방과학과 방위사업은 안보 이익을 좇아야 한다. 좋은 무기를 구하는 길은 정치중립 위에 놓여있다.

'F-35 예산 전용' 비판에 방위사업청 함구…정치권력 눈치 보나
-2021년 8월 3일 보도-

　정부가 2차 추가경정예산을 조성하는 과정에서 북한 김정은 정권이 두려워한다는 스텔스 전투기 F-35A 도입 예산 등 국방비 5,629억 원을 감액했습니다. 2차 추경이 코로나19로 시름하는 사람들을 돕는 재난지원금에 충당될 텐데 국방비 삭감해서 이를 메꾸는 것은 선거와 표를 의식한 포퓰리즘이라는 비판이 야당과 보수 매체들을 중심으로 일고 있습니다.

　맞는 지적일까요? 국방비 5,629억 원 대부분은 온전하게 국방비로 잡혀 있다 한들 연말이면 불용 처리될 돈입니다. 쉽게 말해 이런저런 사정으로 남는 돈입니다. 예산 삭감돼도 F-35A를 비롯해 무기 도입에 하등 지장이 없습니다.

　이쯤 되면 방위사업청은 "국방비 삭감액으로 추경 장만한다."고 주장하는 정치인과 매체를 향해 악의적 보도와 주장이라며 한소리 하는 것이 정상입니다. 방위사업청은 입을 다물었습니다. 안보가 정치에 이용돼 안보 불안을 부추기고, 정부의 안보 불감증으로 잘못 인식될 수 있는 부당한 지적에 방위사업청은 그 흔한 입장자료 한 장 내지 않고 있습니다. 무책임하게 방기하는 방위사업청의 무위, 그 이유가 궁금합니다.

F-35A 연말까지 40대 모두 들어온다

　코로나19로 미국도 전투기 생산라인을 정상적으로 돌리는 데 애를 먹었습니다. F-35A 인도가 조금씩 늦어졌습니다. 이에 맞춰 돈이 지급됐습니다. 산고를 겪으며 현재까지 32대 들어왔습니다. 9월까지 4대, 12월까지 4대 더 들어옵니다. 연말이면 계획된 40대 모두 우리 군에 인도됩니다.

　방위사업청에 따르면 F-35A 올해 예산은 1조 2,000억 원입니다. 현재 기준으로 약 1조 700억 원 집행됐습니다. 연내 대략 300억 원 추가로 주면 됩니다. 총 1조 1,000억 원 소요되는 것입니다. 당초 예산에서 1,000억 원이 남습니다.

　남는 돈 1,000억 원은 환차익입니다. 작년에 예산 산정할 때보다 올해 실제 환율이 떨어진 덕에 F-35A 예산이 1,000억 원 정도 남은 것입니다.

불용 처리돼 기획재정부 금고에 되돌아갈 돈입니다. 정부는 이 가운데 920억 원을 2차 추경예산으로 돌려 재난지원금으로 쓰겠다는 생각입니다.

920억 원을 재난지원금으로 전용해도 F-35A 도입에는 전혀 지장 없습니다. 지금 국면에서 재난지원금이 옳으냐 그르냐 논쟁할 수 있지만, "F-35A 살 돈 빼내서 재난지원금에 쓴다."는 지적은 억지입니다.

피아식별장치는? 패트리엇 개량은?

감액된 국방비 5,629억 원에는 F-35A 예산 외에도 피아식별장치사업 예산 1,000억 원, GPS 유도폭탄사업 예산 380억 원, 패트리엇 개량 예산 350억 원 등이 포함됐습니다. 국방부 대변인은 어제 정례 브리핑에서 "환차익, 낙찰차액, 연내 집행 제한 예산으로 사업 계획 변경과는 무관하다.", "추경 감액이 전력화 계획에 영향을 미치지 않는다."고 말했습니다.

다른 사업도 F-35A처럼 환차익이 생겨 돈이 남았거나, 코로나19 등으로 사업에 차질이 생겨 돈이 남은 것입니다. 여윳돈을 돌려 추경을 조성한 것이라 무기 확보에 어떤 영향도 없습니다.

안보와 군은 굳건히 정치 중립적이야 합니다. 안보는 보수와 진보가 공유하는 가치입니다. 그럼에도 정치권은 진보와 보수를 막론하고 권력을 잡은 상대 진영을 공격하기 위한 수단으로 안보와 군을 악용하는 일이 많습니다. "국방비 빼서 재난지원금에 쓴다."는 비판도 마찬가지입니다. 안보를 정치에 이용하는, 안보를 정치화하는 대단히 부적절한 처사입니다.

방위사업청은 우리 군의 상징적인 전략 무기인 F-35A가 정치적 말놀음의 희생양이 되고 있는데도 "기획재정부에서 보도자료를 배포하다 보니 방위사업청이 나서기에 부담스럽다."는 입장만 내놓았습니다. 기획재정부는 포괄적인 의견을 제시했을 뿐입니다. 해당 부처인 방위사업청이 행동할 때인데 조용합니다.

방위사업청이 야당과 보수 매체의 눈치를 본다는 비판이 아니 나올 수 없습니다. 평소에 보수 세력에 친절했다면 또 모르겠습니다. 정권 말기에 와서 이런 행태를 보이니 눈을 비벼 다시 주목하게 됩니다. 방위사업청은 군을 도와 안보를 다루는 기관입니다. 방위사업청이 상당 수준 문민화됐다지만 군과 마찬가지로 정치와 거리를 둬야 합니다.

ADD, '미사일 올인'하더니…北 미사일에 밑천 드러내고 망신
−2022년 1월 12일 보도−

국방과학연구소 ADD는 최근 몇 년간 미사일 개발에 말 그대로 올인하고 있습니다. 미사일연구원을 신설해 ADD 전체 인력의 3분의 1을 쏟아 부었습니다. 공격용 미사일과 요격미사일 개발에 전념하겠다는 취지입니다. 미사일도 중요하지만 항공력·지상력·해상력·미래전력의 균형적 증강이 필요하다는 ADD 내부의 반론을 누르고 미사일연구원을 출범시킨 터라 ADD의 미사일 실력은 빼어나야 마땅합니다.

ADD의 미사일 실력을 보여줄 기회가 생겼습니다. 북한이 극초음속미사일이라고 주장하는 지난 5일 발사체에 대한 ADD의 분석과 평가를 기자들 앞에서 발표하는 자리가 마련된 것입니다. 예상을 뒤엎고 ADD의 미사일 고수들은 북한이 주장하는 극초음속미사일의 실체를 부정했습니다. 우리 미사일 중에서도 좀 오래된 현무-2C보다 못한 그저 그런 탄도미사일이라고 혹평했습니다.

나흘 만에 ADD의 밑천이 드러났습니다. 북한이 지난 5일과 똑같은 형상의 발사체를 어제 또 쐈습니다. 합참에 따르면 속도는 마하 10으로 2배가 됐고, 비행거리도 부쩍 늘었습니다. 단순한 탄도미사일이 아닙니다. 북한은 오늘 "사거리 1,000km에 극초음속미사일 최종 시험발사 성공."이라고 선언했습니다.

민간의 학자들, 여러 국방부 출입기자들이 짚었듯 북한이 올 들어 쏘는 발사체는 초기 개발 단계의 극초음속미사일입니다. "극초음속미사일이 아니다."라는 ADD의 분석은 틀렸습니다. ADD가 미사일 연구 조직은 키웠는데 실력은 영 신통치 못합니다. 실력은 있지만 청와대의 바람에 부응하느라 정치적 계산을 했는지도 모르겠습니다.

신형 미사일 초기 개발의 증거들

북한이 작년 9월과 지난 5일, 그리고 어제 쏜 발사체에는 공통점이 몇 가지 있습니다. 장소가 북한에서도 북쪽 내륙인 자강도 무평리입니다. 동북 방향으로 딱 1발씩 쐈습니다. 일정 기간을 두고 같은 곳에서 1발씩 쏘는 행태는 북한이 새로운 단거리 미사일을 개발할 때의 전형적인 패턴입니다. 반면 개발이 끝나 전력화된 단거리 미사일들은 동에 번쩍, 서에 번쩍하며 한꺼번에 여러 발씩 쏩니다.

작년 9월과 지난 5일, 그리고 어제 발사체들은 비행 궤적도 같았습니다. 처음에는 탄도미사일처럼 치솟아 올랐다가 정점을 찍고 낙하하더니 순항미사일처럼 활강 비행했습니다. 극초음속미사일의 궤적입니다. 최고 속도도 작년 9월 마하 3~4, 지난 5일 마하 5~6, 어제는 마하 10에 도달했습니다. 참고로 작년 7월 시험발사된 러시아의 극초음속미사일은 마하 7을 찍었습니다.

종합하면 북한은 본격적으로 극초음속미사일을 개발하고 있습니다. 북한이 오늘 최종 시험발사에 성공했다고 선포했지만 현재는 개발 초기 단계로 보는 편이 타당합니다. 성공의 관건은 활강 구간의 속도가 마하 5~6 이상을 안정적으로 유지하느냐입니다. 북한이 최종적으로 어떤 극초음속미사일을 만들어낼 지 알 수 없습니다. 즉 사거리, 속도 등 핵심 제원은 미지수입니다. 빼어나지 않더라도 제법 구색을 갖춘 극초음속미사일이 탄생할 가능성이 높습니다.

극초음속미사일은 탄도미사일, 순항미사일보다 요격하기가 어렵습니다. 순항미사일처럼 저고도로 비행해 레이더망을 피하면서도 속도는 탄도미사일처럼 빠르기 때문입니다. 이럴 때 군은 북한의 극초음속미사일 개발 성공을 기정사실화하고 대책을 강구해야 합니다. 언젠가 할 일이 아니라, 당장의 책무입니다. 실패할 것이라는 기대는 애저녁에 버려야 합니다.

"극초음속미사일 아니다"라는 ADD

북한 극초음속미사일 추정 발사체에 입을 다물던 군 당국이 지난 7일 이례적으로 브리핑을 자처했습니다. 군 고위 관계자와 함께 미사일에 정통한 ADD 국방과학자들이 브리퍼로 나섰습니다.

사실 북한 극초음속미사일에 가장 먼저, 그리고 가장 크게 경고음을 울려야 하는 곳이 ADD입니다. ADD는 뜻밖에도 그린라이트를 켰습니다. 그들은 "북한 발사체는 극초음속미사일도 아니고, 그냥 탄도미사일."이라고 했습니다. 그러면서 ADD는 현무-2C와 북한 극초음속미사일을 비교했습니다. 현무-2C에 비해 그다지 빠르지 않은 점을 강조했습니다.

비교 대상을 잘못 고른 것 같습니다. 북한 극초음속미사일은 저공 초음속 변칙 비행을 합니다. 현무-2C와 완전히 다른 기종입니다. 현무-2C가 아니라, 중국과 러시아의 극초음속과 비교해 북한 극초음속의 수준을 파악하는 편이 나았습니다. 개발 초기라서 지금 당장은 괜찮겠지만 몇 년 후 전력화되면 요격하기 참 어려울 것입니다. 일반적인 탄도미사일, 순항미사일보다 더 위협적입니다.

ADD처럼 "북한 발사체는 극초음속미사일이 아니다."라고 자기 최면을 걸면 잠시나마 현실을 잊을 수 있습니다. 깨어나면 현실은 악몽이 됩니다. 대한민국 최고의 미사일 과학자를 자처하면서 북한 미사일을 이렇게 허술하게 분석할 줄 몰랐습니다. ADD가 북한 극초음속미사일의 위협을 과소평가하면 군도 그대로 과소평가합니다. 대북 방어태세에 큰 구멍이 날 판입니다.

ADD를 전면 개혁하라는데…

국민 불안을 우려하는 상부의 지시를 받고 ADD가 일부러 틀린 판단을 하는 척했을 수도 있습니다. 그랬다면 과학이 정치에 놀아난 꼴이라 더 큰 문제입니다. 객관적 사실을 정치에 팔아먹는 과학자는 과학자도 아닙니다.

작년 발표된 감사원의 ADD 감사 결과 보고서를 통해 ADD의 실체가 드러났습니다. 연구 개발하랬더니 업체에 시제 개발 맡긴 채 뒷짐 지고 사업 관리에 열중했습니다. 비닉(秘匿)이나 최첨단 기술도 아닌 일반 무기 체계 개발은 방산 업체에 넘기라는 데도 붙들고 버티기 일쑤입니다. 그래 놓고 개발 기간은 방산 업체보다 오래 잡아먹어 감사원의 엄중한 질타를 받았습니다.

십 수년 전부터 ADD를 개혁하라는 각계의 요구가 쏟아졌습니다. 국회도 간청했고, ADD를 관리 감독하는 방위사업청장도 ADD 개혁을 노래했습니다. ADD를 슬림화해서 진짜 연구 개발에만 전념하는 연구소를 만들라는 외침입니다. 개의치 않고 ADD는 미사일연구원을 비대하게 키웠지만 북한 극초음속미사일 앞에서 무력했습니다.

ADD가 개발하고 있는 장거리 요격체계 L-SAM과 장사정포 요격체계 LAMD. 이런 개발 초기 단계의 무기들을 섣불리 공개하며 정치적 이익을 추구하는 이들이 있다. (국방부 제공)

일제히 L-SAM 꺼낸 靑·국방부…'선거 개입·영상 조작' 의혹 불렀다

-2022년 3월 1일 보도-

국산 장거리 요격체계 L-SAM은 현재 체계 개발 중인 무기입니다. 좀 더 정확히 이야기하면 잘 날아가는지 점검하는 비행 시험 단계입니다. 고난도의 요격 시험은 내년에나 시작합니다. 현재는 개발의 성패를 논하기에 시기상조입니다.

더불어민주당 이재명 대선 후보가 "2~3년 내 전력화된다."며 L-SAM을 강조하는 가운데 군 당국은 지난달 23일 충남 태안 안흥시험장에서 L-SAM을 시험발사했습니다. L-SAM에 관심이 쏠렸고, 국방부는 "개발 중인 무기의 영상 및 현황은 보안 즉 비공개 대상."이라는 공보준칙을 내걸어 시험발사 내용을 함구했습니다.

지난 주말을 기점으로 분위기가 급변했습니다. 청와대와 국방부가 일제히 L-SAM 홍보전에 뛰어들었습니다. 이재명 후보의 주장에 호응하듯 청와대 국민소통수석이 SNS로 포문을 열자 국방부는 며칠 전 제시했던 공보준칙을 무시하고 L-SAM 발사 영상을 전격 공개했습니다.

게다가 국방부는 L-SAM을 띄우기 위해 영상을 조작했다는 의혹까지 사고 있습니다. 영상의 L-SAM 소개 도입부에 5년 전 미국 요격체계 시험발사의 웅장한 장면을 아무 설명 없이 끼워 넣은 것입니다. "정부가 선거에 개입한다."는 비판이 아니 나올 수 없습니다.

미국 GBI 영상이 국산 L-SAM 영상으로 둔갑

국방부는 어제 약 6분 분량의 우리 군 핵심 무기 동영상을 공개했습니다. 2분 17초에서 패트리엇 발사 장면이 끝납니다. 곧바로 드넓은 비취빛 바다의 작은 섬에서 미사일이 치솟는 장면과 L-SAM 발사 근접 촬영분이 이어집니다. 국방부 당국자들은 작은 섬의 발사 장면이 L-SAM 발사의 부감 샷으로 보인다고 입을 모았습니다.

L-SAM 시험발사는 충남 태안의 안흥시험장에서 합니다. 그렇다면 해당 장면은 안흥시험장 앞바다일 텐데 섬의 위치와 바다 빛깔 등이 서해 같지 않았습니다.

취재 결과, 해당 장면의 배경은 지난달 23일 안흥시험장이 아니라, 5년 전인 2017년 5월 태평양 한복판의 콰잘린 환초였습니다. 국방과학연구소

ADD의 L-SAM 시험발사가 아니라, 미국 미사일방어청의 중간단계 요격체계(GBI) 시험발사였습니다. 미군의 영상 제공 사이트인 디비즈(DVIDS)에 현재도 2017년 5월 콰잘린 환초 GBI 발사 영상이 그대로 올라가 있습니다.

ADD가 제공한 여러 가지 미사일 영상들을 가지고 국방부가 편집하는 과정에서 미국의 GBI 발사 영상이 삽입됐다는 것이 국방부 설명입니다. 국방부는 편집 중 L-SAM 영상이 아닌 줄 알면서도 자료화면임을 명시하지 않고 집어넣었기 때문에 의도적 영상 조작으로 볼 수 있습니다. 의도가 무엇인지는 불분명합니다.

신종우 한국국방안보포럼 전문연구위원은 "L-SAM은 개발 초기 단계인데 개발이 완료된 것처럼 홍보하려고 미국의 요격체계 영상을 사용한 것 같다."고 꼬집었습니다. 국방부 측은 "말단 직원이 편집하다 실수했다."는 해명을 흘리고 있지만 공개에 앞서 몇 단계의 검수와 시사 과정에서 걸러지지 않은 점을 감안하면 단순 실수로 보기 어렵습니다.

장관·방위사업청장·ADD 소장은 왜 몰랐나

국방장관, 방위사업청장, ADD 소장, 각 군 주요 장성들은 어제 전군 주요지휘관회의에서 국방부의 핵심 무기 영상을 함께 지켜봤습니다. 국방장관, 방위사업청장, ADD 소장 등 세 사람은 안흥시험장을 손바닥 보듯 알고 있습니다. L-SAM 개발 현황도 면밀히 파악하고 있습니다. 누군가는 "영상이 이상하다."며 손을 들었음직 합니다.

어제 오전 8시에 시작된 전군 주요지휘관회의에서 핵심 무기 영상이 틀어진 이후 오후 4시쯤 영상 조작 의혹 첫 보도가 나올 때까지 누구 한 명 문제제기하지 않았습니다. 조작을 알고도 입을 닫았다면 심각한 일입니다. 특히 국방장관과 ADD 소장은 지난달 23일 청와대 당국자들과 함께 안흥시험장에서 L-SAM 발사를 참관했습니다.

국방부 측은 "장관은 영상의 사전 검수를 하지 않았고, 회의에서 영상을 처음 봤다.", "장관도 GBI 발사 영상인지 몰랐다."고 밝혔습니다. ADD도 "소장은 몰랐다."는 입장입니다. 방위사업청 측은 "청장이 알았는지 몰랐는지 확인이 어렵다."는 모호한 답변을 했습니다.

국방부와 군의 여러 당국자들은 국방부가 공보준칙을 어기면서까지 L-SAM의 개발 영상을 공개한 것을 정치적 행위로 여기고 있습니다. 여야 대선 주자들이 L-SAM이냐 사드냐 논쟁을 벌이는 와중에 정치중립을 지켜야 하는 국방부가 비공개 지침의 대상인 L-SAM 개발 영상을 턱 내놨으니 정치 행위로 보일 수 밖에요. 여기에 더해 L-SAM을 부각시키려는 듯 영상 조작도 벌어졌습니다. 국방부는 할 말이 없습니다.

지난달 23일 안흥시험장에서 한 것은

청와대 국민소통수석은 지난달 23일 안흥시험장에서 있었던 일을 두고 "L-SAM의 비행 성능을 검증하기 위한 시험발사에 성공했다."고 SNS에 적었습니다. 이재명 후보는 "L-SAM이 2~3년 내 전력화될 것."이라고 말하고 있습니다. 그들의 말을 종합하면 현재는 개발 마지막 단계이고, 내년 상반기쯤 양산이 기대됩니다.

사실은 그렇지 않습니다. 지난달 23일 안흥시험장에서 실시한 시험은 요격미사일의 슈라우드(shroud)라는 탄두(kill vehicle) 덮개를 분리하고 조금 더 비행하는 절차를 점검하는 단계였습니다. L-SAM 개발에 정통한 한 인사는 "본격적인 요격 시험은 2023년~2024년에 할 예정이고, 그때 성적이 좋으면 전투적합판정을 받는다.", "이후 양산이 결정되면 1~2년간 양산하고, 또 1년 정도 지나면 전력화할 계획."이라고 말했습니다.

L-SAM은 갈 길이 구만리입니다. 차분히 지켜보며 성공을 기원해야 하는, 아직 여물지 않은 국산 무기입니다. 이번 대선을 거치며 정치적 무기로 변질되고 있습니다. 대선 주자와 청와대, 국방부가 마치 개발 성공이 임박한 양, 어느 한 정부의 공인 양 목청 높이면 개발자들은 죽을 맛입니다. 자칫 삐끗해서 일정이 지연될까 봐 살얼음판을 걷는 심정일 것입니다. 국방과학의 책임자들이 청와대와 국방부를 상대로 교통정리 해주면 좋으련만 꿈쩍도 안 합니다. L-SAM 개발에 참여하고 있는 한 국방과학자는 "그러려니 한다."며 혀를 찼습니다.

갈 길 먼데 '시험발사 성공' 도장 남발…ADD도 정치하나
-2022년 3월 6일 보도-

대선 후보들이 "국산 장거리 요격체계 L-SAM이 2~3년 내 전력화된다.", "수도권 방어에 한국형 아이언돔인 장사정포 요격체계가 적합하다." 등 설익은 주장을 거듭하는 가운데 청와대가 불쑥 L-SAM과 한국형 아이언돔의 시험발사 성공을 발표했습니다. 이어 국방부는 안보 불안 해소라는 명분을 내세워 L-SAM과 한국형 아이언돔의 시험발사 영상과 사진을 전격 공개했습니다.

L-SAM은 내년에나 요격 시험하고, 한국형 아이언돔은 개발 착수도 안 된 무기입니다. 개발 성공을 장담할 수 없는, 개발 중간 단계 또는 개발 전 단계의 무기이기 때문에 국방부 공보준칙에 따라 비공개가 원칙입니다. 또 대선 국면에서 대북 미사일 방어 방법론 논란의 한복판에 있는 무기들이니 국방부는 언급을 자제해야 마땅합니다. 그럼에도 국방부는 아무 상관없는 미국 무기 영상까지 몰래 삽입해서 L-SAM과 한국형 아이언돔의 영상을 공개하는 바람에 대선 개입 논란을 초래했습니다.

현실적으로 국방부는 정치를 합니다. 통수권자와 청와대의 지침을 받아 군을 통솔하는 기관이기 때문에 청와대의 정치 입김에 휘둘립니다. 반면 군과 더불어 국방과학은 정치하면 안 됩니다. 안보만 바라보며 우직하게 연구해서 좋은 무기 개발하기를 업으로 삼아야 합니다. 정치 이익과 안보 이익은 유별하고, 국방과학은 안보 이익만 좇아야 합니다.

선거 개입 논란을 부른 국방부의 L-SAM, 한국형 아이언돔 영상 공개에 국방과학의 본산 국방과학연구소 ADD가 깊이 개입했습니다. 모든 영상의 제공처가 ADD입니다. ADD는 "국방부가 달라고 해서 줬다."는 입장이지만 영상 자료들을 살펴보면 이해할 수 없는 점들이 많습니다. 작년에도 유사한 일이 있었습니다. "무기 개발하랬더니 영상 개발한다."는 수근거림이 방산업계에서 나오고 있습니다.

지난달 23일부터 벌어진 일들과 ADD

청와대 발표와 국방부 영상 공개의 대상은 지난달 23일 ADD 안흥시험장에서 실시된 L-SAM과 한국형 아이언돔 시험이었습니다. L-SAM은 요격 미사일이 비행하는 과정을 점검했고, 한국형 아이언돔은 선행 핵심 기술을 검증했습니다. L-SAM은 내년부터 개발의 성패를 가를 요격 시험에 착수하고, 한국형 아이언돔은 올 가을에나 개발의 첫발을 떼기 때문에 지난달 23일 안흥시험장 시험은 정부나 대중이 크게 주목할 바가 아니었습니다.

그럼에도 국방장관, 청와대 고위직, ADD 소장 등은 참관했습니다. L-SAM과 한국형 아이언돔이 대선 논쟁에 휩쓸린 와중에 ADD가 L-SAM과 한국형 아이언돔의 초기 단계 시험을 한다며 국방장관, 청와대 고위직을 부른 셈입니다. 장관과 청와대 고위직이 이런 정도의 시험마다 참관할라 치면 일주일에 한두 번 안흥시험장으로 출근해야 합니다.

지난달 24~25일 국방부 당국자들, 귀 밝은 기자들 사이에서 소문이 돌았습니다. "청와대가 L-SAM 관련 발표를 하고, 국방부는 영상을 공개한다.", "대통령이 3군사관학교 졸업식에서 국산 요격체계를 언급하고, 전군 주요지휘관회의에서 관련 메시지가 나온다."는 내용이었습니다. 소문은 시차를 두고 100% 실현됐습니다. 일련의 과정이 다분히 정치 공식에 따라 진행됐고, 그 중심에 ADD가 있었습니다.

ADD가 제공한 '정치적 무기'의 영상들

국방부는 지난 2일 우리 군 핵심 무기 영상을 언론에 배포했습니다. 의도를 의심케 하는 컷들이 여러 개 식별됐습니다. 영상의 L-SAM 부분은 미국 미사일방어청의 요격체계(GBI) 태평양 발사 장면을 L-SAM 시험발사 도입부처럼 사용했습니다.

한국형 아이언돔은 더 심했습니다. 계획대로라면 올 가을 탐색 개발에 들어가 13년 뒤인 2035년 개발 완료되지만 마치 개발이 끝난 것처럼 발사대와 레이더, 교전통제소의 실사 사진을 내놨습니다. 확인 결과 모형(mock up)이었습니다.

또 국산 함대공 미사일 해궁을 조금 손봐서 발사한 뒤 진짜 시험발사처럼 보이도록 편집했습니다. 애니메이션 영상에는 청와대 국민소통수석의

SNS 글처럼 '시험발사 성공'이라고 적어 놨습니다.

내밀한 부분까지 알 수 없는 국민들에게 L-SAM과 한국형 아이언돔의 시험발사 성공, 개발 완료의 이미지를 심었습니다. L-SAM과 한국형 아이언돔이 곧 실전배치될 것 같은 허황된 기대를 키웠습니다. 현재는 성공을 낙관할 수 없는, 살얼음판 같은 단계입니다. 실전배치는커녕 개발 완료까지 L-SAM은 3년, 한국형 아이언돔은 십 수년이 더 필요한 터라 ADD 과학자들의 부담만 커졌습니다.

이 모든 영상은 ADD가 제작해 국방부에 제공한 것입니다. ADD 핵심 관계자는 "국방부 요청을 받고 영상들을 줬을 뿐."이라고 말했습니다. 지난달 23일부터 벌어진 일을 보면 국방부가 ADD에 영상을 달라고 한 이유는 뻔했습니다. ADD는 공개될 줄 모르고 영상을 국방부로 넘겼을까요. 기술적, 과학적, 정치적으로 공개하기에 부적절한 영상들이었습니다. ADD 스스로 정치적 영상, 덜 익은 영상은 걸러냈어야 했습니다.

작년엔 탐색 개발 장거리 공대지 모형 공개

작년 9월 문재인 대통령이 ADD를 방문하자 ADD는 SLBM, 고위력탄도미사일과 함께 KF-21용 장거리 공대지 미사일 영상을 공개했습니다. 다른 미사일들과 달리, 장거리 공대지 미사일은 관통탄두도 위성항법장치도 엔진도 없는 미완성 모형이었습니다. 그런데도 영상은 F-4 전투기에서 분리돼 마치 항법장치의 인도를 받아 엔진의 추신력으로 비행한 것처럼 보였습니다. 사실은 폭탄처럼 자유낙하한 장면을 그렇게 편집한 것입니다.

작년 9월이면 장거리 공대지 미사일의 기초적인 탐색 개발 단계였습니다. 그때나 지금이나 본격적인 체계 개발을 맡을 주관기관을 정하지 못해 군 당국은 갈팡질팡하고 있습니다. KF-21의 양산 일정에 맞춰 개발할 수 있을지도 미지수입니다. 늦어지면 KF-21의 경쟁력은 땅에 떨어집니다. ADD는 아랑곳 않고 작년 9월 바다, 육지, 하늘에서 쏘는 3종 세트의 구색을 맞추려는 듯 장거리 공대지 미사일 모형을 개발 완료 미사일인 것마냥 포장해 내놓은 것입니다.

개발 중 또는 개발 전 단계 무기는 잘 공개하지 않습니다. 작년과 올해는 유독 자주 공개합니다. ADD의 대외적, 정치적 과시욕으로 읽힐 소지가 큽니다. ADD는 밖으로 눈 돌리지 말고, 첨단 · 비닉 기술 개발에 전념하기 바랍니다. 영상 공개는 그 다음 일입니다.

한국에서 국방과학자로 산다는 것은

 현무 미사일 1발 오발 났다고 몹쓸 무기 취급하고, 개발 중에 추락한 무인기의 비용을 연구원들에게 떠 안기고, 온갖 시행착오 거쳐 대전차무기 개발했더니 소소한 오해를 비리로 몰고……. 한국에서 국방과학 하기는 이처럼 어렵다. 한국 국방과학자의 삶은 그만큼 고달프다. 국방과학, 국방과학자에 대한 인식의 제고가 시급하다.

현무 1발 실패…또 시작되는 국산 무기 돌팔매질
-2017년 9월 6일 보도-

어제 오전 북한이 중거리 탄도미사일을 쏘자 군은 6분 만에 현무-2A 국산 지대지 탄도미사일로 대응사격했습니다. 현무를 쏜 동해안 사격장에서 북한이 미사일 도발을 한 평양 순안비행장까지의 거리를 감안해 사격 실거리를 250km로 잡고 무력시위를 한 것입니다. 북한은 순안비행장 외 지역에도 미사일 발사차량을 보내 기만전술을 폈지만 군은 도발 원점을 정확히 짚고 있었고, 실전이었다면 선제타격이라도 할 듯 정밀하게 북한을 향해 위협했습니다. 북한 입장에서는 간담이 서늘했을 것 같습니다.

다만 군이 어제 쏜 현무-2A 2발 중 1발이 수초 만에 무력하게 바다에 떨어졌습니다. 군은 체면을 좀 구겼습니다. 어제가 실전이었다면 아찔한 상황이었겠다는 생각도 들지만 실전이었다면 훨씬 더 많이 쐈을 것입니다. 1~2발 오발은 병가지상사입니다.

1발 실패한 것을 두고 또 야단입니다. 현무가 북한의 핵과 미사일을 선제타격하는 킬체인(Kill Chain)의 핵심 타격 수단 중 하나라며 킬체인의 미래가 우려된다고도 하고, 비리와 연결된 치명적 결함이라고 단정하는 야박한 인심도 일어나고 있습니다.

무기 개발에서 실패는 피할 수 없습니다. 북한도 올해 미사일 시험발사에서 여러 번 실패했습니다. 그렇다고 김정은 미사일 과학자들을 탓하지 않았습니다. 대신 성공했을 때 과학자를 업어주고 안아주며 온갖 퍼포먼스를 벌입니다. 북한 미사일 과학자들이 신명 나게 미사일을 개발할 수 있는 가장 큰 동력 중 하나입니다. 1발만 실패해도 돌팔매질 당하는 우리와 참 다릅니다.

현무-2A '2발 중 1발 실패'가 아니라 '20발 이상 중 1발 실패'
군은 올해 공개적으로 현무-2A를 6발 쐈습니다. 북한의 미사일 도발을 조용히 지켜보고 있다가 무력시위 차원에서 발사했습니다. 어제 1발 실패로 올해 성적은 6발 중 1발 오발입니다.

발사 실패의 기준을 2012년 현무-2A 전력화 이후로 넓히면 확 달라집니다. 어제 실패가 첫 실패입니다. 현무는 전략 무기여서 통계가 공개되지 않지만 지금까지 최소 20발은 쐈을 것으로 추정됩니다. 20발 중 1발 실패. 나쁘지 않은 기록입니다. 미국, 중국처럼 마음 놓고 쏠 장소가 없는 우리 환경에서 20발 중 1발 실패했으면 성공 축에 듭니다. 미사일 강국인 북한 미사일 대부분의 실패 확률도 이보다 높습니다. 실패 확률 0%에 도전해야 하겠지만 지구상에 그런 미사일은 없습니다.

한 미사일 개발 전문가는 "실전에서 추락하느니 이렇게 훈련에서 실패하는 편이 백배 낫다.", "문제를 찾아서 수정하면 더 강한 현무가 된다."고 말했습니다. 결함이 있으면 찾아서 수정하면 됩니다. 현무는 이런 과정을 통해 강해집니다. 모든 무기는 이렇게 단련됩니다. 이참에 현무를 철저히 검열할 필요도 있습니다.

킬체인 미래의 양면을 봤다!

어떤 매체는 군이 어제 현무-2A를 북한 도발 6분 만에 발사한 것을 두고 킬체인의 가능성을 보여줬다고 평가했습니다. 어느 정도 맞는 말입니다. 한미 군 당국은 평양 순안비행장에서 중거리 미사일급 이상의 도발을 하루 전부터 정확히 탐지했습니다. 북한이 어제 미사일에 고폭탄이나 핵폭탄을 장착하고 미국을 공격할 계획이었다면 군은 선제타격할 수 있었습니다. 바로 킬체인입니다. 폭탄이 없는 탄두였기에 북한이 쏘기를 기다렸다가 즉각 동해를 향해 현무 대응사격을 한 것입니다.

반면 실전에서 북한이 이곳저곳에서 정신없이 미사일을 꺼내 들면 미군 정찰위성, 장차 우리 군이 띄울 정찰위성 5기가 일일이 탐지, 식별해 사격 좌표를 잡을 수 있을지 의문입니다. 킬체인 미래의 어두운 면입니다. 속히 보완할 숙제입니다.

아무리 보완해도 킬체인은 완벽할 수 없습니다. 킬체인이 뚫리면 한국형 미사일 방어체계 KAMD가 북한 미사일을 막습니다. 북한 미사일에 대해 킬체인과 KAMD의 이중 필터가 가동되는 것입니다.

어떤 유력 매체는 "현무 1발이 처음으로 추락했다.", "킬체인이 구축에 문제가 없는지 우려가 나오고 있다."고 지적했습니다. 이번 추락이 예사롭지 않은 일이고, 킬체인 역량이 미덥지 못하다고도 했습니다. 자존감이라고는 찾아볼 수 없는 비난입니다. 앞서 지적했듯이 현무 1발이 헛나간 것은 킬체인을 야무지게 구축하는 디딤돌입니다.

개발 중 무인기 추락…연구원들이 무인기 값 물어내야?
-2017년 9월 23일 보도-

작년 7월 차세대 군단급 정찰용 무인기 1대가 시험비행 도중 추락했습니다. 정확히 표현하면 양산돼서 전력화된 무인기가 아니라, 국방과학연구소 ADD에서 개발 중인 무인기의 시제입니다. 안타깝게도 연구원의 실수가 빚은 사고입니다. 무인기 1대 가격은 67억 원으로 추산됩니다.

이런 사고는 어떻게 처분하는 것이 옳을까요. 연구원의 실수이니 연구원 개개인에게 추락한 무인기의 값을 물린다? 사고의 경위를 정밀 검토해서 교훈과 예방책을 찾는다? 전자는 방위사업청에 파견된 감사원 감사관과 검사들의 조직인 방위사업감독관실의 처분이고, 후자는 ADD가 바라는 바입니다. 사고 경위부터 면밀히 따져보고 어느 쪽 말이 맞는지 살펴보겠습니다.

사고의 시작은 독특한 '테스트 붐'

항공기를 시험비행할 때 기체에 테스트 붐(test boom)이라는 안테나를 장착합니다. 항공기의 속도, 방향 그리고 바람의 속도, 방향을 계측하는 장비입니다. 무인기에도 테스트 붐을 달아서 시험비행을 합니다.

복병을 만났습니다. ADD가 군단급 무인기를 개발하기 위해 새로 구입한 테스트 붐에 기존 테스트 붐과 치명적인 차이가 있었습니다. 바람의 방향을 인식하고 표출하는 방식이 기존 테스트 붐과 반대였습니다. 보통의 테스트 붐이 오른쪽으로 바람이 불면 +로, 왼쪽으로 바람이 불면 −로 인식해 표출한다고 치면, ADD가 군단급 무인기 개발용으로 구입한 테스트 붐은 반대로 인식하고 표출했습니다.

연구원들은 관행적으로 기존 테스트 붐의 방식으로 무인기를 조작했습니다. 이에 따라 테스트 붐이 인식한 바람의 방향과 무인기가 인식하는 바람의 방향이 충돌하면서 기체는 기계적 오류를 일으켰고, 무인기는 이륙 도중 추락했습니다. 이것이 작년 7월 무인기 사고의 전말입니다. 연구원들이 무인기 시험비행용으로 구입한 테스트 붐의 사용설명서를 꼼꼼하게 읽었다면 '숨은 글자'를 찾아냈을 수도 있었을 텐데 그만 놓쳤습니다.

"연구원 1인당 13억 4,000만 원씩 배상하라"

군단급 무인기 시험비행은 ADD의 비행제어팀 소속 연구원 5명이 맡았습니다. 방위사업청 방위사업감독관실은 지난 7월 "연구원들의 과실로 추락 사고가 발생했다.", "주의 의무를 게을리한 연구원 5명에게 손해배상을 청구하라."고 ADD에 통보했습니다. 67억 원짜리 무인기가 부서졌으니 5명 연구원들이 1인당 평균 13억 4,000만 원을 물어내라는 요구입니다.

ADD는 방위사업감독관실에 이의를 제기했습니다. 무기 개발 중에 발생한 사고로 인한 피해를 연구원들에게 물리는 선례를 남기면 연구원들은 몸 사리느라 무기 개발 못한다는 것이 이의 제기의 이유입니다. ADD 관계자는 "무기 개발 중 사고의 금전적 책임을 연구원에게 떠넘기면 사고 원인의 분석부터 제대로 못하게 될 것."이라고 우려했습니다. 방위사업감독관실은 ADD의 이의 제기에 두 달이 지나도록 답을 하지 않고 있습니다.

1986년 챌린저호의 폭발과 미국의 대응

1986년 1월 28일 미국의 우주왕복선 챌린저호가 발사 73초 만에 폭발했습니다. 승무원 7명이 모두 숨졌습니다. 사고 원인은 단순했습니다. 0.28인치 굵기의 오링(o-ring)이라는 부품이 추위로 탄성을 잃어 배기가스가 샌 것입니다. 챌린저호의 모든 기기는 미터 단위를 사용했는데 유독 로켓 외벽 이음새의 오링만 인치 단위를 적용해서 발생한 미세한 오류가 일으킨 대참사였습니다.

결함 가능성이 여러 차례 제기됐지만 NASA 연구원들은 무시했습니다.

연구원들의 명백한 실수로 미국은 아까운 인재 7명과 큰돈을 잃었습니다. 미국 정부는 사고의 원인을 연구원 개인이 아니라, 의사 결정 프로세스의 문제로 규정하고 챌린저호 사고의 사례를 교훈으로 삼았습니다. 연구 개발 중 실수와 실패는 성공의 길을 다지는 자양분과 같기 때문입니다.

챌린저호 사고가 우리나라에서 발생했다면 어땠을까요. 방위사업감독관실은 연구원들에게 챌린저호의 개발·제작 비용과 사망자 피해보상비를 물어내라고 했을 것입니다. 우리나라는 국방과학하기 참 어려운 곳입니다.

'무죄' 국산 무기 현궁과 한 연구원의 죽음
−2017년 12월 17일 보도−

그제 기쁘지만 안타깝고 다시 한 번 슬퍼해야 하는 소식이 전해졌습니다. 지난 정부에서 방산 비리 혐의로 기소됐던 국산 대전차 유도무기 현궁의 연구원들이 2심 법원에서 모두 무죄 판결을 받았습니다. 감사원, 검찰, 언론으로부터 2년 동안 방산 비리범이라는 손가락질을 받았던 연구원 3명이 늦었지만 누명을 벗어서 다행이고, 기쁜 일입니다. 기소됐던 사람은 원래 4명이었습니다. 1명은 일찍이 불귀의 객이 됐습니다. 두려움과 억울함을 못 견디고 세상을 등진 LIG넥스원의 고(故) 김 모 수석연구원입니다. 되찾은 명예를 돌려받을 김 연구원이 없으니 2심 판결이 슬프고 안타깝습니다.

국가 재산이나 다름없는 국방과학 수석연구원의 목숨을 앗아간 감사원과 검찰은 어떤 책임도 지지 않습니다. 다 지난 일, 기억도 못 할 것이고 양심의 가책 같은 낭만적 감정 따위는 찾아보기 어렵습니다.

현궁 사건의 전말

육군 대전차 유도무기 현궁은 북한군 신형 전차 선군호를 잡기 위해 지난 2015년 개발됐습니다. 올해부터 전력화되고 있습니다. LIG넥스원이 생산을 맡았고, 국방과학연구소 ADD가 성능 평가를 담당했습니다.

감사원은 현궁의 성능 평가 과정에서 생긴 사소한 일들을 방산 비리로 엮었습니다. 첫 번째는 전차 자동조종모듈을 하청업체로부터 7세트 공급받고도 11세트 납품 받은 것처럼 서류를 꾸몄다는 혐의입니다. 전차 자동조종모듈은 현궁의 표적으로 쓸 폐전차를 무인 조종하는 장치입니다. 하청업체는 11번 시험 평가를 할 수 있게끔 모듈을 제공하면 된다고 이해했고, LIG넥스원은 11개의 모듈이라고 여겼습니다. 모듈의 어떤 부품들은 11개 이상, 다른 어떤 부품은 11개 미만 공급됐습니다. 하청업체는 공급한 물량만큼만 돈을 받았고, 11차례의 현궁 시험 평가는 성공적으로 마무리됐습니다.

비리 아닙니다. 하청업체와 LIG넥스원이 자동조종모듈의 공급 건을 서로 다르게 이해했을 뿐입니다. 뒤로 돈 받은 자 한 명 없었습니다. 감사원 감사관이 연구원들 말 딱 5분만 들어보고 관련 서류와 비교했으면 명백했을 정상적 과정이었습니다. 감사관들은 눈 감고 귀 막은 채 가혹하게 감사했습니다.

표적용 폐전차에 장착된 내부 피해 계측 장비도 감사원은 걸고 넘어졌습니다. 폐전차가 현궁에 맞았을 때 얼마나 피해를 입는지 측정하는 장비입니다. 감사원은 "ADD 연구원이 계측 장비에 진동센서와 제어판이 부착되지 않아 작동하지 않는데도 합격 판정했다."고 주장했습니다.

이 또한 사실과 다릅니다. 다락대 시험장에서 계측 장비로 기능시험을 성공리에 끝냈습니다. 현궁에 맞은 전차의 온도, 진도, 충격이 정확히 측정됐습니다. 진동센서, 제어판이 제대로 있었으니까 측정된 것입니다. 현장 시험에서 입증됐으니 ADD는 계측 장비의 속에 어떤 부품이 있는지 일일이 뜯어보지 않았을 뿐입니다.

주도면밀함이 없던 것이 죄라면 죄입니다. 그 정도 사안인데 감사원은 전차 자동조종모듈과 계측 장비에 수상한 점이 있다며 대대적으로 발표하고 2015년 7월 검찰에 수사 의뢰했습니다. 방산 비리 합수단은 현궁 시제 납품 비리 사건이라고 명명하고 수사에 착수했습니다.

합수단은 2015년 8월 LIG넥스원과 ADD를 압수 수색하고 연구원들을 체포하는 과정을 언론에 흘려 현궁은 비리 무기, 현궁 연구원들은 방산 비리 사범으로 몰았습니다. LIG넥스원의 김 수석연구원은 그 즈음 아파트에서 스스로 몸을 던져 숨졌습니다. 3번째 검찰 소환을 앞둔 시점이었습니다. 유서에는 "내 실수로 동료들이 너무 큰 고통을 겪어서 미안하다."는 내용이 적혔던 것으로 알려졌습니다.

합수단은 그해 12월 ADD 연구원 2명과 LIG넥스원 연구원 1명을 사기미수, 허위공문서작성 등의 혐의로 불구속 기소했습니다. ADD 연구원 1명은 현역 군인 신분이어서 지탄을 더 많이 받았습니다. 고 김 수석연구원도 살아있었다면 기소 대상이었습니다.

2년이 지났습니다. 기소된 3명 모두 그제 무죄 판결을 받았습니다. 2심 법원의 판결은 단 3분으로 족했다는 전언입니다. 누가 봐도 비리가 아니기 때문입니다. ADD 관계자는 "국가를 위해 성실하게 일한 연구원들이 겪은 억울함과 아픔은 이번이 마지막이길 바란다."고 말했습니다. LIG넥스원 관계자는 "김 수석연구원이 유서에 쓴 문장들이 떠올라 가슴이 저린다."고 말했습니다.

달랠 길 없는 김 수석연구원의 恨

국산 무기 개발에 정통한 군의 한 관계자는 "김 수석연구원의 무고한 죽음은 감사원의 감사, 검찰의 수사가 직접적인 원인이다.", "감사원과 검찰이 훌륭한 연구 인력 한 명을 살해했다."고 목소리를 높였습니다. 그는 "20년 이상 경력의 국방과학연구원은 단순한 개인이 아니라, 국가 자산."이라며 울먹였습니다.

현궁은 좋은 국산 무기입니다. 국가 우수 연구 개발 100선에 선정됐고, 국방과학상 금상과 연구 개발 장려금 은상을 받았습니다. 군댓밥 먹어본 적 없는 검사와 감사관은 악평을 해대지만 해외에서는 호평 받아 수출길도 열렸습니다.

단 한 번 사고로 언론으로부터 퇴물 취급받았지만 1조 원 수출을 눈앞에 둔 K9 자주포, 감사원이 원가 부풀리기라고 했지만 법원에서 무죄가 입증된 수리온 헬기, 청와대 고위 관계자와 국방장관이 입 모아 비난했지만 구사일생으로 살아난 M-SAM, 그리고 현궁까지……. 바깥에서는 좋다고 하는데 안에서는 없애지 못해 안달입니다. 세계 최강 미국 무기만은 못해도 몹쓸 물건은 아닙니다. 생명과도 같은 안보를 책임지는 창끝입니다.

이쯤 되면 불의하게 현궁에 손댄 검사와 감사관이 김 수석연구원 영전에 향 올리며 사죄하는 드라마 같은 반전을 떠올릴 만도 합니다. 부질없는 상상입니다. 오히려 검찰은 2심 법원 판결이 잘못됐다며 곧 현궁 사건을 대법원에 상고할 것입니다.

로켓 섬광 대소동, 이유는 '홍어'…예고 못한 짠한 사연들
−2022년 12월 31일 보도−

연말 마지막 금요일인 어제 오후 6시 전후 경찰, 군, 언론사에 "하늘로 섬광이 솟구치고 있다."는 신고가 빗발쳤습니다. 전국 각지에서 찍힌, 하늘로 길게 뻗은 섬광의 영상과 사진도 함께 제보됐습니다. 국방과 과학 담당 기자들이 여기저기 문의해봤지만 돌아오는 답은 "모른다."였습니다. 김포부터 부산까지 두루 보인다니 상당한 고도까지 무언가 치솟았다는 것이고, 그렇다면 군 레이더에 잡힐 텐데, 합참 측은 "현재 진행 중인 군 훈련은 없다."고만 답변했습니다.

북한의 발사체가 남쪽으로 기울어져 비행할 수도 있어서 여러 사람들이 긴장했습니다. 마침내 오후 6시 45분 국방부는 기자단에 "고체 추진 우주발사체 시험비행 성공."이라는 짧은 공지를 보냈습니다. 우리 군 당국이 고체연료 추진 방식의 로켓을 시험발사한 것입니다. 의문의 섬광은 로켓의 비행운이었습니다. 군사정찰위성을 우주로 보낼 로켓 개발을 위해 한 걸음 내딛는 시험이었습니다.

발사의 의미야 어떻든 깜깜한 저녁 시간에 사람들 놀라지 않게 사전에 미리미리 알렸으면 얼마나 좋았겠냐는 핀잔들이 쏟아졌습니다. 충분히 나올 수 있는 반응입니다. 하지만 말 못 할 극비 개발이라는 점, 로켓 발사의 짠한 애환 등 뒷이야기를 들으면 어제 소동을 이해 못 할 바도 아닙니다.

ADD가 개발중인 차기 군단급 무인기와 LIG넥스원의 대전차 유도무기 현궁. 하찮은 시비에 걸려 개발에 애로를 겪었던 무기들이다. 현궁 개발자는 강압 수사에 못 이겨 스스로 목숨을 끊었다. (ADD, LIG넥스원 제공)

'홍어 잡이'에 달린 발사 시점

고체연료 추진 방식의 우주발사체는 국방과학연구소 ADD가 개발하고 있습니다. 어제 시험발사도 ADD의 충남 태안 안흥시험장에서 실시됐습니다. 안흥시험장 외의 다른 발사 장소는 없습니다. 서해안이라 중국이 있는 서쪽, 북한이 있는 북쪽으로 못 쏩니다. 남쪽으로만 쏴야 합니다.

요즘 태안 이남 바다에서 홍어가 많이 잡힌다고 합니다. 어선들이 많습니다. 로켓을 발사하려면 먼저 어선들을 대피시켜야 합니다. 고역입니다. 기껏 형성된 홍어 어장 포기하고 며칠씩 어선 철수하라고 어민들에게 강요할 수 없는 노릇. 국방부 고위 관계자는 "어민들 생업에 지장이 안 되는 범위에서 설득도 하고 보상도 하면서 시험발사 날짜와 시간을 잡는다."고 말했습니다.

원래 시험발사 날짜는 1~2주 전이었지만 어선 소개가 잘 안 돼 어제로 미뤄졌습니다. 국방부 고위 관계자는 "어민들과 협의해서 겨우 받아낸 시간이 밤 9시였는데 오후 6시가 다가오면서 어선 소개도 다 됐고, 그나마 좀 이른 시간이라 서둘러 발사했다."고 설명했습니다.

섬광이 보이지 않을 시점에 쏘면 좋았겠지만 잠시 잠깐 기회의 창이 열리자 앞뒤 안 가리고 버튼을 누른 것 같습니다. ADD의 한 연구원은 "우리도 낮에 섬광 없이 조용히 쏘고 싶다.", "온갖 발사체 개발 일정 때문에 툭하면 배 빼야 하는 어민들 사정도 딱하다."고 토로했습니다. 한 바다를 번갈아 나눠 쓰는 어민과 국방과학자의 동병상련입니다.

어쩔 수 없이 공개한 비밀 사업

고체연료 추진 방식의 우주발사체 개발은 비닉 사업입니다. 비밀리에 숨겨서 하는 사업이라는 뜻입니다. 국회에도 보고하지 않는 경우가 많습니다. 특히 비닉 무기의 시험발사 일정은 국방부의 극소수 인원에게만 공유됩니다. 최고 등급의 비공개 사업임에도 어제 국방부는 공개했습니다. 연말 저녁 섬광 대소동이 벌어졌으니 이실직고 외 다른 방도가 없었습니다.

땅은 좁고, 바다는 어선으로 붐비는 우리나라에서 안전하고 조용하게 비밀 무기 개발하기는 쉽지 않은 일입니다. 미국, 중국은 땅이 넓어서 사막이나 바다의 외진 귀퉁이에서 막 쏴도 비밀이 보장됩니다. 북한은 인민들 안전 무시하고 서해안에서 내륙 관통해 동해로 발사합니다. 우리 국방과학은 이런 사정, 저런 사정 피해 가며 겨우겨우 쏩니다.

여러 사람 놀랐고 비닉 사업 공개됐다지만 다 지나간 일이고, 어쨌든 어려운 과업에 성공했습니다. 국방과학연구소 과학자들에게 박수를 보내줬으면 좋겠습니다. 가깝게는 정찰위성, 좀 멀게는 고체연료 신형 탄도미사일을 확보하는 자주국방의 한 과정을 성공적으로 통과했으니 박수 받을 자격이 있습니다.

어제는 2단, 3단 추진체 시험까지 했습니다. 최고 난도라는 1단 추진체 탑재 발사, 정찰위성 탑재 발사가 남았습니다. 1, 2, 3단 완전체 로켓과 정찰위성은 아무도 모르게 감쪽같이 쏠 수 있도록 십시일반 도와주면 우리 국방과학자들은 꼭 목표를 이룰 것입니다.

KAAV-Ⅱ 희생자들…국립묘지에 그들의 자리는 없다
-2023년 10월 3일 보도-

지난달 26일 포항 앞바다에서 탐색 개발 단계의 차기 한국형 상륙돌격장갑차 KAAV-Ⅱ가 침몰했습니다. 국방과학연구소 ADD 주관 개발 사업입니다. 시제 개발은 한화에어로스페이스가 맡았습니다. 시제 장갑차에 탑승한 인원도 한화에어로스페이스 직원들입니다. 결과적으로 한화에어로스페이스 직원 2명이 숨졌습니다. 그들이 살던 경북 포항과 경남 창원에서 각각 장례가 치러졌고, 가족들이 정한 묘소에서 영면했습니다.

무기의 개발은 민간 상품의 개발과 참 다릅니다. 무기에 요구되는 성능, 즉 작전요구성능 ROC가 상상을 초월합니다. 적탄에 끄떡없도록 몇 겹 강철을 두른 장갑차가 바다에서 자유자재로 기동한다는 발상 자체가 난센스입니다. 수십 톤 강철 차체를 수 초 안에 최고 속도로 높여야 하는 전차, 통제불능의 폭발력을 요리조리 제어하는 화포, 큰 덩치에 무장 매달고 적 레이더를 회피하는 전투기. 하나하나가 최악의 조건에서 최고의 성능을 내도록 개발됩니다.

무기 개발 과정은 위험의 연속입니다. 온갖 주의를 기울인들 비상식적 성능의 강요 속에 어디로 튈지 모르는 화기와 흉기의 위험을 일일이 통제하는 완벽한 안전은 불가능에 가깝습니다. 무기 개발은 위험하고(Dangerous) 어려운(Difficult) 2D 업종이지만 안보와 자주국방을 생각하면 내려놓을 수도 없습니다.

무기 개발자들은 안보와 자주국방을 위해 특별한 희생을 감수합니다. 특별한 희생에 합당한 보답을 받을 자격이 있습니다. 국립묘지 안장은 최소한의 예우일 것입니다. 그럼에도 이번 포항 KAAV-Ⅱ 침몰 사고 희생자들은 국립묘지에 묻히지 못했습니다. 국립묘지 안장 관련 법규들이 비폭발 사고와 무기 개발 민간인 희생자에게 국립묘지의 문을 열어주지 않기 때문입니다.

ADD 연구원 뒤늦게 국립묘지 안장 예우

국립묘지의 설치 및 운영에 관한 법률 제3조 2항 6호에 따라 '무기 개발 실습 현장에서 폭발 업무를 직접 수행하는 직무'를 하다 순직한 사람은 국립묘지에 안장될 수 있습니다. 10년 전까지만 해도 대상은 공직자에 한정됐습니다. 즉 무기 개발 중 폭발 관련 업무를 하다 사망한 공무원과 군인의 경우 국립묘지에 안장할 수 있었습니다.

무기 개발의 메카는 ADD입니다. 무기 개발 중 희생자도 ADD가 제일 많이 냅니다. 상식으로 잘 이해가 안 되지만 ADD 연구원의 신분은 공무원도, 군인도 아닙니다. 국립묘지 안장 대상이 아니었습니다. 2015년에야 작은 변화가 일어났습니다. ADD가 각계에 호소한 끝에 ADD 연구원들도 국립묘지 안장 심사 시 공무원으로 인정되도록 국방과학연구소법을 개정했습니다.

2015년 국방과학연구소법 개정의 결과, 2019년 11월 ADD 연구원 한 명이 처음으로 국립묘지에 안장됐습니다. ADD 젤 추진제 연료 실험실에서 로켓 추진용 연료로 쓰이는 니트로메탄을 다루는 실험 도중 폭발 사고로 순직한 A 연구원이 주인공입니다. 앞길 창창했던 갓 서른 국방과학자의 영현이나마 국립묘지에 모시는 최소한의 예우를 할 수 있었습니다.

비폭발 사고는? 민간인은?

2015년 국방과학연구소법 개정은 반쪽의 성과입니다. 무기 개발의 의의, 예우의 형평을 고려한다면 폭발에 한정된 안장 대상 무기 개발 사고의 범위를 모든 무기 개발 사고로 확대해야 합니다. 또 공무원과 군인, ADD 연구원에 더해 민간인도 국립묘지에 자리를 마련하는 방안을 추진할 필요가 있습니다.

우선 폭발에 따른 사망만 안장 대상으로 인정하는 국립묘지의 설치 및 운영에 관한 법률 시행령 제3조 2항 6호를 개정해야 합니다. 개발되는 국산 무기의 종류가 대폭 늘어났고, 이번 KAAV-Ⅱ 사고에서 보듯 사고의 양태도 다양해질 수밖에 없습니다. 폭발, 침몰, 전복, 실종 등 사고 종류와 관계없이 자주국방이라는 개발의 목적도 같습니다. 사고 종류에 차별을 둘 이유가 없습니다.

동시에 무기 개발 민간 희생자에게 국가유공자나 의사상자의 자격을 부여하도록 국가유공자 또는 의사상자 예우 및 지원에 관한 법률을 개정해야 합니다. 방산 업체와 ADD는 영혼의 파트너입니다. 방산 업체 직원과 ADD 연구원은 한 몸입니다. KAAV-Ⅱ 개발 사업에서 한화에어로스페이스 직원들은 ADD 연구원들과 함께 KAAV-Ⅱ를 설계하고 제작해 시운전했습니다. 같은 목적으로 같은 일 하다가 희생됐다면 같은 예우받는 것이 타당합니다.

2015년 ADD 연구원의 국립묘지 안장 관련 법 개정을 추진했던 이정석 ADD 수석연구원은 "국가 안보를 위한 헌신에 공무원, 민간인 등 신분의 구분과 폭발, 침몰 등 사고 종류의 구분은 무의미하다.", "장갑차 침몰로 순직한 방산 업체 직원도 국립묘지에 모시는 것이 국가로서 최소한의 의무."라고 말했습니다.

전쟁의 무기
무기의 전쟁
SBS 국방전문기자의 방위산업 추적기

초판 1쇄 발행 2024년 6월 15일
초판 3쇄 발행 2024년 6월 27일

지은이 김태훈
펴낸이 김영희
펴낸곳 ㈜더퍼플미디어

출판등록 2024년 1월 15일 제2024-000008호
주소 서울특별시 서대문구 성산로7길 75 (연희동)
이메일 02waa@naver.com

ISBN 979-11-987717-1-1 03390

• 책값은 뒤표지에 있습니다.
• 저작권법에 의해 보호받는 저작물이므로 무단전재 및 복제를 금합니다.